U0170699

献给我至敬至爱的父母

艺术人类学文丛　总主编：方李莉

长角苗建筑文化及其变迁

ChangJiao Miao Architectural Culture
and its Changes

吴　昶/著

中国文联出版社
http://www.clapnet.cn

图书在版编目（CIP）数据

长角苗建筑文化及其变迁 / 吴昶著. -- 北京 ：中国文联出版社，2023.12

（艺术人类学文丛 / 方李莉总主编）

ISBN 978-7-5190-5383-3

Ⅰ．①长… Ⅱ．①吴… Ⅲ．①苗族－建筑文化－贵州 Ⅳ．①TU-092.816

中国国家版本馆 CIP 数据核字(2023)第 251600 号

作　　者　吴昶
责任编辑　邓友女
责任校对　谢晓红
装帧设计　肖华珍

出版发行　中国文联出版社有限公司
社　　址　北京市朝阳区农展馆南里 10 号　　　邮编　100125
电　　话　010-85923025(发行部)　　　　010-85923091(总编室)
经　　销　全国新华书店等
印　　刷　三河市龙大印装有限公司

开　　本　710 毫米 x 1000 毫米　　　1/16
印　　张　16
字　　数　256 千字
版次印次　2023 年 12 月第 1 版第 1 次印刷
定　　价　56.00 元

《艺术人类学文丛》总序

　　非常高兴能在中国文联出版社的大力支持下，推出这样一套国内目前为止内容最完整、规模最大的《艺术人类学文丛》（全套共有二十余本，其中《虚拟艺术的人类学阐释》一书由文化艺术出版社出版）。笔者想，这不仅是在中国，在国际上也是史无前例的。说其内容最完整，是因为这套丛书包括艺术人类学教材、中国艺术人类学理论、外国艺术人类学理论（系列译著）、田野考察（包括乡村与城市），还有中外艺术人类学家对话、中外艺术人类学讲演集、会议论文集等。

　　如果这套文丛能全部按计划出版，将是学界的一件大事，也是艺术人类学学科建设上的一件大事。艺术人类学是一门跨学科的学问，仅从字面上来看，就包括人类学和艺术学两个学科，但有关这方面的理论研究，不仅会影响到人类学和艺术学，还会影响到相关的一些领域，如非物质文化遗产保护、文化产业等。这是因为，如果仅仅从艺术理论的角度来研究艺术，就很容易将其局限于艺术的形式与审美、艺术品与艺术技巧的分析等方面，但如果引入人类学的视角，艺术的研究就不仅与艺术品有关，还与艺术审美、艺术技巧有关，因为艺术是潜在的社会和文化的代码及表征符号①，所以其还与许多社会与文化现象有关。

　　在工业文明走向后工业文明、地域文化的再生产走向全球文化的再

---

① Robert Layton, *Material Culture Lecture 4*, November 2014 in Duham University.

生产、资本经济走向知识经济等人类社会面临急剧转型的今天，艺术在其中所起的作用远远超越我们已有的认知。因为艺术具有表征性、象征性和符号性，所以将会越来越成为趋向于精神世界发展、趋向于人的身体内部发展的后工业社会中的文化、政治、经济变革的引擎。因而，新的时代，需要我们从更深刻和更广泛的角度去理解人类的艺术，以及艺术与社会、与文化发展之间的关系，也因此，笔者认为这套文丛的出版意义巨大。

纵观人类社会发展史，我们会发现，每一次的社会转型都是由科学技术的变革引起的，但每一次文化转型，包括对世界图景的重新勾勒，都是从艺术的表达开始的。文艺复兴时期，艺术是时代的先锋，这是因为艺术的感知来自人的直觉。理性也许稳妥，但却往往迟缓于直觉。就像"春江水暖鸭先知"一样，艺术也是时代的温度计，是最早敏感地察觉到社会气候变化的一种文化表征。以往，社会科学，包括人类学，对艺术研究重视不够，希望这套文丛的出版会纠正学界一些曾有过的对艺术认知的偏差。

这套文丛是中国艺术研究院艺术人类学研究所的师生们十几年来积累的研究成果。除了教材和理论部分，它还包含了十几本田野著作，它们是这套文丛的核心部分。因为人类学研究是以田野见长，也是以田野来证实自己的观点的。这里的田野著作分为三部分：第一部分是关于梭戛苗寨田野考察系列的。2001—2008 年，笔者及研究所的全体师生一起承担了国家重点课题"西部人文资源的保护、开发和利用"（由笔者担任课题组组长），而对梭戛苗寨的考察是其中一个子课题。2005—2006 年，笔者带领本所师生（杨秀、安丽哲、吴昶、孟凡行，还有音研所的崔宪老师）组成的子课题组在那里做田野考察。安丽哲、吴昶、孟凡行是笔者带的博士生和硕士生，现在他们已经毕业，在不同的大学当老师，在这个系列里能出版他们的成果，我很高兴。

第二部分是关于北京"798"艺术区的。2006 年，受民盟北京市委的委托，中国艺术研究院艺术人类学研究所做了一个有关北京"798"

艺术区的研究报告，并对其未来的走向做一个判断，因为当时北京市委对是否保留"798"艺术区有所犹豫。我们研究的结果是："798"艺术区是后工业社会发展的产物，是一个城市文化发展的象征，所以必须保留。自那以后，我们所的艺术田野开始从农村转向城市，从研究"798"艺术区开始，后来扩展到宋庄艺术区，这里除了有刘明亮、秦谊的博士学位论文以及我们所共同撰写的研究报告，还有笔者指导的一位韩国博士生金纹廷做的有关"798"艺术区和韩国仁寺洞艺术区对比研究的博士学位论文。这一系列课题研究得到了原文化部国家当代艺术中心的支持，因此，研究成果也是属于原文化部资助课题共享的。

第三部分是对景德镇陶瓷艺术区的考察。从1996年开始，笔者就在景德镇陶瓷艺术区做田野考察，持续到今天已20余年。开始只是自己在做，后来带领学生们（先后参与过这一课题的研究生有王婷婷、陈紫、王丹炜、白雪、张欣怡、张萌、郭金良、田晓露、陈思）一起研究，这是中国艺术研究院艺术人类学研究所持续研究时间最长、花费力气最大的田野考察点。最初关注的是20世纪90年代以后国营工厂改制下当地传统陶瓷手工艺的复兴问题。2006年以后，发现那座古老的陶瓷手工艺城市又发生了巨大的变化，其不再是一座仅靠当地手艺人创造当地文化经济而发展的城市，而是加入了许多外来的艺术家（包括来自世界各地的艺术家）和刚从艺术院校毕业的年轻的学生的城市。他们利用当地的陶瓷手工艺生产系统和当地传统的手工技艺，创造了新的艺术品及新的艺术化的生活日用瓷。他们的到来不仅复兴了当地的传统文化，还创造了新的具有地方特色的当代文化和艺术，让景德镇重回世界制瓷中心的地位。如果说在历史上景德镇是世界日用陶瓷生产的中心，那么现在它已经成了世界艺术瓷的创作中心。其之所以能有如此转变，是因为当地流传了上千年的生产方式和生产技术成了可供外来艺术家开发和利用的文化资源。现在，我们来到景德镇，以往那里废弃的国营大工厂以及周边的村庄都被开发成为类似于"798"艺术区、宋庄的艺术区。这些艺术区里聚集了许多传统的手艺人和外来的艺术家，是他们和当地的手艺人共同开创了景德镇新的文化模式和经济模式。

笔者花了八年的时间和国家重点课题组（"西部人文资源的保护、开发和利用"）的成员们一起，在西部（包括梭戛苗寨）做田野考察，最后完成了一部题为"从遗产到资源——西部人文资源研究报告"的专著①。其中许多观点不仅出现在西部考察的专著中，还一直贯穿在我们后来所做的有关景德镇乃至"798"艺术区、宋庄艺术区的研究中。因为，在这些不同的地方，我们都看到了从"遗产（传统文化）到资源"的文化现象，即人们将传统作为资源再开发和利用的文化现象。

如刘明亮在他的有关"798"艺术区研究的专著中，描述"798"留下的巨大厂房空间："看到其在新时期的区域功能和文化功能的转变：它是新中国工业文明和历史发展的见证，同时也保留了工业化时期和'大跃进''文化大革命''改革开放'等时期的痕迹，使之一方面成为历史的见证者，另一方面又成为北京市文化产业的先行者。从这一点来看，它又是一个典型的'从遗产到资源'的案例。"② 也就是说，当年"798"工厂遗留给北京市的不仅是一个时代的物质空间，还包含了整个计划经济时期甚至"文化大革命"时期的许多非物质的文化遗产。进驻那个空间里的艺术家、画廊，不仅有效地利用了其高大的厂房，还有效地利用了一段"红色"的记忆，创造了其特有的记忆文化。金纹廷也在其专著中写道："'798 艺术区'和仁寺洞文化区的共同点在于，传统和现代、艺术产业和观光产业共存一处。同时，两个地方都受到全球化浪潮的巨大冲击，在艺术区的构成和系统上都发生了重大改变，其变化速度之快远超出人们的预测。"③

通过这些田野考察我们可以看到：第一，当今人类社会最重要的一

---

① 方李莉主编. 从遗产到资源——西部人文资源研究报告 [M]. 北京：学苑出版社，2010.

② 刘明亮. 北京 798 艺术区：市场化语境下的田野考查与追踪 [M]. 北京：中国文联出版社，2015.

③ ［韩］金纹廷. 后现代文化背景下的文化艺术区比较研究——以北京 798 艺术区和首尔仁寺洞为例 [M]. 北京：中国文联出版社，2021.

个标志就是"传统与现代不再对立"①，它们正在共同建造一个新的人类的社会文化；第二，以往人们是通过开发自然资源来创造文化，而现在的人们则是通过开发"文化资源"来"重构新的文化"；第三，知识社会和知识经济正在取代传统的资本社会和资本经济②，其证据是，越来越多的人在从事与知识、智慧、经验和信息有关的工作，这些人是艺术家、设计师、手艺人、建筑师、工程师、广告策划师、网络工作者、金融家、科学家等。也就是说，今后社会的竞争不再仅仅是资本和生产工具、生产资料以及生产规模的竞争，而是知识、技艺、信息、经验、策划能力、思考能力、创新能力的竞争。而这所有的能力，不在人的身体外部，而在其内部。也就是说，身体与劳动工具、与资本合而为一的时代又要来临，好像是对传统的回归，实际上是一种新的社会的来临、一种新的竞争方式的来临。笔者看过一部书——《第三次工业革命——新经济模式如何改变世界》③，我们不妨将我们看到的这些新的文化现象命名为"第三次工业革命中的文化变革或社会变革"。

这一切变革都与艺术有着密切的联系，传统和现代是以艺术作为桥梁，才把它们关联在了一起。如所有的传统手工艺，在机器生产取代手工生产的今天，只有变成艺术，或者为艺术化的生活服务，才能保存下来。正因如此，景德镇才从传统的日用瓷中心发展成当代的艺术瓷中心。另外，艺术是重构传统景观和传统文化的最直接手段，正是这种重构激发了文化产业的向前推进，也填平了传统与现代之间的鸿沟。

同时，当文化重构成为一种当代的文化再生产方式时，艺术在其中起的作用也是不言而喻的。笔者在西部做考察时发现，所有的非物质文化遗产，只要能转化成艺术，就不仅不会消失，还能够继续发展。这种

---

① [美] 马歇尔·萨林斯. 甜蜜的悲哀：西方宇宙观的本土人类学探讨 [M]. 王铭铭，胡宗泽，译. 北京：生活·读书·新知三联书店，2000.

② [日] 堺屋太一. 知识价值革命——工业社会的终结和知识价值社会的开始 [M]. 金泰相，译. 北京：东方出版社，1986.

③ [美] 杰里米·里夫金. 第三次工业革命——新经济模式如何改变世界 [M]. 张体伟，孙豫宁，译. 北京：中信出版社，2012.

发展不仅重新模塑了当地的文化符号与文化认同，也重新模塑了当地新的经济发展模式。①

以贵州的梭戛苗寨发展为例，2005 年我们到那里考察时，当地的村民生活很困难。近十年过去了，不少村民已经脱贫了。他们将自己的文化变成艺术出售，如他们的歌舞、刺绣等。这是一种文化再生产的新方式，这种方式使得人类创造文化不再仅是人与自然的互动、人与物的互动，而且是人与文化的互动。其生产的结果是，人们不仅是在消费物质，也是在消费符号和形象，从而构建了文化产业兴起的社会基础和经济基础。所以我们看到，许多传统成了文化和艺术再创造的资源，所有的非物质文化遗产都成了可供展示和可供表演的符号，而非物质文化遗产传承人也几乎都成了民间艺术家。可以说，没有艺术的表现，人们是很难认识到非物质文化遗产的珍贵性的，也可以说，如果没有艺术的表现也就不会有今天红火的文化产业。

其实，这种现象不仅表现在农村社会、传统手工艺城市里，即使在现代大都市、在当代的艺术创作中也一样。人们也不再以再现自然景观或现实生活为目标，而是不断地在原有的文化中寻找重新创作的符号。如当代艺术家张晓刚、岳敏君、王广义等，他们都是在不断地利用计划经济时期和"文化大革命"时期的政治符号作为自己的创作资源，徐冰的《天书》则是在中国文字的历史中寻找资源，吕胜中铺天盖地的"小红人"却是在陕北的民间剪纸艺术中寻找资源，等等。在未来的后现代社会或信息化社会中，艺术作为人类文化代码所体现出的价值会越来越重要，以后，笔者会有专门的论著来讨论这一问题，并将其纳入这套文丛中出版。

社会的发展是迅速的，人类正在进入一个由互联网和智能系统组成的新时代。在这样的时代里，人类不仅要面对一个实体的物理世界，还要面对一个新出现的非物质的虚拟世界，那就是虚拟的网络世界。在这

---

① 方李莉. "文化自觉"视野中的"非遗"保护［M］. 北京：北京时代华文书局，2015.

样的虚拟世界里，人的存在多了一个维度；在这样的维度里，同样有艺术的存在，我们如何认识它？我们是否也可以在虚拟世界中做田野考察？如何做？王可的专著《虚拟艺术的人类学阐释》进行了一系列的发问，将艺术人类学的研究带入了一个全新的学术领域。

总之，田野工作是令人兴奋的，其会为我们呈现出许多鲜活的社会知识和智慧，所以，这套文丛是以艺术田野为重头的。当然，理论总结也同样重要，在这套文丛中还会有安丽哲的《艺术人类学》以及汪欣的《非物质文化遗产与艺术人类学》和王永健的《新时期以来中国艺术人类学思潮》。另外，为了便于教学，笔者在学生们的帮助下，还会将自己多年的教学大纲编著成《艺术人类学十五讲》并出版。

艺术人类学是一门外来的学科，因此，翻译介绍或与西方学者合作研究是必不可少的。近年来，中国艺术研究院艺术人类学研究所的李修建研究员，一直在组织大家翻译一些非常经典的艺术人类学论文，将这些论文汇集成两本《国外艺术人类学读本》译著，并在文丛系列中出版。另外，本文丛还收录了刘翔宇和李修建译、李修建校、凯蒂·泽尔曼斯和范·丹姆编著的《世界艺术研究：概念与方法》和刘翔宇译、李修建校、萨莉·普利斯著的《文明之地的原始艺术》这两本译著，以及关祎译、罗伯特·莱顿著的《艺术人类学的理论与田野——罗伯特·莱顿文集》等。罗伯特·莱顿教授和范·丹姆教授经常来中国参加我们研究所和学会共同组织的中国艺术人类学年会，与我们有着广泛而深入的学术交流。尤其是莱顿教授，作为外籍专家受国家外国专家局的聘请在我们研究所工作三年，在此期间，他一直参与我们的教学工作和景德镇的田野考察工作。所以，景德镇的相关成果也要部分归功于莱顿教授，是他和笔者一起指导学生，共同完成了许多研究。在共事中，我们打算以艺术人类学的田野工作为主题，出版一本对话录——《东西方学者不同的田野工作方式与体验》，这应该会是一本有价值的书。另外，范·丹姆一直在研究审美人类学，在这方面他是世界级的权威。他一直希望和笔者有一个对话，对话的主题是通过田野考察来讨论不同地方文化中的不同审美取向，以及这种审美取向背后所生成的社会结构等。如果能完成这一对话录，其也将被收录进这套文丛。

时代的发展需要不同国家的学者共同探讨、互补和互动，加深彼此间的共同理解，同时携手研究或解决一些世界性的问题。也因此，这套文丛的作者，不仅有中国艺术研究院艺术人类学研究所的师生以及在该所受过教育、如今已在全国不同高校担任教学与研究工作的学者们，还有多位与我们所长期合作的外国学者。

现在这套文丛有的已经完成并即将出版，有的还在修改之中，还有的刚开始撰写，因此，若要全部完成，可能要持续两三年的时间，也许还会更长。但这是一套有价值的文丛，希望出版后能够引起国内外学术界的关注，同时也希望这套文丛能够推动艺术人类学这门学科在中国的发展，奠定中国艺术人类学在国际上的学术地位。

最后还要声明的是，这套文丛的成果不仅来自我们研究所的学者以及中国艺术研究院培养的硕士生、博士生的共同努力，还要归功于中国艺术人类学学会的鼎力支持。此后，学会每年的年会论文集也将放在这个系列中出版，势必将增添这套文丛的学术分量。

再次感谢中国文联出版社的大力支持！也由衷地感谢编辑们的辛勤劳动！

方李莉

2018 年 10 月 18 日

序　言

　　吴昶所写的《长角苗建筑文化及其变迁》一书马上要出版了，他让我为这本书的出版写序，我很高兴。吴昶曾跟我读硕士，这本书是在当年他的硕士论文的基础上完成的。为这本书写序时，让我想起当年带着他和其他课题组成员一起在梭戛生态博物馆考察的情景。那是在2005年至2006年期间，为完成国家重点课题"西部人文资源的保护开发和利用"，我带领一支考察队伍，选择了梭戛生态博物馆的信息中心陇戛寨作为考察对象。

　　这里居住着的是一群叫长角苗的族群，他们属于苗族的分支，居住在六枝特区和织金县交界处的12个寨子里。这支族群长期居住在偏僻的大山里，和外界联络很少。到当地政府的档案馆都查不到1958年以前的资料，直到人民公社成立时，政府才关注到这一族群。即是这样，在1995年以前，就连附近的汉人也很少知道他们的信息，他们的活动范围只是在周边方圆50公里左右。活动的方式就是赶集、婚丧嫁娶走亲戚，除赶集外，其他的活动都限于族内进行。正是因为与外界交流少，所以，其才保留下来了非常完整的传统的人文景观、风土民情。这样特殊的文化引起了博物馆专家苏东海的关注，他与挪威的博物馆专家杰斯特龙一起向两国政府申请建立了亚洲的第一座生态博物馆——梭戛生态博物馆，这是中国政府和挪威政府联合资助的亚洲第一座生态博物馆。生态博物馆的概念是没有围墙的，让原有的文化群体继续保持他们的文化传统在当地的生态环境下生活，这是一种来自欧洲的文化保护方式。博物馆建立后，属于六枝特区梭戛乡的陇戛寨，由于离乡政府比较近，交通相对方便，成为了博物馆的信息中心。

　　为了考察生态博物馆建立以后陇戛寨人的生活变迁，也就是外来文化对当地文化冲击后的种种状态，我组织了一个共6个人的考察队伍对其进行考察。在考察的过程中我们才发现，这是一支没有文字的族群，尽管当时的生态博物馆已建立十年了，但有关这个族群的历史和文化，并未得到详细的记录和深入的研究。因此，我决心带领课题组，每人负责一块，对其非物质的（族源及分支、历史与迁徙、宗教与信仰、音乐与习俗、节日庆典、人生仪礼）与物质的（建筑文化、器具文化、服饰文化）进行全面的记录和研究。而吴昶当时是我的硕士研究生，我让他负责建筑文化这一块的记录与研究，并在此基础上完成他的硕士论文。

那时的吴昶还很年轻，有朝气爱动脑筋，同时，既努力也善于观察及思考。在他新出版的这本书中让我再次回忆起他当年的田野工作的状况，我们每天都是白天分头出去做考察，晚上回到住处一起讨论当天的考察情况，前后两次考察，共耗时三个月半的时间，许多往事都被我记录到了我的梭戛日记中。

今天当我重新翻阅吴昶这本即将出版的专著时感觉颇深，去年我又一次去了梭嘎生态博物馆，到那里以后发现那里的一切都已面目全非，尤其是建筑和人文景观，再也找不到我们当年随处可见的土墙的茅草房了，因此，吴昶当年为这一块所做的记录，在今天看来尤为珍贵。

他的这本书一共分为六章，第一章是"现代梭戛长角苗人来源及其生境"，我记得很清楚，当年他为了研究清楚这一问题，他绘制了12个寨子的分布图，而且还绘制了近百年来长角苗的迁徙图，这些图的绘制对于研究长角苗人的定居方式以及房屋建筑的变迁模式是非常有帮助的。第二章是"梭戛长角苗建筑及与之相关的文化"，由于该书是从人类学的角度切入建筑研究，因此，在研究中吴昶一方面关注建筑与自然环境的关系，关注其材料运用和空间布局，同时还关心其文化功能，包括建房的信仰与习俗，房屋的分配与居住等。在研究的过程中，他还对当地人房屋的营造技术进行了记录，并对其在受现代文明影响后，所发生的观念及技艺变化等方面进行了记录与探讨。第三章"时间维度中民居建筑营造技艺的传承"是对其工匠知识体系及技艺传承形态的记录，这是一个有时间维度的动态的记录。第四章"陇戛建筑的变迁历程"是对其建筑形态变迁历史的记录，在这样的过程中，我们看到长角苗人的建筑是如何从棚居时代迈向石墙—混凝土时代的，这样的研究并不容易，因为早期的建筑在长角苗的寨子里已经不存在了，需要通过老人们的回忆和口述才能知道。第五章"变迁过程中起作用的基本因素及其交互作用"，这一章是紧扣书的主题"长角苗建筑文化及其变迁"所做的总结与回应。

第六章是结语，实际上写的是对整个考察的总结。这一章很重要，从专业的角度来讲，吴昶的这本书是人类学对于一个族群传统建筑所做的民族志写作，其方法是通过非常细致的有关长角苗人建筑的材料构成、技艺形态、工匠知识等所构成的传承方式、文化习俗以及社会转变所带来的社会转型和知识转型的整体描述，并希望通过这个描述来反观主流社会的发展，最后得出自己的看法和结论。因此，这最后的一章结论应是全书的精华。以下我们看看他在结论中提出了哪些对我们今天的社会发展富有启示性的观点：

（一）越是在古代社会，文化因素之间的联系越是紧密，长角苗人的古代生活方式之所以体现出了高度的自洽性，正是因为他们在较为封闭的时空里获得了充足的积淀时间 以形成较稳定的文化形态。

（二）长角苗民居建筑因为与他们自身的需要密切联系，因此其建筑形式始终追随着功能法则而变迁。

（三）当下梭戛长角苗人的现代化生活方式之所以无法确保某种出现的文化内容或文化因素能够获得充足的积淀时间以体现出文化本身的趣味，正是因为现代化本身具有不稳定性，文化内容更新变化的速度过快，以至于来不及再次形成较为稳定的文化形态。

吴昶得出的结论是，我们有必要回到"活态的文化传统"这个立场上来审视传统的变迁规则。传统与现代化之间并非存在绝然的对立，在我们关注其冲突面的同时，不应无视其彼此交融过程的客观存在。这一过程在现代化进程中尤为明显，因为现代化的特征之一就是变化速度明显加快。传统之所以令人迷恋，是因为它在积淀的过程中保留下来了有魅力（艺术价值）、有意义（社会历史价值）或有裨益（经济价值）的东西，而把无价值的或低价值的内容排除于人类的记忆之外，以便人们进一步地发挥想象力与实践的才华，维持传统的活态性。

面对长角苗的当下，他看到的是，当地居民正在面临一场"去文化"化的村落建筑革命，村民们投入自己微薄的打工收入，努力将自己的家屋"水泥化"，尝试着以此来摆脱茅草屋时代的种种辛苦活。无论这场"革命"在外人看来多么匪夷所思，其最初的动力仍然是人们对更高的生活质量的期待。为此，他认为，当我们再回过头来站在当地人的立场上设身处地地来理解他们的时候，我们会发现：一方面，对于普遍意识到自己以往的生活质量存在问题的长角苗村民们而言，接受现代化是一种不错的选择。敢于接受现代化其实也是一种积极面对明天的信心和勇气。但另一方面，现代化并不仅仅是一种简单被动的接受和模仿或者捆绑式消费，它也是一种参与和交融的过程——在现代化的进程中，长角苗人是可以在某些菜单上打钩或划叉的——例如他们的语言、服饰、丧葬习俗和音乐，他们一定会设法保留下来，甚至未来条件允许的话，也未尝不可以恢复和重现茅草顶木屋建筑，前提是他们能够从中获得尊严和幸福。对于社区居民们的文化遗产，要求当地居民整体地去延续他们过去的传统是不可行的，不仅地方政府担负着扶贫攻坚之责，而且当地苗族居民会珍视自己的生存权与发展权——他们是长角苗文化的真正主人。

以上他的这些结论虽然很朴实，但包含着某种言之有物的真理，对我们今天认识传统与现代之间的关系，认识非物质文化遗产活态保护的理念都是有很深刻的启示的。之所以如此，就在于他的这些写作不是关在房间里闭门造车的写作，而是投身到现实的生活空间中，在文化发生和实践的现场中去记录、去思考而得出的结论。这是一种从实求知的研究方式。希望在未来的研究道路上，吴昶还能够坚持用这样的研究方法去做学问。十几年过去了，吴昶已从当年的硕士生成长为大学老师，他已经是副教授了，期望他的这种研究方法和治学态度能影响到他的学生，这是从费孝通先生等老一辈中国人类学家一代代流传下来的治学传统。衷心地祝贺他的新书出版！

方李莉

2021 年 8 月 27 日写于北京万万树寓所

目　录

引 言

建筑文化，从狭义而论，是指仅仅存在于建筑体和营造手段之中的文化内容，如建筑造型审美、建筑空间设计、建筑施工技术等等；从广义而言，则包括了所有与建筑发生意义关联的文化因素，如建筑的文化功能和社会功能、建筑施工活动中的人际关系、与建筑相关的巫术、建筑空间的象征涵义与人们的居住方式、建筑与生态环境之间的关系以及上述情况受外来文化的影响等等。本书所谈侧重于广义的建筑文化。

中国人从事建筑活动的历史源远流长，据《韩非子·五蠹》载："上古之世，人民少而禽兽众，人民不胜禽兽虫蛇，有圣人作，构木为巢，以避群害。"《孟子·滕文公》："下者为巢，上者为营窟。"浙江余姚河姆渡村发现的距今约六七千年前的建筑遗址告诉我们，早在那时，就已经出现了榫卯建筑技术。西藏昌都卡若遗址的考古发掘也证明，在距今约 4000 年前，中国西南地区就已出现干栏式楼居建筑。我国著名学者梁思成在《中国建筑史》中曾写道："殷商以前，史难置信……至尧之时则'堂崇三尺，茅茨不剪'，后世虽以此颂尧之俭德，实亦可解为当时技术之简拙。"①

这些材料都反映了中国人在对自然空间的人性化改造过程中逐渐形成了自己的建筑文化特征。笔者因参与国家"西部人文资源的保护、开发和利用"课题组对贵州六枝特区北部山区的梭戛苗族建筑进行考察，并在考察中关注到环境与文化、传统与现代、文化多样性与全球化之间存在着一系列复杂的关系，故而将这一内容纳入自己的研究范围之中。

梭戛长角苗居住区位于中国贵州省六盘水市六枝特区北部与织金县交界处的山区地带，它的范围相当于贵州梭戛生态博物馆描述的"梭戛生态

---

① 梁思成.中国建筑史［M］.北京：百花文艺出版社，1998：35.

社区"①，包括六枝特区的陇戛寨、小坝田寨、高兴寨、补空寨、大湾新寨、新发寨（原名火烧寨），织金县的安柱寨、小兴寨、化董寨、依中底寨、后寨、苗寨12个苗族自然聚落。跟其他的箐苗人群不同的是，生活在这十二寨的4000多苗族同胞因长期以来在脑后绾着状如长长牛角的木梳饰物，被人们习惯上称呼为"长角苗"。这一支苗族由于其长年生活在高山石漠化地带与森林的边缘，环境相对较为闭塞，至今仍保留着他们自己大量独特的传统文化资源，其中包括他们的村落建筑。但是，这些建筑的状貌如今正因多方面的原因处于急剧的变化之中，并因此而改变人们传统的居住方式，引起一系列文化上的连锁效应。截至2011年笔者第四次田野调查时，我们所详细了解到的梭戛乡当地一百多年来各个时期最有特点的长角苗人民居建筑样式均尚有留存，但随着时光的流转，这些建筑实体中的大部分都极有可能会面目全非。我们虽然不得不承认这些变迁对当地人的生活质量有着明显的改善和提高，但是这些变迁也正在使他们与过往的生活记忆慢慢产生分割——有不少关于文化族群的遥远记忆有可能就会止步于老人们的日常闲聊，而无涉于新一代长角苗人的生活。此外，当下正在进行的变迁过程也是一个最适合"立此存照"的田野工作对象——通过观察和记录这些建筑的变化，以及人们在建筑工地上的劳动合作、他们对各种新旧建筑的正式评价和闲聊，都可以获得更多从前和以后很可能再也得不到的第一手材料。因此，搞清楚这些建筑遗存以及不同身份的当地人自己的相关解释对于研究梭戛长角苗人的文化变迁过程具有重要的启示意义。本书即将从文化人类学的常识角度，通过描述这种变迁的过程来阐释"这一切究竟是怎么发生的"。

一、研究的缘起

（一）研究的知识背景

建筑体现了人类的习俗活动、宗教信仰、社会生活、美学观念及人与

① 成立于1997年，是中国第一座生态博物馆，也是中华人民共和国与挪威王国政府正式签署合作协议的文化开发项目之一。

社会的关系。正是这些内容构成了建筑的社会文化背景，并可最终通过建筑的空间布局、外观形式、细部装饰等表露出来。建筑体本身是一种可以被我们直接感知的研究对象，而围绕着建筑处在产生或衰亡中的手工艺则是非物质文化，这二者都是我们非常重要的研究内容。美国古典进化论学者摩尔根认为，人类的文化从本质上没有区别，应当在同质一般的历史环境中理解特定的文化。他曾研究美洲土著人的房屋，发现家庭生活方式、风俗习惯都是与一定的房屋的构成相适应的。法国结构主义人类学学者列维·斯特劳斯（Claude Lévi-Strauss）则认同社会组织、社会结构对文化现象在形式方面的影响。建筑学家阿摩斯·拉普卜特（Amos Rapoport）通过对大量传统住宅进行分析和比较之后认为社会文化最终决定住屋的形式。中国早期文化人类学家林惠祥先生在20世纪30年代所著《文化人类学》一书中，也曾分析过习俗与居住空间的关系，他举例说，印第安人进入别人家房屋，不能随便坐立，男女老幼都有特殊的行立坐卧的位置规定，形成这种风俗是由早期印第安部落居住空间狭窄所致①，因此，人类的习俗对建筑形式的发展演变也起着潜移默化的作用，而建筑形式亦有助于人类习俗的形成，建筑正是人类习俗的一种具象表现形式。

如今，全球化现象已日益成为人们关注的问题。近些年来，正是由于交通、信息等方面条件的改变，现代生活方式的影响力在梭戛山区得以迅速加大，传统与现代之间的关系变得十分微妙，一个不争的事实是，长角苗人正在步入一个变化加快的文化转型期。长角苗建筑文化传统该如何延续，引起了多方学者的关注。于当今世界各民族的文化传统而言，这种由新技术和新生活方式所造成的困境是一个具有普遍意义的文化困境，因此，在梭戛山区所做的考察与研究对于观照这些处在即将消失状态中的古老文明，可以说具有重要的现实意义。

（二）研究问题域

文化人类学者斯图尔德（Julian Haynes Steward）认为，文化人类学的中心任务是发现随时间推移而呈现出来的世界文化发展规律，并从因果关系方面加以解释。他认为文化人类学界存在三种不同的观点：（1）单线

---

① 林惠祥.文化人类学［M］.北京：商务印书馆，1991：86.

进化论，认为世界各民族的文化发展道路是一模一样的，只承认这种发展有阶段的差别（如泰勒、摩尔根的古典进化论和怀特的单线进化论）。（2）与上述观点完全相反的文化相对主义理论，强调各民族文化发展的相对性和独特性，不认为世界各种文化必须机械地历经从低级向高级排列的每个阶段（如博厄斯学派）。（3）认为文化与其生态环境是不可分离的，它们之间相互影响、相互作用、互为因果。相似的生态环境下会产生相似的文化形态。由于世界上存在多种生态环境，由此形成了世界多种文化形态及其进化道路，认为一定的基本的文化类型在相似的条件下，可以沿着相似的道路发展，然而这种在人类所有群体中，按照同样的顺序出现的具体文化是很少的。第三种观点正是斯图尔德本人所提倡的多线进化论。斯图尔德还认为：对于人类的生存而言，没有什么比从生态环境中获取生活资料更为重要。而对于这种获取生活资料的劳动来讲，也没有什么比这种人类活动更具有社会性的交往性了。塞维斯（Elman Rogers Service）和萨林斯（Marshall Sahlins）则进一步认为：怀特所描述的是文化作为一个整体从阶段到阶段的一般发展，是进化的一般规律；而斯图尔德的描述则是侧重于个体特殊性。[①]塞维斯和萨林斯试图调和斯图尔德与怀特之间的矛盾，并进一步建构文化领域的进化论体系。虽然萨林斯一方面强调多元的文化无须西方式的启蒙[②]，与博厄斯的文化相对主义遥相呼应，但其在《甜蜜的悲哀》中对马凌诺斯基功能主义采用的泛道德主义怀疑方法[③]却依然逃脱不了我们的怀疑目光。我们不难发现，人们对进化论的最大争议并不在于人类历史是否朝着越来越好的方向发展，而是在于是否接受西方中心论观点的问题。斯图尔德的多线进化论结合了文化进化论和文化相对主义两家的观点，并提出了独到的"文化生态学"理念，一方面有力地反驳了西方文化中心论，另一方面提出不同文化的人类社会都必将向前发展的积极观点。斯宾格勒（Oswald Spengler）、阿诺德·汤因比（Arnold J. Toynbee）、露丝·本尼

---

① 夏建中.文化人类学理论学派——文化研究的历史［M］.北京：中国人民大学出版社，1997：228.

② ［美］马歇尔·萨林斯.甜蜜的悲哀［M］.王铭铭、胡宗译，译.北京：生活·读书·新知三联书店，2002：109.

③ ［美］马歇尔·萨林斯.甜蜜的悲哀［M］.王铭铭、胡宗译，译.北京：生活·读书·新知三联书店，2002：8.

迪克特（Ruth Benedict）等人也对各种文化模式之间的差异给予了高度重视。但前人所没有解决的问题是，在貌似具有整体性特征的文化系统中，其各种文化因素或文化组成部分各自的发展规律也存在着差异。例如建筑、服饰、亲属关系与语言，同样受到全球化的冲击，但是所产生的变化和后果以及变化原因、变化规律都是不一样的。本文在研究分析过程中，结合了萨林斯的部分观点，对斯图尔德的"多线进化论"及"文化生态学"理论在文化要素方面予以补充和进一步阐释。

此外，在涉及本书所关注的问题域中，有一个非常值得关注的话题是"苗族为什么住在高山上"。过去我们只是简单地认为他们是在平坝地区竞争不过汉族、彝族及其他的族群，被迫无奈才上的山。但随着我们对他们生活方式的深入了解，我们会发现他们有一整套适应山地资源环境的知识系统，而这套知识系统不仅包含了生活经验，还包含了包括饮食、居所、精神信仰在内的方方面面。费孝通先生提到他在广西访问时了解到当地有一些居住在山上的瑶族居民，他说：

> 从人道主义出发，当地的汉人让出一部分土地，请他们下山，结果不灵，少数民族不愿下山。他们为什么不愿意？是因为不能适应。在什么条件下能使他们适应呢？这值得研究。1988年，我到南宁去，南宁附近有一个从山上搬下来的瑶族村，种了菠萝，做了罐头，出口香港，村子也很富。为什么一部分瑶族肯下山，另一批不愿下山，总有个道理，这不是一个简单的问题，靠一句话是解释不通的。要靠大家根据具体情况进行分析、研究。①

就这人居环境问题，美国人詹姆斯·斯科特（James Scott）于2009年在其出版的《逃避统治的艺术》（*The Art of Not Being Governed*）一书中也提出了他的看法。②斯科特虽未辟专门章节来谈建筑文化方面的问题，但他从东南亚部分山地民族出于人身自由与安全的考虑"向山而行"的历史

---

① 费孝通.在湘鄂川黔毗邻地区民委协作会第四届年会上的讲话摘要［J］.潘乃谷整理稿，北京大学学报（哲学社会科学版），2008（5）：32-38.
② 见詹姆斯·斯科特.逃避统治的艺术［M］.王晓毅，译.北京：生活·读书·新知三联书店，2016：（前言）1.

事实及与这种生存模式相配套的一整套知识系统，详细地分析了山地文明中的"逃逸文化"现象。不仅一些古代文献、民间口述史材料能够与之遥相呼应，笔者的田野材料也反映出长角苗族群确实存在着高山环境高度适配、密不可分的文化习俗。因此，斯科特的观点也是本书的写作过程中需要去认真思考和与之对话的内容。

本书所要探讨的问题虽然只从建筑这一小小的点切入，却关涉到一个小型社会的文化变迁问题，通过对建筑形态在历史中所发生的变化进行的各方面调查得到的信息资料来看，困扰着文化保护工作者的最大问题就在于如何在"现代化生活方式"与"文化传统的保护"之间寻找到一个可以解释的突破口。只注重强调一般进化论的思考容易歪曲长角苗人及其他族群作为地方性知识的文化传统的价值，伤害其文化自尊，并无视其中的合理因素和积极因素；一味强调文化保护，把文化视为不可分割的整体，并无限抬高其社会价值，则很难对人们现实生存状况的不济有所裨益。

在此项研究的方法论方面，课题总负责人方李莉研究员在其较早的著作中也谈到了这种田野研究方法的意义：

> 不是从书本上来，到书本上去，而是到生活中去，接触活生生的人，接触鲜活的真实的社会事实。通过对中国自身各个不同的文化社会群落、社区进行长期的田野考察，来了解和阐释其中所蕴含的文化艺术、风俗习惯的传承和变迁等问题。在研究中力图避免传统的那种孤立的研究方式，而是把一种社会事实和一种艺术现象放在一个具体的社区和一个完整的文化情境中去考察①。

在梭戛的田野工作结束之后，方老师总结道：

> 我们的研究必须涉及其文化的动态一面，即其文化的重构与变迁。尤其是建立生态博物馆以后，那些重要的社会因子在起作用，是其社会重构和变迁最重要的变量。同时，最初发生变化的是表现在其物质文化如食物、器物、居室、服饰、生产工具、交通工具等方

---

① 方李莉.传统与变迁——景德镇新旧民窑业田野考察［M］.南昌：江西人民出版社，2000：3.

面，还是表现在其信仰仪式、道德礼仪、艺术风尚等方面。按照人类学的说法，食品、居处、交通等物质文化，可以被一个团体整个搬去，于是和物质生产有密切关系的仪式等，也逐一地被搬去，代替了旧有的而现在已失去了效用的仪式，结果这些也被拉入这个社会的整个配置丛体里了。当然，有时候即使是物质文化改变了，其非物质文化也未必会改变。……尽管由于经济的原因，他们学习的不是汉人的先进的技术，而是落后的技术。可以说从建筑到生产器具到生活用具到食物，他们都和当地的汉人没有多少区别，只是更简陋、更粗糙而已。但在他们的非物质文化方面，如信仰仪式、道德礼仪、艺术风尚等，还是保持了自己民族的文化的完整性。但自从生态博物馆建立以后，这种文化的完整性正在从各个方面发生断裂与重构。如何断裂与重构，这也是我们在报告中要着重描述的。

（此段文字后发表于方李莉、吴昶、安丽哲、孟凡行、杨秀、崔宪等著《陇戛寨人的生活变迁——梭戛生态博物馆研究》一书，本书2007 年以前写作部分内容与该书建筑文化部分的资料来源相同）[①]

在那个时候，她的这些超前的思考无疑带领我们进入了一个全新而又不得不认真面对的学术语境之中。此项研究对于我们为什么做文化保护，以及如何进行文化保护都有着重要的理论和现实意义上的思考。

二、研究的相关背景知识

（一）国内相关个案的学术文献研究综述

《贵州苗夷社会研究》是吴泽霖、陈国均等中国早期人类学者在抗战时期对贵州的苗族、彝族、仲家（布依族）、水族社区进行的调查研究论文集。由于他们是第一批系统使用西方人类学方法和科学手段在我们考察

① 方李莉，等.陇戛寨人的生活变迁——梭戛生态博物馆研究［M］.北京：学苑出版社，2010：13.

的同一地区进行考察的，因此该书无论是学术价值还是资料价值都非常重要。

《梭嘎苗人文化研究——一个独特的苗族社区文化》一书是目前笔者所能查阅到出版最早的一本论述梭戛苗族文化的专著。书中从梭戛苗人的语言、姓氏和名字、祭祀与信仰、婚姻文化、丧葬文化、服饰文化与音乐歌舞文化几个部分来分别叙述作者在此地所作的田野考察结果，涉及的信息面较宽广，内容详细丰富，并且作者田野考察的足迹涉及该社区的大部分村寨，应该说付出了很大的努力。但是由于方法不够系统，追问不够深，只重在积累现象材料，因此没有从中提出令人印象深刻的学术结论，颇为遗憾。该书成书于 2002 年，为我们在 3 年以后再来作调查能够起到前后对比的重要作用。按作者所说，梭戛长角苗社区被"发现"是从 1990 年一个从六盘水市委宣传部到新华乡挂职的干部杨耀荣开始的。杨书记"对梭嘎①苗人的风俗习惯和文化，产生了极大的兴趣：'我看我们这里的梭嘎苗寨子的风俗有意思得很，我是长期搞宣传的，不如去访一下，帮他们宣传一下，看能不能搞点旅游开发？现在时兴这个，说不定还要得！'"②此后，在 1995 年，挪威博物馆学家约翰·杰斯特龙在苏东海先生的陪同下到达梭戛。该书作者吴秋林、伍新明则是在 21 世纪初方才开启了他们对长角苗人的文化研究。

《中国贵州六枝梭戛生态博物馆资料汇编》是该生态博物馆编的内部资料，其中一篇成稿于 1996 年的《六枝、织金交界苗族社区社会调查报告》是该资料中最有参考价值的部分，此文将建筑、生产生活、工艺技术、头饰服饰、文化教育、社会结构、风俗习惯、节庆活动、宗教礼仪、音乐舞蹈、民间文学分类详述，建筑文化方面的表述较为概括。

《贵州苗族建筑活体解析》的作者麻勇斌考察了贵州境内大量的苗族古村落，其中也包含梭戛长角苗民居的相关内容，作者因判定"西部方言区苗族的建筑，房屋低矮、拘谨、简单、粗糙。房内设置随意、杂乱、单调，明显有因为胆怯而随时逃命的倾向。装饰格调忧郁、沉闷。不受风水观念过多指导；格局随意松散，比较注意整个村子的隐蔽性"，他认为该

---

① 按现在六枝特区政府标准写法应为梭戛，戛字读作 ga 上声。——笔者注
② 吴秋林，伍新明.梭嘎苗人文化研究——一个独特的苗族社区文化［M］.北京：中国文联出版社，2002：4-5.

地民居建筑的"文化内容研究价值不大"，主张"不如将精力主要放在解决当地人的贫困问题上"。①

（二）现有的工作基础

2005 年 8 月 4 日—9 月 1 日，以陇戛寨为核心区进行了为期 1 个月的定点考察，访问了 3 个长角苗村寨及其他相关人群。整理文字资料 2 万余字，照片 500 余张，录音资料若干。

2006 年 2 月 1 日—4 月 9 日，以陇戛寨为核心区进行了为期 2 个月的考察。访问了 7 个长角苗村寨、2 个其他苗族村寨、2 个布依族村寨及其他相关人群，足迹跨越六枝、织金、纳雍、六盘水等地方，整理文字资料 8 万余字，照片 2000 余张，摄像资料及录音资料若干。所查阅和使用的相关文献资料详见附录。

2009 年 7 月，第一次个人回访陇戛寨、高兴寨、补空寨和雨叠寨。

2011 年 10 月，第二次个人回访陇戛寨，主要针对各种传统技艺的传承方式问题和建筑及人们生活总体面貌所发生的大的改观作了补充调查。

---

① 麻勇斌.贵州苗族建筑活体解析［M］.贵阳：贵州人民出版社，2005：52.

第一章　现代梭戛长角苗人来源及其生境

在中国贵州省六枝特区北部的梭戛乡、新华乡和织金县南部的鸡场乡、阿弓镇相邻地带，聚居着一支被当地人普遍用汉语称为"长角苗"的人群，他们集中分布在六枝特区梭戛乡高兴村的陇戛寨（姆戛）、小坝田寨（姆后迭）、高兴寨（姆依）、补空寨（姆空），梭戛乡安柱村的（上、下）安柱寨（姆珠），新华乡的大湾新寨（姆憋）、新发寨（原名火烧寨，姆苏）以及织金县吹聋镇的小兴寨（姆嘎）、吹聋后寨（姆塞）、大苗寨（老寨：姆休苏，新寨：姆扫猜）、化董寨（姆钮）、依中底寨（姆宗嘀）12个苗族自然聚落，还有少数村民在梭戛乡仓边村雨叠寨、新华等乡的一些村寨与汉、彝、布依等民族共同生活。伴随着打工者的时代步伐，2011年前后，他们中的2000余人也长期聚居在上海交界的嘉善县一带，大部分人以木器加工等制造业工种谋生。

图1-1　长角苗人的着装，吴昶绘

长角苗族群以其绾在脑后长长的新月形木角梳以及其独特的传统服饰与其他族群形成鲜明的对比。根据他们的自述，他们的语言与水城一带的"小花苗"（咪蒙朱）80%可以相通，与"汉苗"（蒙撒）50%可以相通，只是语音、语调有所区别，与自云南迁来的"大花苗"（蒙朱）族群只有25%左右的词汇相同，一般情况下彼此通常需要用汉语才能进行正常交流；与周边被识别为布依族、彝族、穿青人的其他各族居民间只能用汉语西南官话区的贵州方言进行交流。

长角苗的外在身份特征主要体现为女性头戴长长的白色木质新月形角梳，发冠围绕木梳绕成"∞"形。长角苗一词是与他们自己语言中的"姆松"一词相对应的。

长角苗人群的主体部分是在20世纪及之前从纳雍县、织金县逐渐南迁过来的①，他们缓慢而零散的迁徙过程从清代或者可能更早的时候一直持续到中华人民共和国成立以后。长角苗人中还有一部分人是由"汉苗"（蒙撒，因当地人视其妇女常在脑后歪插着一把木梳，亦称其为"歪梳苗"）演变过来的，例如陇戛寨的一部分杨姓居民自己就认可这一说法。长角苗支系的来源构成较为复杂，高兴村部分熊姓、杨姓居民和纳雍县张维镇附近的李姓"短角苗"居民声称自己的祖先来自"江西吉安"，这些说法虽令人感到吃惊，但陇戛杨姓中有两个家族分别来自梭戛山区周边的"汉苗"和"短角苗"是可以从众口一致的采访资料中得到肯定的。

一、历史文献中长角苗人的身影

在梭戛山区，这些长角苗家族由于缺乏文字家谱，实际上都很难为我们提供他们在清代以前族源信息方面的可靠依据。但我们通过对清代文献"百苗图"②、清《大定府志》等文献资料的考察发现，清代有四种文化族群与今天的长角苗人关系是非常密切的。

李汉林先生所著《百苗图校释》、杨庭硕与潘盛之二位先生所著《百苗图抄本汇编》、云南大学图书馆编《清代滇黔民族图谱》及贵州省

---

① 根据陇戛新寨熊玉文、小坝田寨王开云、高兴寨熊光禄等人关于祖先栖居地的口述以及下安柱寨和高兴寨两个葬礼上的开路歌歌词中有亡灵在去往冥界的路上必须经过纳雍的内容等情况作出的综合分析。

② "百苗图"出自清人陈浩所著的《八十二种苗图并说》。陈浩在嘉庆初年曾任八寨理苗同知。后人习惯上将该原著及其不同翻印和手抄本统称为"百苗图"。"百苗图"全书分列82个族支条目，并附有彩绘人物插图，系统地介绍了当时贵州各民族社会文化状况，由于"百苗图"原本已佚，不同时代的传抄本、节录本多达百余种，体例内容各异，且衍脱错讹严重，从而为版本、条目、文字的校勘及族属考辨带来很大困难。尽管如此，"百苗图"对于苗族文化史研究而言，仍具有很高的文献价值。

毕节地区地方志编纂委员会点校《大定府志》、民国时代《改定各省重复县名及存废理由清单》政府公告等相关文献关于长角苗族群来源方面的材料，为我们对今天的长角苗族群的祖先，以及生活在同一地区被冠之以"苗"身份的古代文化族群的大致生活面貌的了解提供了相关的史料依据。

"平远"即今天贵州毕节地区的织金县，因为与广东平远重名，于1914年更名为织金县至今。清道光版《大定府志》记载：

> 康熙二十六年（1687年）降大定府为州，与平远、黔西二州，永宁毕节二县，皆属威宁府。……雍正八年，（1730年）升大定州为府，降威宁府为州属之。

贵州平远州易名为织金县是在中华民国三年（1914年）一月三十日，当时的民国政府公告内容如下：

> 贵州平远县清康熙二十二年改置州，今改县。与甘肃、广东两省重复。业据贵州省呈请改名织金县，以明时该县有织金城，今织金河在城东，自可照改。[①]

《百苗图校释》引刘甲本"高坡苗"词条中说：

> 又名顶板苗，平远、黔西皆有之，穿青衣。喜种山（粮），妇女以木尺绾发内，故名'顶板苗'也。纺织惟勤，婚姻苟合。洗染工织。

说明这里的"高坡苗"的分部区域包括今天的织金县。而"以木尺绾发内"一句，李汉林先生指出：

> ……这种挽发的木板事实上是一种牛角形的巨型木梳。木板凹处有梳

---

① 《改定各省重复县名及存废理由清单》，刊登于民国政府公报第628号（2月5日）、第629号（2月6日）、第630号（2月7日）、第631号（2月8日）上，全文共26页。转引自行政区划网 http：//www.xzqh.org/html/。

齿，因而可以用于挽发，木板两端有尖角，挽在发内时尖角往前伸，酷似牛角。……①

《清代滇黔民族图谱》第 62 页"花苗十三"说：

> 在贵阳、大定、安顺、遵义所属，皆无姓氏。其性憨，而畏法；其俗陋，而力勤。衣用败布续（絮）条织成，青白相间，无领袖，洞其中。头而笼下，或以半幅中分绞缠于项。每岁孟春，择平壤之所为月场，未婚男子吹笙，女子振响铃，歌舞戏谑以终日，暮则约所爱者而归遂私焉。亦用媒妁聘资，以女妍媸为盈缩，必男至女家成亲，越宿而归。惟宰牲盛馔祷于鬼，虽至败家无悔焉。

《清代滇黔民族图谱》"箐苗四十六"又说：

> 箐苗，居依山箐，苗类也，在平远州。善耕惟种山粮为食，男女衣服均为织制。②

《黔省诸苗全图》（清绘本）称"高坡苗又名顶板，在黄平、黔西等处衣黑喜种山坡，妇女以木尺许绾发，故名顶板苗也，婚姻苟合，妇勤纺织"。黄平在今黔东南苗族侗族自治州境内，与黔西在地理上相隔甚远，因此此一版本的"高坡苗"解释不足为信。

日本人类学家鸟居龙藏发表于 1907 年的《苗族调查报告》沿用了前人的看法："高坡苗又名顶板苗，平远、黔西二州。"③

李汉林先生认为，《百苗图》中所说的平远"箐苗"人群属于苗族中的黔中南支系西北亚支系；却又指出《百苗图》受"乾志"影响，误将原水西"黑彝"所领的川黔滇支系苗族混同于黔中南支系西北亚支系的"青苗"。二者实际上是两个概念。④ 因此也就是说，"箐苗"人群并不是原水

---

① 李汉林.百苗图校释［M］.贵阳：贵州民族出版社，2001：26.
② 云南大学图书馆.清代滇黔民族图谱［M］.昆明：云南美术出版社，2005：94.
③ ［日］鸟居龙藏.苗族调查报告［M］.贵阳：贵州大学出版社，2009：18.
④ 李汉林.百苗图校释［M］.贵阳：贵州民族出版社，2001：23-24.

西"黑彝"所领的川黔滇支系苗族，而是黔中南支系西北亚支系"青苗"的一种。那么照此理解，只有两种可能：要么我们所见到长角苗人群不是"箐苗"，长角苗则另有其类（因为梭戛长角苗长期以来受水西黑彝统治）；要么长角苗就是包含"箐苗""花苗""顶板苗"甚至汉人等多族群融合而成的一个过去文献中并无完整记载的新的文化族群。

综合上述分析，在"百苗图"提供的上述信息中，我们不难发现，"顶板苗"（"高坡苗"）的木角梳是一个非常重要的文化符号，加之他们"喜住山巅""喜种山粮"，与今天头戴木角、长期生活在高山险恶地区，以土豆、玉米、荞麦为主食的梭戛长角苗人极为相似，很可能后者就是前者的延续。

长角苗人与"花苗"关系密切的还有非常重要的一点就是在语言相似度方面，据高兴村的长角苗村民们自己讲，今天六盘水地区的小花苗与长角苗语言词汇相通率高达 80%[1]。

今天的长角苗人群所处的位置正好在"青苗"与"大花苗""小花苗"聚居区之间，他们既有青衣，又有花衣，可能是受到了两方面的影响。具体而言，他们与"花苗"的生活空间要更近一些，也经常打交道。蜡染、刺绣的许多花纹与"小花苗"相仿，并且语言也很接近。

今人称六枝北部山区的这一支苗族为长角苗，是依据他们的服饰形态特征来命名的。同此理，"顶板苗"也是从这个角度来描述一支人群的文化特征，加之他们都在"平远州"——今天的织金县有大量分布，且梭戛的长角苗人大部分都是在清代晚期陆续从织金县地方迁来的，因此长角苗人群极有可能是清代平远"顶板苗"（"高坡苗"）人群的延续。

从文本定义上看，"百苗图"中的"箐苗"与今天的长角苗人的文化特征描述出入最小，但令人感到遗憾的是"百苗图"中"箐苗"一节内容极少，仅泛泛谈到了这个人群"居山箐""种山粮""男女衣服自织"等生活方式，并无对其服饰穿戴、民间习俗、居所等方面的关键性描述，资料缺乏完整性，因此，"箐苗"的概念过于空泛，尤其是缺乏外观显著的文化符号特征，这在以服饰、民俗等文化特征给"百苗"冠名的"百苗图"中并不是一个严谨的概念，容易跟其他已按各自标准命名的苗族分支

---

① 这个数据在梭戛长角苗人及他们的邻居那里曾多次被提及。

产生概念交叠。但如果称长角苗为"箐苗"，又并不完全为过，"箐"在云贵川及相邻地区有"森林"的意思。一方面，长角苗人的种种神话故事和历史记忆都与森林有着密切的关系。另一方面，"百苗图"本身并非一部学术性很强的民族志著作，它对"苗"的定义是极其含糊的，既包括了今天的一部分苗族，还包括了今天土家族、仡佬族、布依族、水族、白族等多个少数民族甚至部分汉族人的祖先的先民。"百苗图"的归纳分类方法总体上也缺乏系统性和严谨性，并没有对其划分的理论依据作出详细解释，主要是缺乏客观说服力的问题，可能一种"苗"里同时又包含着另一种"苗"，如"青苗"词条中称"青苗居平远州者，又称箐苗"。因此，我们也不能排除"箐苗"与今天的长角苗族之间可能存在的关系。

"百苗图"中虽然提到了"顶板苗"居"平远"（即今贵州省织金县），却没有提及其语言族属，我们不妨大胆设想，"顶板苗"只是清人陈浩当年依据某一族群的头饰而命名，而又在疏忽之中把该族群按某套服装的服饰花纹特征论为"花苗"的一部分，而将其按另一套服装视为青苗，并且又视其生存的自然环境而将其称为箐苗，那么这一生活在开远州一带的族群则最有可能是现代长角苗人的族群文化符号特征之源；若"顶板苗"语言与"花苗"相近，且服饰逐渐经历了以青衣为主到青衣、花衣并存的过程，那么他们最有可能就是我们所能够在文献中找到的现代长角苗人的祖先。

此外，凌纯声、芮逸夫著《湘西苗族调查报告》中说："箐苗，亦黑族别种，腊耳山多有之。居依山箐，不善耕田，惟种山粮，以麻子为食，衣皆用麻。"[1] 言下之意，"箐苗"属于黑族（黑苗）的别种，他们居住在湖南西部的腊耳山地区，与梭戛长角苗人无论地域分布还是语言类别均相隔甚远，不应纳入关联概念之中。

李宗昉的《黔记》中载："黑苗……在都匀、八寨、丹江、镇远、黎平、清江、古丹等处。八寨、丹江今合为黔东南丹寨县；清江为今黔东南剑河，古州今黔东南榕江县，其余同今县市同。"也就是说，从分布的地点来看，如果我们所考察的这一支苗族为箐苗的话，那就和黑苗相隔甚远。

---

① 凌纯声，芮逸夫.湘西苗族调查报告［M］.北京：民族出版社出版，2003：20.

《湘西苗族调查报告》转引李宗昉《黔记》称："青苗……在黔西、镇宁、修文、贵巩等处。在平越者又曰箐苗。"[①]青苗和箐苗的读音很相似，这里写的分布地点仍然不同，但吴泽霖、陈国钧等著的《贵州苗夷社会研究》中写道："贵州安顺为一苗夷族之集中地，苗族有青苗，花苗二种。"[②]六枝北部山区离安顺较近，它是不是青苗的分支我们不敢确认，并且从分布的地域而言，箐苗和花苗大体是一致的。《贵州苗夷社会研究》写道："花苗的分布最广，以贵阳附近为起点，散处于黔省北部与西北部，开阳、仁怀、织金，郎岱、水城、安顺等县皆有之"，"'花苗'为苗族的一支，主要居住在今贵州贵阳市、安顺市、毕节地区、六盘水市和黔西南布依族苗族自治州等地"[③]清代李宗昉《黔记》中载："花苗……在贵阳、大定、安顺、遵义属。"[④]大定即今之贵州西北的大方县，与织金、纳雍二县交界，与梭戛所属的六枝特区一带的距离也非常近。当地的大学生向导熊光禄也讲过，水城的小花苗（六盘水地区的另一个苗族分支）跟他们长角苗的语言相似度非常高。

综合上述文献分析，关于长角苗族群，我们现在可以得出一些基本的看法：首先，他们并非近代以后在贵州西部突然出现的族群，更不是笔者所听闻的某些奇谈怪论中所谓的"被旅游开发者人为包装出来的表演者"，族群出现至少不晚于清代中叶，长角苗先民的服饰特征实际上早已见诸官方图史、方志。虽然漫长的历史有可能会改变他们着装的风尚，但其最典型的特征却不太容易被划归别的族群之中。

二、陇戛长角苗居民的来源及迁徙原因

1924年，法国传教士萨维纳曾用非常细腻的笔触描写过一些他在广西所见过的苗族村庄，他说这些村庄"很少有超过百年的。我们很容易就可以看到。稍微有些年代的苗寨四周围着乱坟和作为标记的坟头上的石

① 凌纯声，芮逸夫.湘西苗族调查报告［M］.北京：民族出版社，2003：20.
② 吴泽霖，陈国钧，等.贵州苗夷社会研究［M］.北京：民族出版社，2004：198.
③ 吴泽霖，陈国钧，等.贵州苗夷社会研究［M］.北京：民族出版社，2004：4.
④ （清）李宗昉.黔记［M］.北京：商务印书馆，1936.

头……我们在山间的许多地方都可以找到被遗弃的古老的苗人村寨。我们今天仍然能够看见：民居周围的已经被踩踏过的土地和残余的火把、有凿痕的石头、烧灼过的土块，这些都是很久以前人们生活过的痕迹。……当苗人移居别处的时候，他

图 1-2　陇戛寨附近的一处废宅　（吴昶摄于 2005 年）

们会随身带走一些东西，而其余的杂什连同房屋，要么付之一炬，要么任它沦为废墟。他们除了带走衣物和炊具以外，铁制的用具或者农具也会带走，……所有的这些工具都会被乱七八糟地装在背篓里，日后修修补补还可以继续使用。至于他们的家庭成员，无论老少，都会拿上大大小小的必需品包括家禽和小猪这些，也都放在背篓里。当迁徙的准备做好后，人们只需要一个手势，大伙就都出发上路了。那情境就像是去赶场一样。生活就真正地是小家的流浪，人们不会留下任何表示遗憾的标志，也没有一丁点激情"①。笔者曾经在陇戛寨以北的麻地窝村附近见到过一个被荒弃的苗寨，再也很难目睹上面萨维纳所描述的那种举村迁徙的景象了。萨维纳描述的情景虽然发生在别的地方，但根据长角苗人从"三家苗"迁徙至梭戛的经历来看，近乎把那些废墟昔日如何被废弃的景象再度还原，而当一些梭戛的长角苗人在路过三家苗荒村故地的时候还会在那里祭拜祖先。在这些废墟里，古代的历史似乎被定格存放于此，之后，历史的车轮不断向前推进，还会随着他们匆匆的脚印谱写出新的篇章。

　　为了将彼此纠结的各种文化现象之间的基本关系尽力廓清，梭戛长角苗建筑文化的研究者必须针对至少一个具体的村寨进行深入具体的个案分析。陇戛寨是笔者考察的重点村寨，它的历史虽不可考，却能够为我们提供丰富而具体的、感性而直观的信息。这些田野信息对本文所要切入的

① ［法］萨维纳（Marie Savina）. 苗族史［M］. 立人等，译. 贵阳：贵州大学出版社，2009：204-205.

各个问题都提供了重要的依据。亲属制度与家族关系是一个村落社会的文化之极为重要的组成部分。因此，笔者对陇戛寨的居民来源进行了详细的调查。

目前，陇戛寨（包括新村）现有的 120 户人家主要有杨、熊、王三姓（原住陇戛的李氏家族目前仅剩一位嫁入杨家的老太太）。

杨姓的构成最为复杂，实际上一共包括了五个家族——他们恰好都选择杨姓作为自己的汉字姓氏，其中的"卜采"家族是陇戛现在最古老的住户之一，他们搬迁自织金县三家苗①。在这五个杨姓家族中，"卜采"家族也是最先到达陇戛寨的。他们迁居到陇戛的大致时间是在晚清的时候，这次大迁徙肇始于当地爆发的一场严重的瘟疫②。这一支杨姓从迁到陇戛到如今已经有五代人。其老祖先"卜采"（苗语音）之墓则在织金县三家苗烂田寨。

根据化董寨熊朝明（与陇戛熊氏属同一"五献熊"家族）及陇戛寨王兴洪等人提供的信息来看，熊姓的祖先原是来自湖南的汉人③，据说是随吴王（清初的平西王吴三桂）剿水西④来到织金县熊家场一带，因一位祖先娶了歪梳苗妇女为妻，育有八子，并长期生活在苗族聚居地区，遂逐渐被苗族人归化。总体来看，熊姓的宗族凝聚力较强，曾在三家苗一带雄霸一时，后因一位势力强大的祖先卜恩谷（苗语音）被仇人杀死，他们被迫四散流徙。而据陇戛寨居民熊玉文、熊光武等人讲述，他们所能记得的最早故居在梭戛乡北面的纳雍县张维镇附近，后来南迁到织金县的三家苗。因那里瘟病肆虐，被迫再次迁徙。他们抵达陇戛几乎与杨姓"卜采"家族同时，或稍晚一点。关于"汉人苗化"的现象，日本早期的人类学先驱鸟居龙藏很早就已经注意到，他曾将贵州安顺等地的"凤头苗"（即今之"屯堡人"）准确地识别为明代戍守贵州的汉族后裔，他认为："在贵州……掌

---

① 古地名，相传有三户苗族人家在此居住，一家姓熊，两家姓杨，故而得名。如今三个家族的后人包括织金县化董寨王氏家族、陇戛寨和依中底寨"三限杨"家族和陇戛寨熊玉文所属的熊氏家族。三家苗的详细位置在织金县白泥塘乡与鸡场乡之间的小屯坡下烂田寨。

② 据杨姓"卜采"家族及熊姓居民口述，当年搬家时人们都是把草鞋倒过来穿，趁天黑偷偷走出来的。因为当时认为瘟病是鬼病，是一种魔鬼所作的恶，所以说偷走，是为了不让鬼知道；倒穿草鞋走是为了迷惑病魔，好让它朝相反的方向去追人，最后找不到而作罢。

③ 织金县阿弓镇化董寨居民熊朝明等人的口述材料。

④ 水西，即今之六盘水一带，当时为彝族和仡佬族地方政权的势力范围。

据经济权的是移民而来的汉族，其中四川籍的人口较多。早先，'街头'多为'屯军'的军事据点，是汉族军事移民的住地。他们多娶当地的少数民族女子为妻，也包含着'相互同化'的因素。所以，在后来汉族移民的眼里，就将以前军事移民而来的汉族看成了'少数民族'。"[①] 但在明末清初的时候，贵州的西部汉族人口并不多，当汉族形成聚居点的时候，其文化被周边民族同化的可能性就会减小，而当汉族个体进入当地苗族社会，成为其中一员的时候，其个体所承载的文化力度则达不到影响周边的地步，因此很快就会为当地苗族所濡化。

王姓在陇戛的居民最少，至今只有五户，与小坝田寨的一部分王姓原本同出一家，他们大约是在民国时期才从织金搬迁到此，此时陇戛寨已经初具规模。

虽然长角苗人长期处于"走走停停"的游徙生活方式中，但根据老人们的口述史和诗歌作品所描述的场景来看，他们的活动范围一直处在森林的边缘。熊氏家族的祖先大约在一百多年前从靠近普定县的织金县熊家场乡来到三家苗，并由此南下到达今天织金、六枝交界处的现今长角苗聚居区。

我们通过采访还了解到，他们的男性祖先至少有一位是明末清初时候来自江汉平原的汉人，而女性祖先则多是织金、纳雍、六枝一带地地道道的古代苗族人。此外，笔者也收到过另外一些让人觉得有些意外的信息，比如一位长角苗长者在被问及祖先来自何地时，回答"江西吉安府大桥头小桥尾"，而附近的彝族、布依族居民，在被问到同样问题时也有如是回答的情况。之前，笔者曾经请教过一位民族学教授，她问我说有没有这种可能——少数民族历来受汉族统治者欺压，因此出于恐惧才隐瞒自己族群的真实来历，从而共同编造了一些用来应对外来汉人盘问的搪塞之词，使后者认同他们为老乡的后裔。笔者也曾倾向于此种说法，但细想起来，却总觉得放在长角苗族群这样一个具体的文化语境之下可能还存在欠妥之处——既然他们连祖先来历都可以编造，为什么还要刻意保留和强调自己与外来汉人在服饰、语言、生活习俗方面的显著差别呢？这从常理上较难

---

① 转引自黄才贵.影印在老照片上的文化——鸟居龙藏博士的贵州人类学研究［M］.贵阳：贵州民族出版社，2000：328-329.

讲通。会不会是有那么一批人真的就是从他们所说的地方来到这里，他们的后裔因为各种原因在漫长的岁月里最后渐渐分散到各个民族中去了呢？要知道"民族"是一个文化概念，跟父系血统并不构成绝对联系，况且我们把自己的第一语言都称为"母语"而不是"父语"，则更能说明问题。有意思的是，在2009年出版的《逃避统治的艺术》一书中，詹姆士·斯各特就东南亚山地民族的地理分布问题写下了这样一段耐人寻味的话：

> 作为一般的规律，与等级和法律森严的谷地社会相比，山地的社会结构更灵活和更平等。混杂的认同、迁徙和社会流动性是许多边疆社会的共同特征。早期的殖民官员在清点他们在山地的新财产时经常对他们所看到的同一个小村庄中居住着不同的人群感到不解。山地人可以讲三四种语言，有时甚至在一代人的时间内，个人和群体的族群认同就会发生变化。地方官员希望像林奈的植物分类一样也将人进行分类，但那些人总在不断流动，不肯定居下来，这使地方官员无所适从。然而的确能使那些明显的混乱认同状态有规律可循，那就是他们的居住地与海拔高度相关。……如果从高空气球往下看，或者在地图上，他们像是随机分布的小斑点，那是因为他们只占据了山顶，把山腰坡地和中间的谷地留给了其他人群。①

之所以在这里引用这段文字，就是因为上述评价用于对我们在对长角苗人在1945年以前，乃至1945年之后的部分岁月里的迁徙历史进行解读时所展现出的强大说服力。从詹姆士·斯各特的角度来看，长角苗人应该属于典型的"赞米亚"山地民族，他们的口述史中关于"逃逸"（Escape）的记忆不胜枚举，关于瘟疫的、关于劫匪的、关于谋杀的逃离搬迁事件比比皆是。一些山寨附近的山头上有临时避难的"屯"或岩洞；跟附近的"大花苗"也不一样，他们没有自己的传统文字和书本，也不信外面的那些宗教，而是仔细呵护着一整套关于巫术与自然崇拜的传统。他们保留下来的最典型的传统建筑样式——穿斗式木屋的外观也非常粗陋，可以说

---

① ［美］詹姆斯·斯科特.逃避统治的艺术［M］.王晓毅，译.北京：生活·读书·新知三联书店，2016：20-21.

明显不如黔东南的西江苗寨高端大气，甚至与梭戛山脚下岩脚镇附近的汉族村舍差得都不是一点半点。建筑取材也是因陋就简——几乎不是山上长的，就是地里挖的。反倒是他们在蜡染、刺绣方面的技艺之精湛、工序之复杂达到了令人叹为观止的地步。这些发达与不发达的对比，似乎暗示着"逃逸"过程中方便携带的生活方式内容得到了很好的继承和保留，而那些笨重而不适合带走的文化财产，如家屋、宗教建筑和书本，则被无情地忽略——要么简陋不堪，要么根本没有。而我们为了形成对比分析文本，所走的这些长角苗村寨，有的远在4小时车程之外、交通更为闭塞的山顶上。这些足以说明古代及近代的长角苗人祖先的迁徙并不是无目的的，而是在找寻适合他们自身文化生根、发芽、开花、结果的自然与人文环境土壤。这些情况也刚好符合与麻勇斌先生对贵州省境内

图1-3　1950年代身着苗族围裙和军大衣的梭戛长角苗人（图片由王兴洪提供）

"西部方言区苗族的建筑特征的描述——房屋低矮、拘谨、简单、粗糙。房内设置随意、杂乱、单调，明显有因为胆怯而随时逃命的倾向。装饰格调忧郁、沉闷。不受风水观念过多指导；格局随意松散，比较注意整个村子的隐蔽性"的判断[1]是十分吻合的。

人类学家尹绍亭曾在《远去的山火——人类学视野中的刀耕火种》一书中提到过苗族的游耕生活方式，他指出苗族是历史悠久的民族，"秦汉时期，苗瑶先民被称之为'五溪蛮'、'武陵蛮'、'长沙蛮'。今黔、湘、鄂连接地带，是苗族和瑶族繁衍的摇篮。由于苗瑶民族形成于中南地区，很早便与汉族等发生频繁的接触与交往，故而其农业的产生是比较早的。然而由于苗族、瑶族好入山壑而不乐平旷，居深山重阻、人迹罕至之地，

---

① 麻勇斌.贵州苗族建筑活体解析［M］.贵阳：贵州人民出版社，2005：52.

因此长期从事刀耕火种农业，并辅之以狩猎、采集。东汉时，包括苗、瑶在内的'武陵蛮'强盛起来，于是据其险隘，大寇郡县，结果导致封建朝廷的征服。为避战祸，'武陵蛮'不得不离开故土。自隋唐迄明清，苗族支系先是大批西走贵州，此后又不断向川、滇渗透，以至远达东南亚半岛北部诸国。瑶族南北朝时称为'莫瑶'，分布在湘西黔东地区。其迁徙路线，大致是向南入广东，向西南达广西、贵州南部、云南南部，最后到达老挝、泰国、越南北部。经过一千多年的分化流动，苗、瑶成为中国西南分布最广的两个民族，亦是最著名的游耕民族"①。从文化整体观的角度来看，长角苗传统建筑形态的特点中似是保留了一些昔年刀耕火种生活方式的痕迹。

三、走向定居生活

通过对梭戛长角苗居民们的很多祖辈流传下来的传说和他们亲身经历的口述史材料我们可以了解到，至少在 100 多年以前，黔西北地区的苗族，包括长角苗族群还过着漂泊不定的游居和半定居生活。虽然当时梭戛一带已经形成了十多个以长角苗村民为人口主体的村寨，但他们搬家的情况却非常普遍，一般一代人住一个地方，下一代人就可能去了远在 10 公里之外的另一村寨投奔姑妈或娘舅家，并在当地就近落了户。这种迁居活动非常普遍，所以他们并没有形成中原汉族农村那种对"上门女婿"另眼相看的心态。不同于"大花苗"（苗语音"蒙朱"）族群的是，梭戛长角苗的迁居活动要相对少一些，由于需要倚赖"大箐"（森林）提供安全保障和生活资源，他们多数家庭处在半定居状态之中；而大花苗的迁徙游居则相对频繁得多。关于这一点，我们在织金县麻地窝村"大花苗"居民和六枝特区高兴村长角苗居民中作了专门的采访。他们两个族群的居民都熟悉彼此不同的居住习惯。但从总体而言，梭戛的苗族居民们对于土地的理解跟当地汉族、布依族等稻作民族是有很大差异的。

民国年间，保甲制度逐渐在偏僻荒凉的梭戛山区得以推广，长角苗居

---

① 尹绍亭 . 远去的山火——人类学视野中的刀耕火种［M］.昆明：云南人民出版社，2008：44.

民因长期遭受匪患，也纷纷以自然村落（苗语音"rau，绕"，即"寨"）为单位，与周边的豪强大户结成互保。例如陇戛寨长期以来就依附于梭戛彝族金树民家族；高兴寨与小坝田寨和龚家结保；补空寨则依附老卜底李家（汉族）。由于长角苗族群自身的力量十分弱小，为了得到武装保护，一些长角苗家庭每年要向豪强大户上交1—2石（约300—600公斤）苞谷作为交换，这种沉重的经济负担使得许多已过上定居生活的苗族家庭逐渐从自耕农变成佃农，但这也从侧面反映了这个寨子当年已经有了种植经验相当丰富的常住居民。①

中华人民共和国成立以后，1951年全国各地开展了土地改革运动。梭戛一带也不例外，属于较早实行土地改革的地方。梭戛的土改运动主要程序是由政府派人到村到户对土地进行逐一测量，然后对人口进行阶级成分的划分认定，通过按人头计土地面积以及将土地划分为高产地和低产地的方式最后将土地落实到户。贵州苗族地区的土改工作曾经是引起政府部门高度重视的一件事情。

《邓小平文选》（第一卷）中收录有一篇发表于1950年7月21日的"关于西南少数民族问题"的文章，其中写道：

> 有一些特殊问题，也要根据实际情况解决。比如我们在少数民族地区确定不搞减租，不搞土改，但是贵州苗族人要求减租，要求土改，而且比汉人还迫切。究其原因，这是很自然的，因为贵州苗族中地主很少，他们绝大部分种汉人的地，而且是山坡地。他们的要求很合理。如果不允许他们实行减租、土改，那就是大汉族主义，就是不直接照顾他们的利益。但是这样的要求，可能苗族上层少数地主分子不赞成。所以我们特别作了规定，凡是种的土地是汉人地主的，就实行减租、土改，而种的土地是苗族地主的，就不实行减租、土改，由他们本民族慢慢地采取协商的办法去解决。这就是说，减租、土改在少数民族地区不是完全不提，有些地区还应该进行，但必须有一个条件，就是他们有这个要求，而且不是少数人要求，而是大多数人要

---

① 有关长角苗族群全部是赤贫的佃农这一说法也是不正确的，陇戛寨一居民告诉我们，他的曾祖父曾经拥有10多亩旱地，他把这些土地租给周边的佃户种，每到过年就要杀好几头猪，日子过得还比较富裕。

求，不是我们从外面给他们做决定，而是由他们自己做决定……①

在新政权的强力介入之下，过去的苗族贫民和汉族、彝族地主之间的关系发生了迅速的转变。阶级斗争运动冲击了各长角苗村寨先前与彝族、汉族豪强大户长期稳固的租佃关系，以前的老寨（新中国成立前一寨之中最有实权的人物，负责为保长征收和管理赋税钱粮）、甲首（保甲制度中的一甲之长），传统的乡民社会政治结构被彻底打破。由于土匪及地方私人武装已经纷纷缴械投降或者向新政府投诚，地方传统黑恶势力的威胁不存在了，因此这种建立在半定居民族和定居民族之间的互保结盟关系失去了其存在的价值，也就成了历史，取而代之的是人与土地一一对应的关系。之前负责管理陇戛一带的彝族地主金家也从梭戛迁到了六枝城里，彻底与这块土地没有了关系。1951 年之前，苗族居民们盼望拥有真正属于自己的土地；1951 年之后他们则渐渐被固定在自己的土地上，生活方式并没有很快为外界所同化，所以像佩戴木角梳、从种麻种靛到制作蜡染刺绣服装的习俗和"弥拉"（苗语音，一种巫师）、"松丹"（苗语音，长角苗某一家族内专门负责背诵家谱和主持献祭仪式的人）这些文化的口承者以及祭山、扫寨、祭献家先等大小仪式均能够得以保留下来。由于物资和文化交流都十分匮乏，他们的生活水平仍然处于温饱线以下，文化教育事业一直到 20 世纪 50 年代末才开始出现。1958 年彝族青年代课教师沙云伍到高兴村开办小学堂的时候，当地绝大多数居民是无法与他进行语言沟通的，他唯有依靠两位上了年岁的、见过世面的苗族老人抽空用汉语教习，花了两年的时间才逐渐能够使用苗语跟学龄儿童们进行语言交流。

有必要补充说明的是，在土改后的几年里，长角苗村寨之间仍然有零星散户搬来搬去的现象，其主要原因是当时分土地是按人头来算土地面积的，按人头分配土地的措施没有考虑到一些男丁较多的家庭年轻人婚嫁以后土地吃紧以及女儿较多的家庭土地荒废等细节问题，这样一来女儿出嫁、媳妇进门以后，有的家庭就会出现男多女少田不够或者是女多男少田有余的情况。但他们一直有自己的内部协调措施，例如自家的田土不够，就把子女安排过去开荒垦地，这就会产生迁出者；如果田土有余闲的话，

---

① 邓小平.邓小平文选·第一卷［M］.北京.人民出版社，1994:169.

就唤亲戚来住，这就会产生迁入者。但这种迁出一般不会离本寨太远，反而，这种向村寨四周蚕食的搬迁活动造成的结果是扩大了原有村寨的规模。由于生活条件得到改善，医疗水平逐步提高，人口得以迅速增长，以陇戛寨为例，1949 年梭戛乡解放时，全寨才 15 户人家，合计不到 100 人；1979 年人口普查统计时，陇戛寨人口增至 70 余户，合计达到 325 人。

　　1980 年至 1981 年间，是整个中国改革开放的起步阶段，家庭联产承包责任制已经在中国农村绝大部分地区推广，其影响力已经波及了贵州六枝特区的农村。对于梭戛一带的长角苗居民而言，集体化时期的"包产到户"一词远远不及实行家庭联产承包责任制的"土地下放"给他们的印象深刻。因为之前虽然家家都有土地，但土地的支配权仍然不属于个人或家庭，而是属于国家。但 1981 年以后，他们获得了更多支配自己土地的权利。随着整个中国改革开放的影响不断深入黔西北腹地，梭戛的长角苗居民接触并引进了越来越多的新事物（例如良种玉米、水泥瓦、黑毛线、洗衣粉以及各种现代生活日用品）。医疗卫生条件逐步得到改善，各种瘟疫疾病问题得到缓和与改善。定居生活的内容开始变得丰富，充满新奇事物。如今，虽然梭戛长角苗族群的生活水平仍然相对比较滞后，但对当地

图 1-4　森林边上的长角苗村寨（小坝田寨）（吴昶摄于 2005 年）

人而言，无论是大规模迁徙还是小范围的游居现象都已经少有耳闻了。

四、长角苗人赖以生存的自然环境

梭戛苗族彝族回族自治乡位于中国贵州省六盘水市六枝特区北部与织金县边界的山区地带，其古代的生态环境为长角苗族群提供了丰富的建筑材料及其他生活方面的资源。通过对陇戛寨熊玉文、熊朝进，小坝田寨王开云、王开正，高兴寨熊开文等几位先生的口述史的重合和相似部分的反复比较，以及安柱寨和高兴寨的两场"打嘎"①（葬礼）中老人吟唱的长角苗人开路歌歌词来看，虽然长角苗人的祖先一直处在动荡不定的迁徙生活中，但他们的主体人群在一百多年间也仅仅是流动于纳雍、织金、六枝三县的森林边缘地带。生态环境的类似性确保了他们的生存经验足以应付各种问题而不至于为自然环境所淘汰。昔日的原始丛林已经在20世纪中叶被人们砍伐成濯濯童山，后来苗族人又在林业部门的安排下，重新植上了树苗。小树们长得很快，现在的陇戛山谷又变成了一片碧绿色的海洋——尽管几乎是清一色的杉树，而且还按井字格布局整整齐齐地种在山谷里。

长角苗人群是较早来到贵州西北部生活的人群之一，四处迁徙的游居生活方式给生活在梭戛的长角苗人群留下了很深的文化记忆。这种游居生活使得临时性建筑及快速施工的建筑技术②同他们的生活空间紧密联系起来，他们在遭受风吹雨淋及野兽威胁等不利因素影响的同时过着几乎与原始人一样随意的生活。

长角苗居民对树木有着深厚的感情，除了他们每年农历三月必须的祭箐仪式可以为证之外，他们在举行"打嘎"（葬礼仪式）时为亡灵唱的"指路歌"中也留下了关于树木的远古记忆。

长角苗送亡人的开路歌经常要记录大量的地名，这些地方分布于亡灵去往冥界的必经之路上。仔细询问后我们方才得知，在这些地名中，距离

---

① "打嘎"，是六盘水山区苗族、彝族、布依族人的葬礼仪式，以杀牛献祭和斫木建嘎房等为特征。

② 小坝田寨居民王开忠就曾经提到他家的百年老房是他的高祖父在短短的七天之内修建起来的。

梭戛乡最远的位于贵州纳雍县境内。而家谱调查显示：长角苗族群中的几个主要的家族几乎都有在 20 世纪甚至更早的时候从纳雍县、织金县逐渐南迁过来的经历。一段梭戛长角苗人的《开路歌》（苗语音"开给"）唱词将他们的先民游荡于森林之中的生活生动地记录了下来：

> ……这里有一棵大树，树根的这一段要九人合抱，顶部直顶天，所有的孩子到这里，都会吊上去吃奶，请你别怕，在这里男人必须歇下来抽烟，喝酒吃午餐，女人抱着孩子来到这里，也要喂奶，年轻男女到这里，需要打扮……
>
> ……现在我跟你讲，树种在牙嘎涅（苗语）森林，司矣（苗语，神祇名）拿来了树种，栽下了十颗，一颗在中间，九颗在两边，树种会发芽，芽长大之后会成树，九棵用来做你子孙们的房子。中间这棵根部的这一段，用来做你的房子，中间这一段用来做你的脸盆，顶部的这一段，用来做你的梳头的木梳。……①

长角苗人的祖先的生活离不开森林，他们亲近大树，在大树下喝酒、吃饭，梳妆打扮，用自己的乳汁哺育幼小的生命，树荫下就是他们的休息室、餐厅、育婴房、梳妆阁。他们种下树籽，期待它们长成大树，然后期待子孙们可以用先人栽下的大树建造起木屋。而森林里会有树干非常庞大的大树。陇戛老人说，有的大树，只要砍一棵下来就足够造出一栋房子。

当地长角苗人里还流传着一个关于"神树"的故事：

> 当陇戛还是个几户人家的小村子的时候，陇戛的寨北门垭口上有一个很大的水塘，水塘边长了一棵很大很大的柳树，树大到什么程度？它的树干高不可攀，它的树冠遮天蔽日。住在姆依寨的布依族人全靠这棵大树的庇佑，过着神仙般的生活。他们养的鸡、鸭、鹅都会飞。布依族人养了一对白鹅，它们早上飞到陇戛水塘里去洗澡，直到晚上才飞回姆依寨去休息。
>
> 这棵神树实在是太高了，而且它还在不停地长。它长啊长啊，终

---

① 引自高兴村长角苗大学生熊光禄 2006 年口译"安柱开路仪式歌"译文。

于有一天把阴影投到了北方织金县城的城头，它的树冠让织金县城的
人生活在阴影里，心情十分压抑；它的树冠让织金城下的的麦子终日
见不到阳光，一年到头都不能成熟。当时"织金的领导"（讲这个故
事的苗族朋友的原话）很生气，知道这是一棵神树，于是决定请一位
法力高强的先生来把这棵树放倒。先生带了一把神剑，顺着树影子找
到这里来。先生一挥剑，便将大柳树砍断了。

神树倒下来的时候几乎要天崩地裂，附近的小山被倒下来的树干
削去了一半，至今仍是个半边山。树倒以后，树根所在的地方出现了
一个地洞，之后，水塘里的水就干了。没过多久，布依族人的牛马牲
口就都莫名其妙地死了。接着，寨子里的人也开始不断病死，他们就
开始逃，逃难之前，他们舍不得寨子里的水源，就用一口大铁锅把它
扣住。水就从铁锅下面流到附近的吹聋冲头（地名，在今织金县境内）
去了。于是布依族人就搬到吹聋冲头去住了，据说他们每年到了祭祖
先的时候，还要带着饭食、祭品跑回高兴寨一带的坟地里去焚香叩头。

此外，按照长角苗人的传统丧葬习俗，在"打嘎"仪式举行之前，死
者的长子必须身负一张弓箭和一把砍柴刀，向家中所停的灵柩行跪拜礼，
这一两样工具也深刻揭示出长角苗族群与"大箐"（苗语音"罗钟"，即原
始森林）之间不可分割的悠久历史渊源。

贵州曾经拥有大规模的原始森林。自古人们就管这片土地叫作"黑
阳大箐"，意思大概是"遮天蔽日的大森林"。"大箐"随着自遥远的明代
以来的历次移民运动而变成移民们赖以栖息的各种木屋和他们灶孔中的燃
料，渐渐地变成荒山秃岭。如今，"大箐"已经被人类的村庄和农垦活动
慢慢蚕食、"分割包围"，最后萎缩成零零星星的一些杂树丛，它们通常只
见诸人烟稀少的各个山头上和山坳中。黔西北的原住民和早期的移民们常
常会因为受了森林的恩惠，特意保留下来一小片原始森林，尊奉它为"神
树林"，让它陪伴在村寨边，每逢春耕下种的时令到了，他们都会带上两
只鸡，到神树林去"祭箐"。

"祭箐"又叫"祭山""献山""祭树"。在长角苗人的语汇中，唯
有一个特殊的词可以表示"祭箐"的含义，即他们所操苗语中的"祭
钟"。但"祭钟"这个词在长角苗社会里是一个多义词，它至少包括三

层意思，其一是"祭箐"；其二是"祭箐的主事人家"；其三是"祭箐的日子"。

这三层词义合为一个术语，则说明"祭箐"既是一个祭祀和占卜的仪式，又是一个责任轮值的信仰制度，也是一个即将春耕、播种的信号，更是长角苗人的生活方式与环境之间关系的真实写照——历史在这里以仪式崇拜的形式揭示出了文化与自然环境之间不可否认的生态关系。

阿莫斯·拉普卜特认为环境具有一种记忆功能："环境的这一记忆功能相当于集体记忆（groupmemory）和舆论（consensus）。实际上，场面'冻结'了范畴和领域，或文化习俗。实际上，信息在环境中被编码，而且需要被译码。但只有环境能够表达，即被编码的信息能够被译码，环境才能够做到这点。"[①] 从环境这一角度出发来解读长角苗建筑文化，也正是基于对其建成环境的文化译码之需要。

五、聚落（Rau）的形成

在长角苗人的歌词里，他们的祖先曾经在森林之间过着游荡的生活，他们与森林有悠久的历史渊源。

在不断游居迁徙的过程中，在与周边的稻作定居民族（如汉族和布依族）有了不断的接触以后，长角苗居民们渐渐从他们那里获得了来自四川汉族地区的建筑技术，这使得他们逐渐形成了两套建筑系统，即带有很深的民族记忆的临时性建筑和定居建筑。临时性建筑如今还有许多遗存，而且在成年男子们所讲述的一些古代故事里也经常出现。定局建筑采用的几乎全部是来源于汉族鲁班体系的技术，而且几乎所有围绕建筑所作的仪式、法术都只是与定居性建筑有密切关系，而与临时性的建筑关系不大。

早期人类在自然中的迁居往往是出于一种趋利避害的需要。趋利，主要是为了食物来源，在不习惯使用积攒各种肥料和休耕、间作技术之前，

① ［美］阿莫斯·拉普卜特（Amos Rapoport）.建成环境的意义——非语言表达方法［M］.黄兰谷，等译.北京：中国建筑工业出版社，1992：70.

游耕方式是农业民族的首选生存方式。倘若赖以栖居的土地肥力耗尽，人们就必须要迁移到别的地方重新垦荒耕作，一般来说是就近迁移，例如在漫长的 100 多年间，陇戛熊氏家族就只是从纳雍、织金等邻县迁居到六枝。因农田占地面积比牧场小得多，因此无须经常长途迁徙，待某地地力恢复，还可以为后来的游耕者所利用。避害，主要是逃避瘟疫和战争冲突。这些原因使得这一支苗族长期以来，除了做房屋地基需要少量石料以外，并没有把漫山遍野的石头纳入他们寻找建筑材料的视野之内。建造石墙房，不仅成本高，而且对习惯于搬迁的人们来说，是一件费力不讨好的事情，他们宁可选择便于运输加工的木料和取材方便的葛藤、茅草等建筑材料。

从清末至 20 世纪中叶的漫长岁月里，长角苗人的先民逐渐从游居、半定居的生活进入到完全的定居生活。在这半个世纪里，人们的生活发生了许许多多的变化，如疾病的控制和治疗水平比以往提高了许多，这就不至于使他们因瘟疫灾害而举族迁徙的景象重演。人口迅速增长，一个陇戛寨，从解放初期仅有 15 户繁衍到今天的 120 余户；从当年稀疏分布在山间谷地里的几间低矮狭小的茅草房逐渐演变成今天家挨家，户靠户，房屋鳞次栉比的大寨子。其他的十余个寨子情况也大致与陇戛寨差不多，这些变化对这个弱小族群的生存历史而言，不能不说是一个惊人的成就。

根据当地流传的一些故事来分析，高兴村四寨中最古老的聚落当属陇戛和高兴寨。一百多年前，当熊姓先祖迁居到陇戛的时候，陇戛的大姓之一是李氏家族。如今这个家族已经从寨中消失，据此推算，陇戛的历史在高兴村一带算是比较古老的，至少应该在 150 年以上。高兴寨的历史根据小坝田核桃树的传说来推算则至少在 120 年前就已经存在，小坝田的历史应该是高兴四寨当中最为年轻的一个，它的聚落形成之初主要靠的是投奔高兴寨亲戚的王姓长角苗家族。在高兴寨之后，大约是在辛亥革命前后的这段时间里，梭戛北部的荒山里，人丁开始聚集，长角苗聚落群开始趋于明显。补空寨的历史不晚于小坝田。而高兴村这四个长角苗聚落的历史均不晚于梭戛镇的成立。直到 1930 年，梭戛场才正式形成集镇，这对于长角苗人来说也是一件非常大的喜事，以至于有织金县的长地村长角苗居民冒着遭遇虎患的风险走了数十里路赶过来庆祝。

2006 年 2 月 26 日，我们的翻译熊光禄采访了高兴寨 65 岁老人熊进全。他提供的这份珍贵的采访资料反映出，在梭戛长角苗人的记忆中，垛木房是他们最早的建筑样式之一，在 1949 年以前曾经广泛分布于周边。这种民居建筑主要是用整棵树干去皮后垒砌而成的。由于每棵树的长短不一，所以只能以最短的树木作为长度标准。据老人们回忆，以前长角苗人身材比现在要矮小，当时的房子都很窄，并且很矮，都只容人勉强直立，有的还要弯腰低头才可以进出房门。树干与树干之间的缝隙用草塞住，然后用牛粪与黏土调和而成的膏料进行封涂。这种房子虽然十分狭小，但是很暖和，也很稳固。当时砌这种垛木房的人有补万（bu van，"三限熊"的老祖爷）、补恩搓（bun tsuo，"五限杨"的老祖爷）、补恩兜（bu ndou，"三限熊"的老祖爷）、补埃（bu ai，"五限熊"的老祖爷）。这类房子所在的位置即为今天高兴寨杨学操家的老屋基、熊光才家门前的旧宅址、熊开光家的老屋基等处。

由于垛木房狭窄，不能满足人们对室内空间的需求，因此长角苗人从周边民族那里学来穿斗式三开间的木屋样式。这种房屋比垛木房要高大宽敞许多，但由于长角苗居民们当时不会使用斧、锯进行诸如解枋、解板之类的工作，装填柱与柱之间的空隙则主要依靠编织成篱笆一样的笆板墙。所以在高兴寨就曾经发生了老虎撞倒篱笆，而进入房屋内吃人的事情。该事件发生于 1930 年梭戛建集场的当天晚上，遇难者桑萧（san hsio）是长地村长角苗一户三献杨家的 16 岁小女儿，她正随父亲到梭戛去参加跳场，回来借宿在高兴寨一栋篱笆墙的木屋（屋址在今杨学忠家）里，晚上有三只老虎破墙而入，将桑萧叼走。当晚长角苗居民与山下乐群村布依族居民合力围捕，才在一块水田里打死两只虎，并将桑萧的遗体从老虎肚子里取出，安葬在高兴寨附近人们常去放牧的山坡上，此地名后来被人们叫作"桑萧冉"（桑萧坟），而这个故事至今仍然为村民们所熟知 [①]。

后来，穿斗式三开间木屋在原来的基础上有所改进，越来越多的居民开始采用木板来装填墙体，但因为当时还没有刨子和锯这些工具，因此木板主要用斧头砍成，工艺十分粗糙。

"干打垒"式的土墙房（见图 1–5）在 20 世纪 20 年代就出现了，例如

---

① 高兴寨老人熊进全和陇戛寨老人杨朝忠分别提到过此故事。

图1-5 小坝田一座完全旧式的茅草顶干打垒土墙房
（吴昶摄于2005年）

陇戛寨的"牛棚小学"旧址，最早的时候它就是一座三层的土碉房。但可能是由于人们长期以来习惯了住较为宽敞的木屋，并对狭小的土墙房不感兴趣①，因此土墙房一直到中华人民共和国成立后随着人口的迅速增长才得以推广。

1951年至1981年间，从"土地改革运动"到落实"家庭联产承包责任制""土地下放"，梭戛长角苗居民确信自己真正获得了对土地越来越多的支配权，加之周边村镇的医疗卫生条件越来越好，因而逐渐倾向于长期稳定的定居生活方式，低矮的茅草垛木房越来越少，土墙房、石墙房等各种样式的新建筑越来越多。虽然资源丰富，但以前长角苗人群很少使用的石料逐渐成为建筑行业的重要施工原材料。

20世纪60年代以后，在政府部门和周边各族居民的影响和带动下，石墙房建筑开始在陇戛等寨出现，由于必须仰赖钢钎、炸药、碎石机等设备，普通农民无力承受这种沉重的经济负担，直到20世纪末至21世纪初，石墙房和水泥砖房建筑才开始成为长角苗建筑变化的大趋势。我们今天所能见到的长角苗村寨，大致经历了上述的这些变化。

六、小结：文化族群的生活方式受制于环境

环境决定论者经常强调文化多样性背后的"地理困境"，主张"一方水土养一方人"的真正原因是环境所能提供的一切决定了当地人的活法。

---

① 根据我们对梭戛生态博物馆藏《高兴村陇戛寨未改造和未搬迁户基本情况统计表》所做的分析，陇戛寨现存未改造木屋的平均面积为56.67平方米，而土墙房平均面积仅为32.78平方米。

一俟存在多种活法，如何生活的选择权终究还是会交到当事人自己的手里。"树挪死，人挪活"——迁徙游耕的活法也可以被理解为一种人对微观环境的选择权，它彰显了游耕者的能动性，哪怕它有时候被多数人视为消极逃避的行为。我们也可以将这种生活的样法理解为一种具有能动性的社会文化传统。生态人类学者唐纳德·L.哈迪斯蒂已经指出："今天，环境决定论主题已基本上被人与环境模式的出现所取代。这一模式认为环境起着一种'限制性的'但非创造性的作用，或者说，认识到了复杂的共同的相互作用。"[①] 他的这一结论较之环境决定论更为理性和明朗。在古代社会，自然环境对长角苗人的生活方式起着极其关键的支配作用，因而他们所能做出的选择实际上非常有限，必须紧紧围绕生存这一最基本的内容来不断调整他们的生活方式，使之能够适应不断变化的自然环境和社会环境。外力的影响对于他们而言是不可抗拒的力量，是不可以自己选择的，只能随着自然环境和社会的变化而改变自己的生活方式，用来适应环境的改变。而环境彻底改变所形成的强大压力，则是他们必须找到解决生存之道的最终理由。按詹姆斯·斯科特的说法，使得他们的祖先远离平地和水泽地区，躲在山顶林间过着漂泊不定生活的原因或许还包括兵灾税赋等涉及古代谷地政权力量的压迫（如熊氏祖先从"吴王"队伍里跑出来娶苗女、讲苗话、入苗俗，子孙逐渐彻底苗化）。总之，"逃逸"的经历作为各种文化形态的起因，深深地烙印在了长角苗人的口述史和部分生活方式之中。

总之，从历史情况来看，梭戛实际上并不是个闭塞的文化场域，相反还对各个文化族群的进入或不断地重新生成抱持着较为开放的态度。长角苗人并非自古以来就长期定居于此的居民，他们的生活方式也从未处于孤立静止状态之中。虽然他们的文化封闭状况较之周边许多民族要更为明显，但即使如此，他们也从未完全脱离自然环境和外部社会环境所施加的各种影响。长角苗族群从迁徙到定居、人口得以迅速增长的历史充分说明，来自自然及外部社会的双重环境因素在他们的文化变迁史中扮演了极其重要的角色。

---

① 唐纳德·L.哈迪斯蒂（Donald. L. Hardesty）.生态人类学［M］.郭凡，邹和，译.北京：文物出版社，2002：3.

图1-6 俯瞰陇戛寨（吴昶摄于2005年）

图1-7 化董寨全景（吴昶摄于2006年4月6日）

第二章　梭戛长角苗建筑及与之相关的文化

一、现存梭戛长角苗民居建筑的物质空间形态

梭戛长角苗民居建筑大多为两坡式屋顶和穿斗式墙体，主体材质多是采自附近自然环境中的木、土、石和茅草，新式平顶建筑依赖于通过货币交换获得的商品水泥以及电动机械设备，大多出现在 20 世纪 90 年代末。因此在物质空间形态上呈现出与旧式民居建筑的较大差距。但从总体上而言，其建筑结构的基本方式仍然延续着中国西南山区的民居传统。环境对建筑物质空间形态的影响主要体现在建筑材料和建筑群落的布局方面，居住方式和人居环境之间的关系仍然十分紧密。

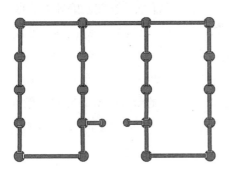

图 2-1　五柱进深吞口式木屋墙体基本结构平面图

（一）民居建筑的基本空间结构

梭戛长角苗民居的室内空间的分割与构成比较简单。传统的长角苗民居建筑通常为穿斗式三开间吞口木屋。所谓"吞口式"，是指房屋正门部分退后，使外屋檐下留出一块室外空间，整个房屋平面上形成"凹"字形的营造样式，这种造型常见于中国广大农村的木屋和石墙房建筑之中。①

---

　　①　潘谷西在《中国建筑史》第 2 页对"穿斗式"的解释："用穿枋把柱子串联起来，形成一榀榀的房架；檩条直接搁置在柱头上；在延檩条方向，再用斗枋把柱子串联起来，由此形成了一个整体框架"；同书第 250 页对"开间"的解释："我国木构建筑正面相邻两檐柱之间的水平距离，又叫'面阔'"。

由于当地常年潮湿多雨，筑造土墙房的材料技术受到环境和材料的局限，土墙房倘若如华北地区那样修成高大宽敞的建筑，就很可能存在被雨水冲塌的危险，因此土墙房的样式一般都比较低矮，而且大多只是格子式的单层两开间房屋，甚至还有不少是单间房，其室内空间的构造比木屋简单很多，既没有大门吞口，也没有更多的楼枕层以上空间可加以利用。

在陇戛等靠近森林的长角苗村寨，许多石墙房建筑是仿照这种木屋的三开间吞口结构设计施工的。还有一类石墙房明显受土墙房风格的影响，做成大门无吞口的两开间格子屋样式。

1. 台基（gua dzae）

无论木屋、土墙房或石墙房，都必须要有台基，也就是当地人常说的"下基脚"。所有的台基都是用石头垒砌而成的，因此"下基脚"又被称为"下石"。基脚的外层要用"腰墙石"（通过钎凿或爆破、砸碎方法取得的小型石料）与"材料石"（只能通过钎凿方法取得的大型石料）砌成厚度约50厘米的地基墙，高度因地质需要而异，一般至少高出地面70厘米左右，内部地面填以碎石、泥土，然后用煤灰和石灰来封住地表（水泥在当地出现以后，改用水泥封涂台基面）。土墙房的台基外墙须高出地面5寸左右，并用黏土和煤灰糊住石隙，以避免雨季来临时过多的雨水浸透墙根，流入室内。

2. 柱（dazae）和梁

修建一栋标准的长角苗木屋所需要的建筑知识实际上绝大部分都是当地各族居民在修建穿斗式木屋时的通行法则，并非长角苗居民们所独有的知识。建造穿斗式木屋，在打好地基之后，首先要做的就是立好落地柱。房屋的高宽不同，则落地柱的数量也不同。落地柱呈方阵布局，按横行来看，每一行必须为偶数，由于通常是三间房，因此必须是

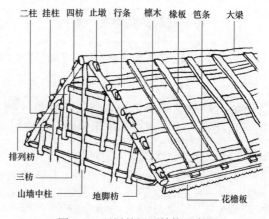

图2-2　瓦屋的屋顶结构示意图

四行柱；按纵列来看，每一列（即一面山墙）必须为奇数，如5、7、9、11，其中以11根山墙柱为最大，可以建造一丈八尺八甚至两丈以上的大屋，但通常是用每列5根或7根，也就是总柱数为20根或28根。每一列柱的数量必须为奇数，是为了使大梁能够坐落在房屋的正中间，也就是4根中柱的上方（见图2-2）；如果每一列柱数为偶数的话，房子就需要两条大梁，而且屋顶就容易出现一个很大的长条形漏雨区域，麻烦会更多。可以说，全世界各地的两坡式建筑，绝大多数的山墙柱都是采取奇数。有了一个稳固的梁柱框架，墙体的装修就更加容易了。

3. 装修（墙体）

（1）槽门结构的木墙体

其结构原理与槽门相似，只是装填的木板不可以随意拆装，因为作为墙体，这些木板需要结实稳固，它们装填在木屋两侧山墙的大柱、二柱、三柱之间，起着防风、挡雨、抵御野兽袭击的作用。但由于这些木板多是由手工斧劈而成的，厚薄不均，而且比较短小，因此并不能起到拉紧山墙的作用。

图2-3　笆板（篾墙体）

（2）笆板

笆板又叫竹笆（见图2-3），学名篾墙体，苗语音"咋桌"（zra drou），以竹篾为原材料制作而成。潘谷西先生所著《中国建筑史》中称其为"编条夹泥墙"，其"多见于南方穿斗式建筑，可作外墙，也可作内墙。它是在柱与穿枋之间以竹条、树枝等编成壁体，两面涂泥，再施粉刷。特点是取材简易，施工方便，墙体轻薄外观也很美观，适用于气候温暖地区"[1]。这里有必要详细说明的是，长角苗民居中的笆板是用藤或竹篾或树枝条编成，并以牛粪、黄泥、石灰粉的混合物来涂抹缝隙。其优点是

① 潘谷西. 中国建筑史（第四版）[M]. 北京：中国建筑工业出版社，2001：266.

质轻，韧性较好，便于装卸，在建筑中可以起到防风、防雨的作用，但缺点是不具备承重和巩固墙体平衡的能力，且抗撞击性很差。1930年高兴寨发生的那起老虎撞破笆板墙进屋吃人的悲剧也足以反映当时的民居装修采用笆板材料仍很普遍，其存在的问题也都被大家意识到了，但苦于长期以来当地没有更先进的木工技术和工具，所以这种装修材料我们在今天仍然能够看到，只不过今天当地的豺狼虎豹已然绝迹，因此没再发生类似的惨剧。

从另一个角度来看，大多数长角苗人显然长于编织扎制，而对精细烦琐的小木作却并不了解，因此原本要用木板装填的穿斗式木屋的墙体被大量竹笆板取代，形成了规模可观的篾墙体建筑群。在梭戛乡一带，周边多数民居建筑中一般只将笆板用于山墙楼枕以上部分的装修，但在长角苗社区应用更为广泛，甚至地墙和大门都是用笆板制成的。1949年以前，高兴村的很多民房都用它来做墙体。如今，笆板在陇戛寨、下安柱寨和高兴寨都有存留。陇戛寨杨朝明家迄今仍使用这种构件来安装墙体和大门，在下安柱寨，这种情况更为普遍，由于当地缺少木材，不少石墙房建筑的大门也是采用笆板做成的。

笆板墙体在今天长角苗人家还有大量的保留和应用，他们主要被应用在位于楼枕层之上的周围墙体上，装填于大柱、二柱、三柱和夹柱之间。楼枕层之下的墙体部分一般是刀砍斧劈出来的槽门式的木板墙，需要横着一块一块装填进去，其形状粗糙，不规则。但木板墙总比笆板墙要稳固许多，至少老虎无法破墙而入。

例如陇戛寨熊朝明家的木屋虽然是1970年代的产物，但却保留了许多高兴寨熊进权老人所描述的早期长角苗民居建筑的特点，如大量使用脆薄的笆板（牛屎折折）作为墙体，户外的风、雨、日光都能轻易地漏进屋内，叫人不难想象100多年前3只猛虎破墙而入袭击人的恐怖场面。

笆板墙体被陇戛人顽固地保留下来，反映了他们的手工艺明显倾向于编织扎制方面，而视刨、凿、锯这一类木工技术为难度比较大的手工技术。

4.门（苗音"肿"drom）

（1）单页门

古人称单页门为"户"，主要装在侧门口和后门口，以前的"老班子"

（如今年过五十岁以上）木匠多是采用长短不一的木板随意钉成的，还有一些单页门是用竹条或树条编成的竹笆板来做成门，这些门通常没有门框，现在比较专业的单页门是"目"字型门框，门框内侧都有用小锯子锯成的细槽，所有的门板都是用刨子统一推平了之后装在门框细槽里，并用乳胶固定的。门枢是用门口上侧的木轴孔和门口下侧的石轴孔定起来的。安装单页门必须在房屋内部装，方法是先装下轴孔，然后将有轴孔的木块套在门枢上，涂上乳胶，并用铁钉钉紧在门外框上。

（2）双页门

古人将双页门写作"門"，体现了它正式而严肃的左右对称特点，与西式教堂建筑在山墙位置开大门的规矩不同，中国传统的双页门多是用在房屋的正面，由门楣、门板、门槛、门簪四部分组成，其制作方法比较复杂。门板需要门簪来固定，主要是利用榫卯原理，通过门楣背后的一块门簪板将一对门板的上下轴固定在门楣和门槛内侧的轴孔中，以利于门板灵活地开合转动，而不至于垮掉。现今制作双页门的方法跟单页门原理是大体一致的，门槛、门簪都用得比较少，土墙房和石墙房的大门完全不用门簪。

（3）槽门（drom gua）

槽门非常具有西南山地民居建筑的特色，他的基本原理是在两个垂直于地面且已被固定稳妥的平行槽体（多数为木质，少数为石质）之间装填木板，使之成为类似墙体的封堵门（见图2-4）。槽门的两个槽体都是由碗口粗的原木制成的，槽口上方不能凿穿顶，必须留有余地。槽体必须垂直于地面，槽口相对，以利于木板装填之后稳固。由于它耐用且抗撞击能力强，用它来作牲口棚的门是最合适的。主人需要牲口出来时，就会拔掉槽板两边的木楔子，将槽板一块一块取出，牲口进棚以后，主人再将槽板一块一块装填进去，塞上木楔子。猪、牛、羊就无法拱开门了。

图2-4　槽门

槽门的技术还应用于装填式木板墙中。由于每一块木板都是短小而不规则的，因此整个墙体只能起到防御作用，而不能起到地脚枋那样箍紧墙体的固定作用，整个墙体是比较松散的。如果立柱不直或者房梁不正的话，整个房子容易倾斜甚至坍塌，针对这一问题，人们所采取的办法跟西南山地民居的危房处理措施一样，用几根大树杈将倾斜的墙顶起来。如果还是不行，就再加几根树杈，如是而已。

5. 屋顶（si dzae）

陇戛寨的传统民居建筑的屋顶主要分草顶与瓦顶两种。

草顶是以树杈为柱，细树干为骨架，并以干燥后的草类植物茎叶为主要覆盖材料，传统的覆盖材料主要是自然生长的茅草，现在也包括稻草、包谷秆等替代材料，主要是依靠天然藤本植物的茎蔓来缠绕绑定在房梁架上的。

长角苗建筑的瓦顶很少用南方农村常见的烧制青瓦（火瓦），多为由石砂和水泥粉为主要成分的混凝土制作而成（见图2-5、图2-6）。这些瓦板虽未经火烧，却十分坚固耐用。木匠师傅蹲在檩角上，手中拿着一把斧头和一把水泥钉，将一枚水泥钉钉进一块倾斜了45度角的方形水泥瓦片的最上角，稳稳妥妥地将这块重约1.5公斤的水泥瓦片固定在椽板上。方瓦是斜放着钉在房顶中间位置的，缺角方瓦和三角瓦则需要组合起来，钉在屋顶的边沿部分。缺角方瓦虽然也是斜着盖，但必须把缺角的位置放到靠外悬空的那一边，以便与每块三角瓦（几乎均为等腰直角三角形）的斜边对齐。钉瓦的顺序是一层层由下而上，就像鱼鳞一样，无须再敷以水泥砂浆来固定。只消一个下午，整个屋顶就可以全部盖好。

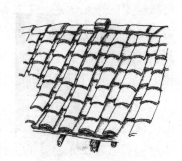

图 2-5　钉瓦

图 2-6　三角瓦

（二）陇戛民居建筑的空间构成

1. 从建筑空间构成来看，陇戛民居建筑可分为如下二类：

（1）单层房

绝大多数陇戛人居住在单层的房屋里。传统的木屋建筑内部有一至二个楼枕层，通常是在楼枕横木上面铺上细树枝、竹枝等制成的上层分隔空间，楼枕层多作贮藏和烘干粮食之用。楼枕层除了枕木之外的其他部分十分脆弱，人在上面行走需要留神。在家里人住得下的情况下，楼枕层一般是不住人的，所以传统的木屋还是应当算作单层房的一种。

砖石砌的平房如今天陇戛寨的杨洪祥宅、王兴洪宅，都是水泥灌注的平顶，房屋的样式跟当地城市郊区和乡镇的多数平顶房模样无二，只是主要由石头和空心砖砌成，这种建筑样式可以确定是由出山打过工的人从外面带回来的，而非陇戛单层房的传统样式。

（2）楼房

陇戛寨历史上曾经出现过土墙碉楼房，尤以 20 世纪中叶以前为最多。现在的楼房多是石碉楼。

独体的石碉楼多为双层塔楼结构，也有少数修至三层，但由于天花板需要大量的钢筋水泥作支撑，因此面积都不会比普通木屋的次间大。通常上面住人，底层是牲口棚，之间用楼枕木板铺就而成。如是三层楼，则可以在二层与三层之间开一个楼梯口，供人上下之用。二楼必须要开一个门洞，并修一个石阶延伸到地面，如果倚靠一面山坡的话，则可以省掉这一环节。

还有一种附属式的二层石楼，依附于木屋或石屋的一侧，一层也只作牲口棚，槽门开在外面，二层则在与主体建筑相邻的内壁开门洞，需要用木梯接到地面。二层的主要功用是储藏粮食、堆放杂物。80 年代尚有简易的干栏式双层木建筑，上层住人，下层养牛和猪，当地人也称其为吊脚楼，但数量极少，且今已不存。笔者曾乘车从梭戛出发去附近织金县境内的化董、依中底两寨及纳雍县境内的老翁村，留意观察过周边各族居民的建筑，均未发现有吊脚楼或其他明显具有干栏式建筑特征的传统民居建筑。

有关陇戛寨楼房建筑变迁的一些关键历史，可以简要描述如下：

1922 年，陇戛寨"老寨"熊正芳为避匪患，在陇戛寨小花坡脚下兴修了一栋三层楼的土碉房。

1972 年，熊朝进在家门口东侧修建了全寨第一座三层的石墙小楼，迄今保存完好。其从屋基到楼顶的高度已经超过 5 米，最下层是牲口棚，中层是夫妇俩的卧室，顶楼供堆放杂物之用。

1996 年以后，陇戛寨的两层石墙房开始增多，如杨学忠宅、杨学富宅、熊光华宅、杨朝众宅等，它的优点是楼上较干燥通风，便于人居，楼下空间可以用来豢养猪、牛、鸡、鸭，较平房的卫生条件要好，可减少人畜交叉感染疾病的概率，但造价至少在 6000 元以上，因此对习惯于自给自足、很少从事经济交换的村民们来说也不容易。

2. 变迁：石料、堂屋以及其他因素在文化结构中的位移

石料，曾经只是陇戛长角苗人眼中的次要建筑材料，一种仅仅用于铺设地基的材料而已。新技术到来之前，人们甚至无从想象，一种新技术的介入使他们对石头的建筑用途会发生彻底的改变。虽然在古代，他们用石块砌筑营盘以拱卫村寨，但他们没有水泥，也没有任何私人具备开采足以建造民宅的大量石料的能力。1960 年代，陇戛寨唯有年轻力壮的熊玉明凭着倔强的个性独力用钢钎在山上"拗"出大量石料，奇迹般地修造了一栋石墙房，而那时雷管、炸药以及爆破采石技术还没有传播到这里来，熊玉明只是在山外见到了石墙房。可是当这些材料与技术传来以后，石头就不再充当杉木、楸木的垫底料了，而是迅速成为房屋主体建筑材料。人们从此不再担心野兽会破墙而入，火灾事故率也明显降低。人们可以将牛、猪、羊养在石料砌成的厩中，而不用担心被人偷走。石头不用人们播种，也不用等待其十年成材，这种地里原本就有的东西现在成了人们最为重视的建材资源。显然，它所具有的文化价值在迅速提升，精雕细凿的石墙房令人刮目相看，同时，简单的线刻图案也开始出现在石墙上——人们开始试图表达他们对这种墙体材料的喜爱，而把木屋所需的门簪头和花窗图案彻底地抛在了身后。

堂屋（明间）的文化含义也在发生着变化，与石料在各种建筑材料中如日中天的地位相反，堂屋在建筑空间中的地位正在下降。长角苗人原先从汉族人那里学得三开间木屋营造技术的时候，也沿袭了后者对堂屋"神圣空

图 2-7　高兴寨的一栋老式草顶木屋

间"的价值观。汉族人习惯在堂屋置八仙桌、官椅，挂中堂、条幅，供奉"天、地、君、亲、师"及家先牌位，并在重要纪念日时焚香、摆贡品。1949年以后，一些有条件的长角苗家庭也开始像他们的汉族邻居那样，把毛泽东头像悬挂在堂屋正墙上，取代了过去的家先牌位或神像。堂屋又是会客厅，具有明显的礼仪功能，是宾主交谈和进餐的首选空间。虽然长角苗人笃信弥拉和鸡巫术而不敬"天、地、君、亲、师"，也自古没有以识文断字为荣的传统，但他们长期以来同样是在堂屋里会见重要客人，在堂屋里吃团圆饭，在堂屋里请弥拉做法驱邪。

不过，自从20世纪以后两开间式土墙房这种因工艺条件限制而显得不合旧制的新建筑形式在当地出现得越来越多以后，原先的空间秩序就已经被打乱了。在新式的建筑里，堂屋不存在了，神圣空间也就融入新式房子的合适位置（如卧室或大门之内）；再后来，两层楼和三层楼的石墙房，以及因人口快速增长、寨内空间变得拥挤而出现的各种不规则造型的房屋都使得建筑空间的象征意义变得愈加复杂。这种影响今天甚至也波及了三开间家屋的居住者们那里——堂屋正呈现出"去神圣化"的趋势：有些人家把床放在堂屋里，还有的在堂屋里蓄养猪、牛、鸽子，或者把大量的土豆堆在堂屋里，直至吃光为止。这些散漫随意的生活习惯的出现正是因为建筑空间的形态复杂化造成的。因此可以说，堂屋的地位正从神圣空间下降为实用空间。它的文化象征意义也随着历史的发展而从很高的位置转变为较为普通的位置上去了。

（三）建筑主体风格与材料的关系

一般而言，长角苗人认为自己的房屋主要有三种样式，木屋、土墙房和石墙房。作出这种分类的主要依据就是其墙体材料。此外，还有一种分类方式是依据屋顶的材料，将其划分为"茅草房"和"瓦房"，后文有细述，为避免内容重复，此处不多着笔。

1. 木屋

被梭戛苗族居民认为最正统的建筑形式是木屋。在这里，木屋的公认标准是穿斗式三开间草顶木屋，明间（即我们常说的堂屋、正厅）左右略宽而大门揖退，左右两个次间凸出，形成"吞口"，吞口不仅要有双页的正大门，而且两个次间往往还要开单页的侧门（也有不少房子只开左次间侧门）。大门门楣上的一对门簪（当地人俗称"门头"）往往被雕成各种花样，以示与邻居家的区别。还有少数一些木屋是非正规的棚屋，除中柱斗拱必须存在以外，主要靠顶端分丫的木杆和槽板结构的墙体来支撑茅草屋顶，这类建筑在小坝田寨和高兴寨还保留着不到十户，在陇戛寨已无存，其制作的工艺水平介于三脚棚和穿斗木屋之间，应当属于当地更古老的一种建筑形制。

此外，各种形式的棚居也是十分常见的，它们或依附于大住宅或石缝、山洞的一侧，或独自成型。

2. 土墙房

土墙房是用当地匠人所谓的"板春法"（"干打垒"），以黄黏土掺入风化的岩石碎屑（有时也掺杂少量动植物纤维）夯筑而成。土墙房的修建速度特别快，在人力充足且天气晴朗的条件下，最快只需要 7 天时间就能春好墙体。有的由于是用湿泥夯制而成，刚修成的土墙房里面很潮湿，这种环境要经 4—5 年的室内煤火烘烤才会有所好转。

土墙房没有像木屋那样复杂的内部结构，一般只是单间或两开间，少数为三开间。因为取材方便，利于运输加工，而且建筑施工速度快，只需要六七天时间就可以造好，所以土墙房在人口迅速增长的 20 世纪下半叶一度是陇戛寨普及最广的建筑样式。

3. 石墙房

修石墙房跟修木屋和土墙房不一样，技术难度较木屋要低许多，又比土墙房要复杂一些。如今，随着木材价格上涨和采石、碎石设备的增加，越来越多的陇戛人都学会了独立建造石墙房。因为修建木屋要涉及斗拱、榫卯和复杂精细的尺寸等专业性很强的木工活，一般的人家虽然可以做槽门、门板、楼枕等比较简单的活计，但遇到如何放置梁、柱，如何开榫眼等问题时则必须求助于有经验的木匠师傅。但有的人家在修建那种直接用钢筋水泥封成平顶、结构较简单的石墙房的时候，经常不请师傅，整个工程直接自己就完成了。

（四）建筑群落与自然环境的关系

分布于六枝特区与织金县相邻地带的长角苗人群所聚居的村寨大多建在海拔 1000 米以上的山坡高地，由于远离河流，加之喀斯特地貌，这些村寨的取水并不十分方便。与讲究"依山傍水"的附近汉族和布依族村寨不同，这些长角苗村寨通常只依山，而不傍水，贵州地区的民谚所说"高山苗，水仲家（布依族）"，就是这种情况的真实写照。①

多数长角苗村寨所处的地形位置都是背靠一整个山坡，如高兴寨、小坝田寨和下安柱寨；有的村寨因为人口多，房屋密集，则分布于两个山坡及山坡之间地势较高的谷地之上，例如陇戛寨、补空寨、化董寨。除了背靠山以外，多数村寨还靠着树林，森林曾经是长角苗人的家之所在，也是他们被政府部门长期冠以"箐苗"之称的原因所在。

图 2-8　长角苗人一年一度的"祭箐"仪式（吴昶摄于 2006 年 4 月陇戛）

每逢农历三月的第一个龙日，他们都要举行"祭箐"仪式（见图 2-8），向村寨附近保存最古老的几棵"神树"杀鸡献祭，由此可见森林环境对于他们的文化生活而言具有十分重要的意义。神树都是身材略为高大粗壮的乔木，并不是指某一类特殊的树种，它们的高大粗壮主要是因为长期以来未曾被砍伐。它们每年开花、结籽，种子被风或鸟儿播撒到别的地方去，又会生根发芽；而离它们不远处的同类则极有可能就是当地人修造房屋时所用的最重要的建筑用木材。因此对树木的伐取和对树木的祭祀崇拜是同时进行的。它们之间的联系也意味着长角苗先民们并非简单地"靠山吃山"，而是在索取和利用之际懂得感恩和回报——这种供奉神树的仪式传统显然不是自平地迁徙而来的民族所能够具备的。从客观上讲，一方面塑造了长角苗人作为经验丰富的山林地带居民敬畏并尊重自然法则的人文素质，另一方面也为森林资源的保护发挥了作用。

---

① 例如陇戛寨，每年还会遭遇 2—4 个月的枯水期，生活十分困难，因此，妇女们的走路姿势说明她们已经适应了长途背水的艰苦生活。

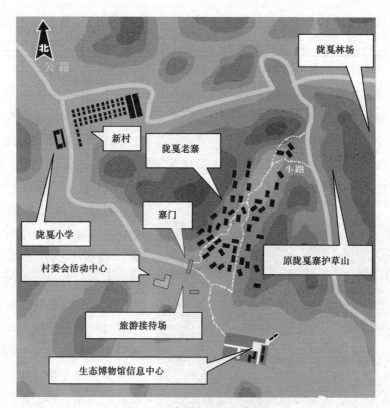

图 2-9　陇戛寨地形示意图

　　由于 20 世纪中叶以来不加控制地乱砍滥伐，这些森林多数已变成荒山，直到 20 世纪 80 年代末封山育林政策开始实施以后，陇戛林场才得以恢复。在梭戛苗族社区十二寨所处的自然环境中，安柱寨是一个特例，根据当地老人所说的情况来推算，这一地带的自然生态本身就比较脆弱，加上至少在明末清初就经历了人类的农业开发，现在林木资源已经十分稀少，土地也比较瘠薄，石漠化程度较陇戛寨更为明显。石头裸露在地表，随处可取，不受约束；而本地木材却稀少，需要到邻村获取，正因如此，安柱寨的长角苗村寨主要是由垒砌而成的石墙房构成的。

　　1. 梭戛长角苗民居及自然环境与其他地方的比较

　　学者伍新福曾指出："茅屋是苗族历史上较早的一种住房建筑。一般为木架结构，以茅草为顶，在山区就地取材，简单、原始。从汉文献记载看，至清代中期，各地苗族所居仍多为这类茅屋。如清初田雯《黔书》载：贵州各地'花苗'，'诛茅构宇，不加斧凿，架木如鸟巢，寝处饮爨，与牲畜同俱。夜无卧具，据地为炉，热柴而反侧以矣'。"①

抗日战争期间，中国人类学家吴泽霖、陈国均在《贵州苗夷社会研究》中对贵州苗族村寨和人居环境作了如下描述：

> 苗夷族多结寨而居于山上，惟夷族中之仲家与水家则近水而居，故有"高山苗，水仲家"之称。一般传说苗裔民必高山上方适生存，苟居山下，则灾疠渐至，死亡枕籍矣。惟今苗夷民习于低地生活者渐多，如富客佃户，逐利而居山下者不少，疠疫虽不免，但未必甚于山上；大多苗夷民墨守先人遗训，而局促高山岩壁之间，其生活落后殊甚。他们的住屋，大多为平房。东南路有楼居之房，平房为人畜共居地面，楼房者，人居楼上，下蓄牲畜。通常之住屋为一间至三间，屋内间隔小室，若一家仅一小间，炊爨饮食，日作夜息均于兹矣。房屋构造甚简单，除少数村寨中的富户各用木墙或土墙，与泥瓦或石块为顶之屋外，普通多用竹竿、苞谷之秆，或树皮为墙，用茅草作瓦，支离破碎，欹则倾斜不堪。甚之，最穷的花苗、青苗、现有少数尚居于深崖洞穴之内，其简陋苦之情甚于置身地狱之中。②

虽然我们无从得知吴泽霖、陈国均两位先生是否接触过长角苗族群，但他们身后所留下的这份珍贵的资料足以证明贵州的不少苗族居民在民国年间确实是住在茅草屋中的，并且饱受艰苦环境和传染性疾病的困扰，这和我们走访梭戛长角苗村寨时，听当地老人们所回忆到的昔日景况基本上是一致的，只是建筑的具体形制略有些差异。

上文提到《贵州苗夷社会研究》所描述的"东南路"可以确定是指今天黔东南苗族侗族自治州操东部方言的苗族聚居区，他们的建筑样式以四脚悬空的吊脚楼较多，其中还有一些建筑如今仍然保留了树皮房的特色。房屋狭小，或住岩洞。但他们的居住习俗跟黔西北地区的长角苗人家有明显的区别。

第一，是长角苗村寨中木结构干栏式建筑的缺失问题。干栏式建筑

---

① 伍新福.苗族文化史［M］.成都：四川民族出版社，2000：481.

② 吴泽霖，陈国钧，等.贵州苗夷社会研究［M］.北京：民族出版社，2004：6-7.

第二章　梭戛长角苗建筑及与之相关的文化

47

俗称吊脚楼，此类房屋在长角苗村落中几乎没有。虽然长角苗居民长期居住木屋，但他们的木屋样式是穿斗式三开间吞口屋，其来源很可能是四川的汉族民居建筑样式。黔东南苗族虽然也有很多穿斗式三开间吞口屋，但黔西北长角苗村寨却极少有干栏式建筑。西南山区的干栏式建筑分布十分普遍，例如分布于湘鄂渝黔四省交界地带的土家吊脚楼，云南西双版纳地区的傣族竹楼以及黔东南地区的苗族吊脚楼都堪称干栏式建筑的典范之作。黔西北一带靠近云南、四川、贵州交界处，按道理说当地民居受到干栏式建筑的影响是非常自然的事情，但这里的民居，尤其是长角苗人家极少采用这种建筑形式，他们的穿斗木屋由于采用了瓜柱骑墙的技术，则可以将山墙落地柱所能承受的房屋高度再增加将近一倍，从而使他们得以获得更多的室内空间。这也使得他们满足于室内采光并不好的穿斗式木屋，而不重视发展具有半户外空间特点的干栏式民居。此外，如果我们按照詹姆斯·斯科特的观点来解释，会发现干栏式建筑是一种建造技术水平相对较高、结构复杂、造价不菲，且不便于经常迁徙（或者"逃跑"）的人群居住的大型木构建筑，因此对于具有"逃逸文化"特征的长角苗人先祖而言，难以与其传统的生活方式相配套，因此是浪费大于用途的，即使曾经有过，也必然会被舍弃。[①]

第二，室内取暖设施有差异。黔东南苗族人家多采用地坑式的火塘作为取暖和炊煮设施。按建筑文化学者张良皋先生的说法，这种生活方式是古代席居制度的遗存，应该说与干栏式建筑历来是配套的，如鄂西、湘西、川东一带的土家族吊脚楼也是采用地坑式的火塘作为取暖和炊煮设施，张良皋还指出："干栏在不损伤地面原貌的条件下从事建筑，这本身就是一项值得重视的环境保护措施。……山区居民最害怕山体滑坡，积累了足够的经验教训，所以从来乐意保留不伤山体的干栏。同样，在水上建造干栏，既不损伤水体，又避开了虫、蛇、狐、鼠的侵扰，所以全世界都曾'流行'水上干栏。从隋唐开始的中国中古时期在中原放弃使用干栏，其根本原因是由于木料短缺。"[②]从另一个角度有助于我们理解六枝北部山区

---

① 斯科特在书中特别强调其关于"赞米亚——逃逸文化区"的理论"对二战以后的时期不适用"。詹姆斯·斯科特.逃避统治的艺术［M］.王晓毅，译.北京：生活·读书·新知三联书店，2016：5.

② 张良皋.匠学七说［M］.北京：中国建筑工业出版社，2002：61.

地势高，远离水体，又因周边生态环境石漠化而导致的木料资源紧张的问题与干栏式建筑缺失问题之间的微妙关系。

其他取暖、炊煮设施，如火炉、上灶等则常常与平房配套。火塘的位置在地面以下，不仅可以暖脚，也可以暖和周身，缺点就是比较费燃料，主要用的是柴草类天然可再生燃料；火炉的主要发热部分在地面二尺以上的位置，暖上身还可以，但是脚、膝盖等部位就无法顾及了，它的优点是比较省燃料，尤其是在产煤较多的地区，以煤炭作为燃料，火力更为持久。黔西北地区是煤矿富集带，长角苗居民对煤这种资源十分熟悉，不仅附近织金县鸡场乡和六枝特区都有中小型煤矿，而且他们外出打工的主要工种也是煤矿矿工。因此使用炉灶一类燃具而不采用火塘也是于自然条件而言最有利的选择。

第三，梭戛一带的长角苗村寨比黔东南地区的苗族村寨的聚居规模要小许多，一个著名的例子就是雷山县的"西江千户苗寨"，而长角苗十二寨里人口最多的陇戛寨和补空寨也不过只有120余户人家。如果成年人口的基数稍有增长，就要采取分流搬迁措施，例如织金县阿弓镇的化董寨在数年前就因人口密度过大不得不将50余户居民分流迁居到附近的汉族村落，如今还剩80余户居民，生存压力才得以缓解。这是由他们所处的生态环境海拔高、地势险恶、水和土地资源紧张、卫生条件差，以及农业生产水平欠发达等原因造成的。西江的"千户苗寨"由于地处水源充沛的河谷地带，耕地面积广阔，稻作传统悠久，所以能够避免因人口密度过大可能导致的上述各种危机与忧患。

梭戛长角苗的个体建筑风格样式基本上与周边民族一致，而且紧紧跟随时代的发展而呈现出不断改进翻新的趋势，但是总体而言，他们的建筑工艺要简陋一些。由于这些寨子地处边远，交通不便，经济欠发达，因此保留下大批晚清和民国时期的民居建筑，迄今仍在使用之中，总体而言虽然这种并不方便的生活状况或许应该随着时代的发展而逐步得以改善，但作为一种现存的民族民间传统文化的痕迹，对于我们研究这些建筑的结构、造型、应用功能以及长角苗人家的生活起居习俗等方面的文化传统，其价值的宝贵性不言而喻。

梭戛长角苗建筑的总体特点是背靠坡地，居高临下，聚居成寨，寨内建筑小而密集。我们根据2004年梭戛生态博物馆"高兴村陇戛寨未改造和未搬迁户基本情况统计表"的数据分析了解到，含无房户在内，当时陇戛老寨未改造和未搬迁的 72 户人家每户的平均建筑面积仅为 36.18 平方米，人均住宅用地面积仅为 8.71 平方米。详细情况为：石墙房有 46 户，总面积为 2290 平方米，每户平均面积为 49.78 平方米；土墙房有 18 户，总面积为 590 平方米，每户平均面积为 32.78 平方米；木屋 3 户，均为草顶，总面积为 170 平方米，每户平均面积为 56.67 平方米；砖墙房只有 1 户，面积为 40 平方米。由此可见，他们房屋窄小，生活条件是极其艰苦的。

为了便于管理耕地和较为便利地获得充足的燃料、水源和其他各种资源，位于渝、湘、鄂、川、黔、滇等地的广大山地民居建筑通常是采取零散分布于山间地头的布局办法。如果说有高密度的定居点，那通常位于交通要道附近，如河流、三岔路口或者矿产资源较丰富的地带，形成以贸易交换作为重要经济支柱的镇子，但长角苗的村寨都不是这样的，它们总是处在远离河流、平畴及交通要冲的高山荒凉贫瘠之地。

民国时代刘锡蕃在《苗荒小纪序引》里说："苗瑶所居皆湫隘，屋宇高度，普通丈二三尺，惟喜谷居……其贫者，居数年，则徙而之他，以耕地瘠也，苗人恶湿而不洁，所居皆在山巅，山巅无水，别取之山麓，登降甚劳，然彼安之，人皆楼居，牲畜处其下，臭气熏腾，如无所闻。"[1]其描述的苗族生活状貌虽在广西，但其翔实的细节，却与我们在六枝特区北部的梭戛长角苗村落之所见颇有类似。

一般情况而言，上百户人家鳞次栉比地聚居在一起必然会造成许多不便和隐患，如火灾隐患、生活污水的排放与粪便垃圾的处理问题、瘟疫疾病的防治问题、耕地与住宅距离过远的问题以及如何维护家庭隐私问题等等。这些问题正好十分尖锐地反映在梭戛生态社区。例如 1991 年高兴村补空寨的一位 105 岁老妪不慎将茅屋点燃，导致 100 多户房屋被烧毁。又如 1994 年秋季，陇戛寨一居民因伤寒病暴亡，在丧葬期间，由于村民们没有及时采取防疫消毒措施，陇戛寨山下的水源（即今之"幸福泉"）被伤寒杆菌污染，导致 40 多人迅速受到感染，后经六枝特区防疫站抢救后方才全部脱险。

---

① 贵州省民族研究所编.民族研究参考资料第 20 集 民国年间苗族论文集［M］.贵阳：贵州省民族研究所，1983：5.

梭戛长角苗人群生活的十二寨大都选择并且坚持这种紧密相邻的聚居方式的原因主要来自他们缺乏现实生存的安全感。就其自然环境而言，梭戛一带荒凉偏僻、人烟稀少，自古以来森林植被丰富，蛇、虎、豹、狼以及各种毒虫成为人们现实生活中的严重生存威胁；就其历史文化传统而言，这里自古以来就不算是太平之地，长角苗老人们经常唱的一些叙事民歌中，充满着许多对古代与近代的战争、土匪抢亲、"摸宝"（当地泛指盗窃及抢劫村民财物的土匪行为）、老虎吃人等暴力话题的深刻记忆。可想而知，在一个充满邪恶暴力的自然和人文历史环境条件下，一群在箐林里开荒的人更需要加强团结互助，他们怀着恐惧，本能地运用复杂的姻亲关系、统一的服饰着装以及紧密聚居的建筑群来强化这种团结的需要，逐渐使之成为传统。

　　也许正是因为格外珍视可以亲密团结在一起生活的机会，长角苗先民们丝毫不妥协于自然环境条件的限制，创建了这些在高寒山坡上紧密聚居的村寨。

　　2.梭戛长角苗村寨间的自然环境差异及其对建筑形态的影响

　　虽然上面谈到长角苗村寨的建筑群落具有一些大致的共同特点，但是即使同是长角苗村寨，或者长角苗人口占主体的村寨，每个村寨之间也还是有一些差异的。以下是依中底寨、补空寨以及下安柱寨分别与陇戛寨进行的建筑风格的比较与分析。

　　（1）依中底寨与陇戛寨的民居建筑风格之比较

　　依中底寨的布局比较特别，它坐落于一座小山脚下，地势较陇戛、化董、补空、高兴等寨平缓。依中底寨不像陇戛寨那样地势复杂，房屋朝向参差，小路纵横贯穿全寨，它的主体聚落建筑体朝向基本统一坐北朝南，寨子正对着的是比较平坦的一小块林地。房屋形成四列，每一列之间有一条可以通行马车的街道。虽然依中底寨只有100余户人

图2-10　依中底建筑群（吴昶摄于2006年）

家，但却给人一种井井有条、一目了然的印象。依中底寨的房屋绝大多数也都换成了石墙房、砖墙房，叫人很容易联想到补空寨，但是依中底寨的房屋还有50%左右保留着茅草屋顶。由于地处长角苗十二寨的最北端，因此交通最为不便。马车成为他们极为重要的交通工具，甚至可以说是唯一的交通工具，因为我们三人一行乘坐摩托车一路开到此寨，一路所见尽是泥泞坎坷、高坡陡坎，有的路段因山体坍塌风化，碎石屑将路面垫成斜坡，险象环生。

图2-11　补空寨建筑群（吴昶摄于2009年）

（2）补空寨与陇戛寨的民居建筑风格之比较

由于补空寨在1991年遭遇了一场大火，全寨除了沟底北坡的20来户居民得以幸免之外，其余全被烧毁。火灾是由一位105岁的老婆婆点火照明时不慎引发的。因当时正逢农忙，人们都下地干活去了，加之补空寨绝大多数民居建筑都是草顶木屋和草顶土墙房，火势无法控制，后来大火熄灭以后，全寨共有80多户人家流离失所。政府当时的政策是补贴受灾户每家5000元，供他们修建新居。由于火灾给补空居民制造了很大麻烦，因此在集体修建新居时所有人都选择用石料作为建筑材料，绝大多数人都选择用水泥瓦来盖顶，只有三四家人和北坡原来的20多户人家还在使用茅草顶。截至2006年，补空全寨120多户的民居建筑中盖茅草顶的房屋仅有20户左右（几乎全部集中在当年火势未曾蔓延到的另外一座山坡上），而木屋建筑的栋数为0。

补空寨火灾之后重建的建筑群面貌焕然一新，除少数几间房子是草顶土墙房以外，其余绝大多数都已变成砖、石墙房，它们要么是水泥瓦顶，要么是混凝土平顶，整个寨子远远看去就是一片水泥灰色。

（3）下安柱寨与陇戛的民居建筑风格之比较

陇戛寨以木屋或木石复合式建筑为主要风格，砖石结构的建筑虽然后来逐渐增多，但目前仍不是建筑主体类型。下安柱寨如今则全寨已没有人住木屋，绝大部分都是石墙房和砖墙房，还有少数是水泥平顶房，仅有的一两间木屋已经荒败不堪，没有人住了。安柱的石墙房还有一些保留着茅草屋顶，其房屋样式多变，有双层小楼、带石围篱的庭院式建筑、单体平顶房等多种样式格局，不过，还有少数房屋可以明显看出

图 2-12　安柱民居（吴昶摄于 2006 年）

是木屋改建而成的石屋，其内部仍然保留了榫卯结构的穿斗和枋柱。

　　究其差异，原因在于一方面陇戛、高兴、小坝田三寨是长角苗高密度聚居区，因此建筑风格不易受到周边民族的影响，而安柱村则不然，它是苗汉杂居地带，汉族与苗族村民之间交往十分频繁，因此苗族民居的建筑风格很容易受到汉族人的影响。

　　高兴村一带虽然自然条件不算好，石漠化现象也比较严重，但是和安柱村比较起来情况要好许多，因为陇戛林场可以为人们提供比较丰富的建筑木材资源，有木材就尽可能不采用石料。能建一座木屋就不会去建一座石墙房，这是一种长角苗人家的传统价值观。而下安柱寨则只有大面积的麦田和石漠，唯有人住的村落四周是十分稀疏的树丛和竹林，因此首选的建筑材料是石头而不是木材。值得注意的是，安柱村的石料质地疏松，极易风化，不如高兴村的石料棱角分明，因此建成的石墙房有一种天然的沧桑感，容易使人误以为这些建筑已经经历了 100 多年的漫长岁月。此外，安柱一带的土壤性质属黄棕壤，因为缺少森林资源和充足的地下水滋养，土地干燥瘠薄，且多含碎石屑，只能种小麦、玉米，甚至马

图 2-13　梭戛仓边村雨叠寨（吴昶摄于 2009 年）

铃薯也不适宜种，这种土质同样也不适宜夯制土墙房。

同样是长角苗人群，因为生活环境的截然不同而导致民居建筑的风格截然不同，可见民居建筑的样式风格与环境的关系较之与该民族本身的文化传统而言，要更近一些。当地有一种说法，认为下安柱寨的长角苗建筑风格实际上就等于安柱资源加上简化之后的当地汉族工匠所带来的建筑技术。但是我们仍然可以发现陇戛寨和下安柱寨在一些细节上有相似之处，比如使用竹篾或树枝编成的笆板来作为大门或墙体，而这些材料都是极易获得且方便人力运输的。总体上而言，梭戛长角苗家屋建筑的样式并不特定地受某种文化观念的束缚，关键受制于劳动成本，而劳动成本又取决于环境材料条件和运输方式，因此可以说，梭戛长角苗人的家屋样式深刻地受制于环境和劳动方式的双重影响。

（4）仓边雨叠与陇戛的民居建筑风格之比较

仓边村位于梭戛乡南部的三岔河北岸，离老卜底大桥比较近，雨叠寨就在仓边的东南一点点，从这里往西望到的最近的山顶处就是安柱村的所在。这里也是苗汉杂居（村内汉族和苗族各占一边），附近周边亦有不少属于石漠化地貌，这些情形与下安柱寨基本上是相似的，但由于地势较低，又有河流经过，交通方便，是距离岩脚镇最近的一个长角苗聚居点，环境条件更好一些，石墙房水泥化程度很高，但房屋并没有呈现出陇戛老寨那样高度密集化的状态，而是分散得较开，这种聚落的布局或许是受到了汉族邻居的影响。

二、与民居建筑相关的文化存在

在农忙时节，长角苗人的大量时间是在田间劳动，或者负荷着沉重的农家肥往返于庄稼地和家宅之间的路上。但在今天，即使在农忙时，他们的作息习惯也并非"日出而作，日落而息"，每天早上大约 8:00 之后方才出工，中午回家吃饭后再下地，下午 5:00 左右就会回家休息。至于农闲时候，他们中除了在外打工的中青年人要远行以外，大多数人都会待在家里过着慢节奏的生活。家宅也是他们的重劳动场所——女人们要在次间里忙于厨务、刺绣蜡染或者在场院里晒、打、剥离豆荚；男人们则要在堂屋或者屋檐下忙于木工、篾编、喂牲口、砌墙挖窖等活计；老人悠闲地用吸烟、喝酒等方式打发着慢节奏的光阴；学龄前的孩子们则跟在母亲或祖父母身旁呀呀学语，他们从出生到八九岁的这段时间里唯一要掌握的语言就是他们自己的苗语，学汉语是小学三年级以后的事。在自家的屋

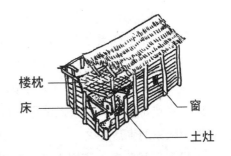

图2-14 "炯咋"和床在房屋内的位置

檐下，孩子们都可以说是地地道道的单语持有者。随着森林缩减、水土流失、外来文化的步步入侵，家宅空间几乎已经算得上是今天的长角苗人维系和保护自己文化传统的最后一片领地了。在这片领地里，人们有着自己的居住方式、建房习俗和相关的信仰仪式、装饰艺术，这些都是与长角苗民居建筑息息相关的文化存在。

（一）居住方式——民居建筑空间的文化功能

陇戛的民居建筑的传统基本上是以三开间穿斗房为特征的。三开间房屋特点是两边的厢房既有床可以睡觉，又有灶可以做饭，两厢房功能相似，甚至可以互换位置而无关大碍，而中间的堂屋（明间）则具有从汉族人那里传承过来的"神圣空间"意义。一般而言，堂屋是会客厅和祭祀神明的地方，精神象征意义远远大于它的实用价值。堂屋通常是长角苗人祭祀神明和请弥拉作法驱邪所必需的空间。

1. "炯咋（jiong zha）"的综合功能

一栋建筑所具有的功能独立性必然包含饮食、起居两个要素，这两个要素通常被具体体现为灶和床。长角苗人每家每户都要用到一种他们称为"炯咋"的大土灶，除了供烧菜做饭之外，还是重要的取暖设施和干燥通风设施，普通人家只能烧得起一个"炯咋"，它一般位于房屋的

图2-15 "炯咋"（吴昶摄于2006年）

左次间，因为那里往往是厨房，也有位于右次间的和两次间的，但数量不多。民国时期刘锡蕃"苗荒小纪序引"也曾提到苗人"敷土于堂，形而满月，以铁制所谓三脚灶者，架于当中，用以调羹造饭……"①。

梭戛长角苗民居通常在左手第一间设一常年不熄的"焖咋"，做饭、取暖、煮蜡都靠它。全家人都保护这个火炉，使其常年不熄，因为它象征着这户人家的生活红火。

只有一间草房的穷困人家会把以上所有的设施都集中在一间草房里。"焖咋"一般位于房间中央，这是为了方便更多的人围坐取暖。"焖咋"分长期性和临时性两种，造型大同小异，长期性的大土灶一年四季煤火不灭，可以起到防潮作用，新茸的茅草屋顶可以通过加旺煤火烘干的办法来延长其使用寿命；临时性的大土灶则只在农历正月初一到十五"走寨"时投入使用，其作用是方便来来往往的姑娘、小伙儿取暖，人会来得很多，所以煤火一般添得都很旺。

"焖咋"可供煮汤食、猪菜及供人取暖之用，原先烧的是柴火，烧柴禾的坏处在于烟气大，熏得让人难受，随着小兴寨等附近地带的煤矿被开采以后，当地人普遍使用煤炭作燃料，当时梭戛乡煤炭的价格是1元钱/50市斤，2005年政府宣布关闭一批小煤窑以后，价格涨到12.5元/50市斤，但苗族居民们仍然喜欢用土灶烧煤块，甚至连蜂窝煤也用得很少，因为大土灶所起的作用是综合性的，其发热量大和制作方便快速的优势使它们在使用者那里备受青睐。

每逢农历"三月三"，陇戛寨要举行一年一度的由弥拉组织的除秽驱邪的仪式——"扫寨"，扫寨时每家每户要从大土灶的灶膛外抓一把灶灰装进小口袋，然后让扫寨的人用一棵小竹枝挂起来带到寨子外的三岔路口扔掉。

"焖咋"是梭戛长角苗人家的爱物，在葬礼时他们为逝者唱的《开路歌》中就有这样的歌词："焖咋啊，我就要走了。我生病的时候你不管我，我呻吟的时候你沉默不语，如今我就要走了，不要再难过……"饱含着他们对它犹如看待亲人一般的深情。

"焖咋"常见于陇戛、高兴、小坝田等村寨，纳雍、织金等地的长角

---

① 贵州省民族研究所编.民族研究参考资料第20集 民国年间苗族论文集［M］.贵阳：贵州省民族研究所，1983：5.

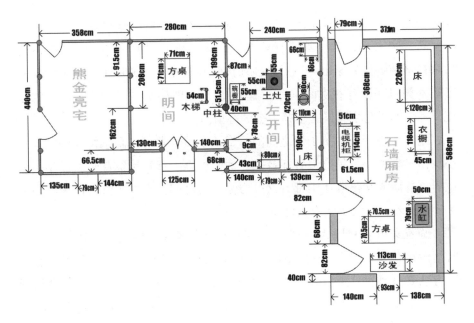

图 2-16　陇戛寨熊某进宅纵剖面，左为三开间木屋，右为单体石墙厢房

苗和短角苗聚居区。其他民族用的不多，取暖方式也是多种多样的，例如陇戛寨山下的乐群村田坝寨的布依族和彝族居民家中使用的是与汉族地区相同的双孔大灶、小煤炉、火盆或火塘。长角苗十二寨之一的安柱寨由于灌木稀少，且山高路远，运煤不便，因此用比较小的煤炉，这一点与陇戛等寨不同。

2. 床位的讲究

标准的民居建筑是三开间式，一般来说，主人的床多在房屋的左次间，都放在左次间的大土灶旁，以便于取暖。幼童一般与父母合住一个房间，因为年迈的老人多数是住在右次间的，也有一些家庭是反过来的。

夫妇的床很窄小，很少有超过 150 厘米的大双人床，一般都在 80—120 厘米之间，看来必定很拥挤。老人的床大致也一样。

儿童一般长到八九岁，就要与父母分开，睡到其他房间里去，如果家里没有老人（比如这一家是分家出来的），就可以在另外一个次间开一架床铺，如果房间不够，或者空间太过狭小，就要睡到楼上去。由于长角苗人家两次间的楼枕层非常薄脆，是用芦柴棒、竹子之类的东西草草编成的，并不能睡人，所以只能睡在堂屋正墙的楼枕上，这一部分是小树干搁在枋子上铺成的。比较牢固，但是很高，小孩子不免会感到害怕。

高兴寨人、大学生熊光禄曾对我们说，他自幼睡了 10 多年的楼枕，后来哥哥结婚，分家出去以后，他才可睡到堂屋下面的床上去（他们家是半边木头房，没有右次间）。熊光禄说，至今他抬头看见堂屋里高高的楼枕，都会回忆起小时候害怕摔下去的心情。

此外，还有一种孩子们之间的习俗，小孩经常可以跟感情很好的本寨小伙伴一起睡，只是吃饭各在各家。他们可以一直睡到彼此长大成年，无论男孩群体或女孩群体中都有这种习惯，父母们也不加干涉，这种习俗至今还保存着，一般不太有人注意。

倘若家里空间极为狭窄，比如来了很多客人的情况下，还有一种临时缓解床位的办法就是打地铺。长角苗人打地铺的方法极其简单，有一种方法是在地面上垫一层风干的玉米秸秆，然后再将被褥铺到玉米秸秆上去，甚至根本不用被褥。我们在梭戛乡下安柱寨王坐清葬礼守夜时就目睹 5—8 名成年男子和两名儿童在走廊过道上和衣卧倒在玉米秸秆铺成的地铺上昏然入睡，冬夜里的取暖设备仅仅是一个装满烧红了的蜂窝煤的大铁锅。

3. 女人上楼梯的禁忌

安柱和陇戛的少数"五献杨"家庭有不允许妇女在室内蹬爬楼梯的禁忌，但他们没有人肯解释原因，只是流传这样的说法：女的不能上楼，女人上楼不会瞎也会"掰"（bai 阴平，汉语西南官话中表示"腿瘸"的意思）。这一规矩很可能是为了防止楼下的人看到妇女隐私处而设的。六枝特区的一些地方学者认为，当地妇女自古以来只穿裙，不穿底裤，可能是历史上曾经发生过比较尴尬的事，于是才形成了这样的禁忌。

据我们了解，出于生产生活的需要，由于妇女是长角苗家庭劳动力不可缺少的重要组成部分，因此多数家庭还是允许妇女蹬梯上下楼的，加上如今中青年妇女都在裙下着长短裤装，更无走光之虞。

4. 牲口棚的综合利用

陇戛人习惯把猪、牛、羊混养在一起，令人惊讶的是牲口棚内各种牲畜都能彼此和睦相处，井河不犯。然而，陇戛人对牲口棚内地面上粪便的清理却并不如乐群村布依族居民那样勤快，他们甚至把玉米秆、麦秸等饲料倾倒在圈内，牲畜们吃不完的就被踩烂在粪污里，经它们无意识地反复踩拌大约三个月之后，主人就会把这些即将沤成的肥料挖出来，堆在屋外发酵，数天以后这些肥料会发热并散发出蒸汽。这个时候，屋主人就可以将发酵物挖起来，用背篓背到地里去进行施肥，这一工作当地人谓之"出粪"。长期

图 2-17　小坝田寨的一座牲口棚（吴昶摄于 2006 年）

以来，"出粪"需要由人用背篓一筐一筐地从家背到地里。长角苗人家的庄稼地一般离家都很远，不论男女老少，整个春季有一半的时间几乎都在山路上负重来回，劳作十分辛苦，且效率十分低下。如今，有的家庭因庄稼地离马路不远，且经济上还比较宽裕，也采用包租农用车的办法来运输肥料，这样就节省了很多时间，但还有许多家庭因为贫困或交通不便，仍然要用人力背负粪肥。即使在附近织金县阿弓镇的一些汉族农村，如左家小寨，这种情况也很普遍。

由于每年的农历正月底栽种洋芋前要施肥，三四月间苞谷也需要施肥，所以这段时间牲口棚会被清淤。这种偷懒之举比起附近乐群村布依族人家不厌其烦地打扫猪舍，可以说更聪明一些，只是不太卫生。

5. 人畜共居一室

长角苗人习惯把各种牲畜、家禽饲养在民房内，饲养在室内的动物主要包括鸡、鸭、鸽子、猪、狗、猫等。鸡、鸭白天在室外活动，晚上回到室内的木笼中，或者主人的床下，或者被主人用一只背篓扣在堂屋内；鸽巢一般被设置在天花板四角，用背篓、篷篁或塑料桶做成；如果没有足够的猪厩，猪通常被关在主人的床下；狗和猫比较自由，睡在大土灶旁或者户外都是被允许的。有的家庭将牛舍的外墙封死，只在靠堂屋的一侧开有槽门，牛每次进出都只能从堂屋穿行，屋主人认为这样的建筑设计可以有效地防范盗牛贼。还有一些居民在从陇戛老寨搬迁到新村以后，还试图保留将牛饲养在堂屋内的传统生活习惯，其后被政府部门和医生劝阻而作罢。

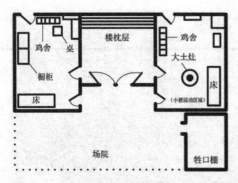

a. 高兴村箐苗民居室内布局

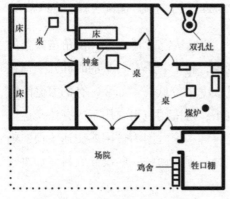

b. 乐群村布依族民居室内布局

图 2-18　两个族群的建筑室内布局比较

人畜共居的生活习惯可能引发的问题在于：传染病交叉感染的概率大，发病率比较高。在高兴村，这种情况屡见不鲜，每到夏季，苍蝇、蚊子经常在动物和人畜粪便上爬动，然后又飞到人吃的饭菜食物上去。人吃了这些食物以后容易患上伤寒病、痢疾等传染性疾病。

我们在当地人的口述史中搜索到的有关瘟疫的沉重记忆不胜枚举。

陇戛寨居民熊玉文说，当年熊氏家族曾经在织金县鸡场乡居住，后来是因为发生了瘟疫，才迁徙到陇戛来的。

陇戛寨老人杨朝忠转述父亲当年的回忆说，大概在1931年寨里爆发了"阿它惮"[1]。他父亲的兄弟姐妹们在短短的七天之内就死去了 10 个。老人谈到传染病问题的时候，就会习惯性地提到"旧政府时代"生育大量孩童对于一个家庭延续下去的重要意义。

高兴村补空寨一位老人（1934 年生）在 1980 年代还患了 6 年的伤寒病。他说，当时病是家里饲养的猪先感染上，然后又传染给人的。由于伤寒病人不能吃肉类、油腻和禽蛋，不能劳动，长期卧床，伤寒病的长期折磨给他留下了十分痛苦的回忆。

1994 年秋季，陇戛寨一居民因伤寒病暴亡，丧葬期间，由于没有采取相关的防疫消毒措施，陇戛寨山下的水源（即今天梭戛生态博物馆信息中心大门外的"幸福泉"）被伤寒杆菌污染，参加打嘎的 40 多人被迅速感

---

① 苗语，意为伤寒病，又叫冷热病、干痨病或疟疾。

染，后经六枝特区防疫站抢救后全部脱险。

据高兴村卫生室的医生所才海称，陇戛最近的一次疫情是在 2005 年 6 月中旬，陇戛老寨一居民的妻子与儿子在家突然得了急性菌痢。他家里条件很苦，住房狭窄拥挤，人睡在床上，猪就养在床下面，时间久了，猪的粪便就淌了出来，也没有被打扫干净。据才海调查了解，这一居民当时在外打工，他的家人到梭戛街上买了两斤新鲜肉搁在屋里，由于苍蝇吸了猪粪里的污物，又飞到肉里去产卵，30 多岁的妻子与 10 多岁的小孩吃了这肉以后，当天就上吐下泻。母子俩后来被驻村医生治愈。笔者以为，为健康和生活质量的改善考虑，这种人畜混居的生活习惯定然会在不远的将来发生彻底改变。

6. 建造独立的厕所

从人们对建筑洁净程度的要求来看，西南地区的山地居民通常把人居、牲畜厩与厕所分为三种不同的地位，人居要求最为干净，牲畜厩次之，厕所最脏。一般而言，多数地方是把牲畜厩与厕所放在一起的。

但是跟西南地区其他山地民族不同的是，长角苗人的厕所与猪牛圈大

陇戛寨熊金祥家建筑空间结构图

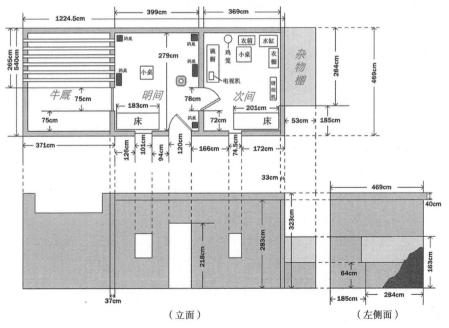

（立面）　　　　　　　　　　　　（左侧面）

图 2-19　陇戛石墙房三角度图

多是完全分开的，在长角苗人的理解中，牲畜厩的地位跟人居靠得更近一些，所以厕所经常以简陋的独体建筑形式出现在房屋附近。

厕所一般修建在离房屋 100 米以外的树林或灌木丛里，一般是用树枝搭建成不到一人高的小棚，树枝上覆盖杉树叶作为遮蔽，然后在棚内地面上掘出一个浅坑，由于排污不通畅，比较脏；石头砌的厕所也比较常见，一般是在路边，或者房前屋后。

（二）长角苗族群与周边其他族群居住方式的比较

费孝通先生曾在《中华民族多元一体格局》一书中指出"大杂居、小聚居，相互交错居住""多元一体格局"，在贵州的很多地方，这种聚居、杂居的格局不只是一种宏观的描述，而且微观到了乡村的场域，梭戛乡一带就是这样一个典型的情况。长角苗村寨大部分都与歪梳苗、大花苗、彝族、布依族、汉族的村寨相邻，还有一些村寨，如安柱村是长角苗与彝族居民杂居共处，仓边村的雨叠寨则是长角苗与汉族杂居共处。在居住文化方面，则体现出了"远亲不如近邻"的特点——各民族之间因地制宜、取长补短、互相学习、互相影响。

1. 与周边民族居住方式的异同

由于长期以来生活环境的限制，长角苗人群的居住习俗与周边民族有很大的差异，总的来说，具有综合利用、因陋就简的特点。以陇戛寨的民居建筑与附近汉族、彝族、布依族聚居的乐群村、顺利村民居建筑作比较，就能说明一些问题。

（1）陇戛长角苗人家的堂屋外常留有吞口，堂屋正壁不挂中堂、神位，也很少贴对联。堂屋的楼枕层可以睡人。

而周边汉族、彝族、布依族建筑不一定留有吞口，他们的传统习惯是在堂屋正墙上悬挂"天、地、君、亲、师"神位，堂屋的楼枕层是不睡人的，只用于堆放杂物，或者就没有楼枕层。

（2）陇戛长角苗人家的厨房通常在左次间，兼作卧室，可供当家的夫妇居住。室内同时还有鸡鸭笼、鸽巢，它们往往置于室内边角处。厨房中央有一个长年不熄的大土灶，既烹制人的食物，也兼作剁、煮猪菜的地方。

周边汉族、彝族、布依族虽然也常将左次间作为厨房，但极少有在厨房饲养禽畜动物的习惯。有的家庭将厨房空间一分为二，前一间做人的饭食，吃饭也在此；后一间有一个双孔的大灶台，是剁煮猪菜的地方，兼作柴房。

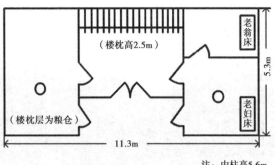

注：中柱高5.6m

图 2-20　纳雍县张维镇补作村短角苗民居李某宅内部结构布局

（3）陇戛长角苗人家的右次间通常为老人、孩童的居所，有客人住家时作客房。室内也有鸡鸭笼或鸽巢，有些家庭在床下饲养猪。房间中央有时也会有一个大土灶，但并非长年不熄，书桌、衣橱之类的家具很少见。

周边汉族、彝族、布依族的老人、孩子的卧室和客房通常也在右次间，一些人家会把大的次间分割成小间，以便于成人、孩子、客人的床位能够分开。卧室里常能见到供阅读学习用的书桌。如有鸡鸭笼，通常是放在室外。

（4）陇戛长角苗人家的房屋地面为土质，不平整。如果是石墙房，四壁也不事粉刷，保留石质表面；如果墙体有缝隙，一般只用干草、黄泥等材料作临时性封涂。

周边汉族、彝族、布依族民居多数是用水泥封涂地面，显得清洁平整一些，也有部分民居是土质地面。砖石结构的墙壁一般要用水泥石灰粉刷洁白，并在墙根处留有墙裙。

2. 与短角苗族群居住方式的异同

短角苗族群主要分布在纳雍县东南部补作、老翁、滥坝等村落，我们所考察的短角苗村落在纳雍县张维镇补作村。补作村是一个苗汉杂居的村落，苗族村民们都能说苗、汉两种语言，而且汉语的听力和表达能力都要强于梭戛一带的长角苗人群。图 2-21 为补作村短角苗居民家的穿斗式三开间穿斗木屋（见图 2-20），这栋木屋是 1978 年由附近二道河村汉族木匠修建的，高一丈六尺八（合 5.6 米），宽三丈四尺（合 11.3 米），深一丈六（合 5.3 米）。屋内有土灶、木板床、楼枕层，楼枕层贮存粮食，以前是茅草屋顶，后来换成了水泥瓦顶，这些情况都跟梭戛长角苗的民居建筑颇为

图 2-21　纳雍县张维镇补作村建筑群（吴昶摄于 2006 年 3 月 15 日）

相似，但房屋左开间分为内外两室，老两口各住一屋，儿子住在附近的新房里。此外，该村也有依然居住在两进式的茅草土墙房里的人家，房屋十分狭小，屋内有土灶、木板床；屋旁是一幢面积约为 60 平方米的三进式单层水泥平顶房，跟同村的汉族家庭的房屋样式从里到外相差不大了；而下面的短角苗人居住的房屋则有三进式水泥平顶房，外带一个保留下来的老木屋厨房，面积约 90 平方米，生活过得很富足，除了像汉族邻居们那样吃穿住以外，家中女眷还遵循苗族家庭的传统习俗，在家作刺绣蜡染，工艺十分精细。

这些情况说明，（短角苗）人群由于跟汉族居民比邻而居，因此在居住习俗方面都普遍受到汉族居民们的影响。虽然房屋的材质和工艺与梭戛的长角苗人群所住的民居是一样的，但毕竟出现了分割得更细一些的室内空间；另一方面，由于他们的受教育程度要略高于长角苗人群，在对房屋的利用方面也更细心，室内比较干净利落，即使再贫困的人家，也很难见到乱堆乱放杂物或者在室内饲养家畜、家禽的情况。相比较而言，他们的居住习惯略为条理化一些，而梭戛的长角苗人群则要笼统、概括一些。

（三）建房习俗

按照长角苗的传统，青年男女一般在 13 到 20 多岁的年纪，就正式参加"走寨""坐坡"等活动了，如果男有情，女有意，就可以考虑彼此之间的婚姻大事。结婚不仅意味着一个新家庭的诞生，也意味着这个家庭所赖以存身的物质空间必须得到保障。也就是说，必须有一座新房，或者，至少能够确保男方的父母能够答应让小两口住在他们的房子里。如果女方家的男劳力不足，要他来"上门"，他也往往不用为住的地方发愁①。但是除以上两种情况以外，在结婚前，每个成年男子一般都要在本寨内或边缘修建一栋新房，这是准新郎官在婚礼之前所有准备工作中的头一桩大事。

按照传统长角苗人大多修建的是三开间穿斗式木屋，男方就要亲自或委托有号召力的兄长来召集他的兄弟及父系和母系的同辈分男性

图 2-22　纳雍县补作村的一户短角苗人家（吴昶摄于 2006 年）

青年来共同修建房屋，少则 5—7 人，多则 10 余人，并没有一定之规。召集人还要请到得力的建筑师傅，开始兴建新居。如果男方的亲戚里面没有足够的青年男子，那么家里的男性长辈们就要参加，如果人手还是不够，女人们就要参加。这种情形在以往很少，只是因为在 1998 年以后出山打工的男性劳动力逐年增加，村里的女人们才参与进来。

1. 建房合作中的血缘关系

建房合作中的血缘关系即血缘合作，是指施工召集人（不一定是房主本人）集合房主在本寨内的直系亲属、姻亲及远亲亲属中的劳动力来进行建筑施工的合作，是一种非市场化运作的传统互助形式，因为没有工资报酬，所以长角苗人用汉语又称之为"人情工"。

血缘合作在高兴村一带长角苗人的建筑活动中占据重要地位，替自己的亲人出力建房不仅是免费的义务，而且也是互相之间交流感情的重要场合。陇戛寨一位年轻村民熊朝荣的解释是："自家兄弟相互帮忙才做得

―――――――――

① 在长角苗族群中，"上门女婿"并不是一种卑微的身份，只是人们出于对农村土地分配合理化的一种很常见的自然协调方式。

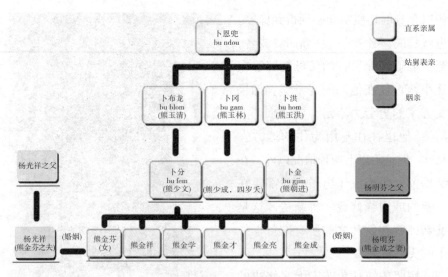

注：下画线者为2005年8月22日熊金成家水窖工地"人情工"参与者

图2-23　陇戛熊金成家"人情工"亲属关系结构图

图2-24　民居建造活动召集顺序示意图

成，要是各干各的，那就哪样也搞不好了。"也就是说，亲人家中有忙要帮，他就必须要参与。这种合作是天经地义的。血缘合作的一个重要意义是能在经济条件普遍拮据的情况下住得上房子，而不需要积攒很多的钱，从而达到劳动力与劳动力直接交换的目的。2005年8月，熊朝荣成为哥哥熊朝忠家房屋改建"草顶换瓦"的召集人，他召集了9位亲人前来帮忙。这些人不用开工钱，因为他们分别是他的养父仡佬族木匠杨正华、一个弟弟、三个堂兄弟以及四个表兄弟，凡属这一身份类型的帮工者，陇戛人都称之为"人情工"。

我们还可以以2005年8月底陇戛寨熊某成家的水窖施工过程为例：施工现场除熊某成夫妇、熊某成的四个哥哥、一个弟弟、一个妹妹和妹夫以及熊某成的父亲、岳父和伯父之外，熊金成妹夫的父亲也参与了进来。

"打嘎"仪式中为某一个死者奔丧的各寨亲戚通常有数百乃至上千人的现象令人不可思议，但倘若了解到对于长角苗族群而言，即使比较远的亲缘关系也是极其重要的亲缘关系这一点，也就对此不足为奇了。

"人情工"关系表

案例	施工时间	召集人	家人	本寨的亲人	外寨的亲人	专职工匠
陇戛寨熊朝忠家	2005.8	熊某荣（弟）	3	7	0	1
陇戛寨熊金成家	2005.8	熊某成	7	5	0	0
高兴寨熊光福家	2006.3	熊某文（父）	5	11	0	1
陇戛寨杨忠华家	2006.4	王某妹（妻）	1	7（全为女性）	0	0

2. 建房合作中的性别差异

根据陇戛熊某文的描述，以前修建木房的时候，女人基本上是不参与建筑施工的。但通过在高兴村一带的观察询问，笔者发现如今的建筑施工活动并不像他们的鲁班时代，即传统的木屋施工时那样只是男人的事情，女性也成为非常重要的劳动力，这主要是因为大量青壮年男子外出打工挣钱，男劳动力匮乏。有的村寨男劳动力足够，则女主人或者男主人的母亲、女儿、姐姐、妹妹等血亲家人只参与做一些比较轻的活，例如熊某成家修水窖，他的妻子和妹妹就只负责厨房里的活计，而不用干重体力活。但如果男劳动力不够，背运石料、碎石打砂等重体力活都会有妇女参加，在男劳动力严重不足的情况下，妇女甚至会成为建筑施工的劳动主力，例如 2006 年 3 月陇戛寨杨某华家起新房时，杨某华本人和他的男性亲戚都不在家，就全部是妇女们上阵，这些妇女们用背篓背架非常熟练地负荷起沉重的青石，把它们从采石场背运到工地上，每天如此，劳作将近一个星期仍未停息。

但是，即使在现如今男劳动力最缺乏的施工班子中，凡是涉及房屋质量问题的技术环节，如砌墙、盖房顶、大小木作等，仍然由男性木匠和男性家族成员操作，女性成员虽然在其中付出大量体力劳动，但因为既没有女人做木匠、石匠的先例，也没有人会木匠或懂建筑原理，因此在建筑活动中通常只是居于从动和辅助地位。

3. 建房合作中的资金分配

建筑施工的召集人（不一定是房主）掌握着资金的分配使用权，这笔钱一般不会很多，在几千至几万元左右。除了支付给专业建筑师工钱以外，还有两种人是要开工钱的。第一种是外寨的直系、旁系亲戚；第二种是没有亲戚关系的雇工，他们不论是外寨还是本寨的人，一律要开工钱。自己家的亲人如果是在本寨，一般是不开工钱的。其余的资金主要用在建材、设备租用、伙食、烟酒方面。除了房主的家人及本寨的亲人不用开工钱以外，凡是熟人、朋友，不论本寨或外寨，以及外寨的亲人，都需要付给对方工钱。工钱的价格以该劳动力"出了多少个工"来计。劳动了一整天，就算是一个工。随着物价上涨和生活水平逐渐提高，劳动力对自身的要求也不断提高，高兴村在 1988 年每出一个工价格是 6 元；1996 年的价格是 10 元；2000 年价格是 15 元；2005 年价格是 18 元。

有关资金的详细分配情况，我们可以以 2005 年 8 月陇戛寨熊某忠家"草顶换瓦"为例，工期是 10 天。他事先预备的开支金额是 6200 元，他介绍说这笔费用包括买木料、买水泥、打砂子（指开山取石以及租用他人的碎石机粉碎石砂）、制作水泥瓦、请了两个木匠，其他的开销如烟酒饭菜之类，计 400 多元。除木匠之外，他还给八个人打了招呼，叫他们前来帮忙。这些人不用另开工钱，因为他们分别是他的一个弟弟、三个堂兄弟以及四个表兄弟。

2005 年 8 月 14 日，陇戛寨熊某进家修水窖，请 6 个人帮忙，其中两个人钻孔点炮（引爆雷管，雷管在村主任王兴洪处购得），5 个人用背垫和背架背上 100 多斤的石头从山背后运到陇戛熊家的水窖处。笔者跟着走了两趟，坡陡路滑，一个来回要 8 分钟，这样要五六天才能背完，整个工程下来要花一千多元，一个半月才搞得完。窖坑直径四米，高四米，大约可容 5—6 吨水，仅供自己家吃。熊某进的工钱：放一个炮五元，背一天石头 15 元。

此外，在特殊情况下，还有某些额外支出，以 2006 年 3 月高兴寨熊某福家修建石墙房为例，他们所请的建筑师是乐群村的一位回族石匠师傅，因为信仰禁忌的原因，石匠师傅不吃猪肉，也不能跟他们使用碗筷共同吃饭，因此主人家还特地宰杀鸡鸭（当地一只活鸡的价格在 20—40 元钱，活鸭价格在 20 元钱左右），还煮了一些土豆来招待。这一开支项反映出这个长角苗家庭关心他人的良好品质和与周边民族较强的沟通合作能力。

4.民居建筑的维护与修缮

民间自发的建筑维护、修缮习俗，一般而言也是依靠以血缘合作为主的"人情工"及雇工方式来进行。建筑需要维修主要有三种情况：房屋翻新、危房的维修和因灾害事故造成的房屋倒塌或毁坏。

（1）房屋翻新改造

房屋翻新改造包括屋顶换草、草顶换瓦、木墙改石墙、仿古翻新等情况。

梭戛长角苗人家以往的民居建筑多是茅草木屋，过去的护草制度与之休戚相关。轮值护草的家庭如果茅草有多余的，或者刚换成瓦房顶了的，就可以把草卖掉，一捆草可以卖 3 毛钱，而花钱盖一个茅草屋顶的成本是 100 多元钱。像陇戛这样的寨子已经没有了护草山，却还有茅草房，就有人家要花钱买茅草（如杨某周家）。还有的是用麦秸秆代替茅草，但麦秸秆不如茅草耐用，不到两年就要换，一方面防水性能差，另一方面因为有残剩的麦穗，容易招鸟、鼠，但由于取材方便，还是有许多家庭选用麦秸

图 2-25　按陇戛长角苗传统建筑样式修造的草顶木屋
（梭戛生态博物馆信息中心会客厅）

秆作为维修补充材料。

从建筑材质角度而言，用茅草做的屋顶有其脆弱的一面。唐代诗人杜甫曾在《茅屋为秋风所破歌》中用"八月秋高风怒号，卷我屋上三重茅"这样的字句来形容这种建筑材料的弊病。从实用的角度而言，可见茅草屋总是存在着技术缺陷和质量隐患的，并非人们所真正喜欢的建筑形式，只是因为其取材方便，价格低廉，才选择之。

如今，由于新的技术设备与新材料的冲击，很多人家不满足于现状，因此草顶换瓦的维修改建情况如今十分普遍。如果一个家庭因为苦于房屋长年漏雨，就很有可能做出在某一次房屋维修时将草顶全部掀掉的决定，他们会将柱头斜面坡度锯成缓坡，然后全部换成水泥瓦顶（如陇戛熊朝忠宅）。

木墙改石墙的习俗也是在1960年前后兴起的，陇戛寨最早的一户木墙改石墙是杨某周家，当时他将木屋周围破烂不堪的木柱和木板墙全部拆除，换成石墙，保留用于隔开堂屋与两次间的十根木柱和两面装填式的木板墙，因此这种改造后的房屋样式也被当地人称为"木套石"（实应称为"石套木"）。这一维修改建方法后来逐渐为邻居们所效仿，例如1973年，住在杨少周屋后坡上的熊玉方将自己住的木柱土墙房改建成了木柱石墙房（甚至陇戛寨有的人家起新房就直接采用"木套石"样式）。

仿古翻新的技术含量比较高，资金要求也很高，苗族居民本身既没有这种愿望，也没有这个经济实力。目前在梭戛所有长角苗村寨中只有陇戛老寨的十户人家得以享此殊荣，这是因为2000年贵州省文物处拨专款，并聘请黔东南古建筑施工队赴陇戛寨对这十户木建筑老宅按照"修旧如旧"原则进行了重建和维修，因不属于民众自发的建筑习俗之列，简要介绍辄止。

（2）危房的维修

许多老式木结构房屋因年久失修渐成危房，这些房屋的维修所要解决的主要的问题是倾斜。

略微倾斜的木质危房，其维修一般只需要房主自己和家里人合作，用几根长树干或树杈，利用三角形稳定性的原理将房屋倾斜的一面顶起来，就可以很好地解决这一问题（整个西南山区的木建筑几乎都用这种方法）；房屋严重倾斜的，则需要请木匠师傅拆去房梁、屋顶，重新将柱、墙扶正，甚至拆掉朽坏的柱、墙，换上新的材料，这样的话他就需要攒一笔伙食费和工钱（2005年至2006年间的价格至少在500元以上），并召集"人情工"和雇工进行维修。

（3）灾害事故毁坏后的民居修缮

对中国西南山区的民居建筑而言，能够构成威胁的灾难事故一般主要是风灾、泥石流和火灾，由于六枝北部山区风速不大，又处在石漠化程度很高的喀斯特地质环境中，干旱现象严重，也罕有泥石流现象出现，但是火灾的威胁十分严重，由于长角苗村寨建筑密集，加之传统的房屋多是草顶木结构，因此人们在火灾面前尤其显得脆弱无助。

一个必须举出的重要例子是，高兴村补空寨在1991年发生了一次火灾造成100多间木屋被彻底焚毁。大火是因一位105岁的老婆婆点火把照明，不慎点燃了自家的茅草屋而殃及全寨。补空大火以后，政府部门给每一受灾户拨发了5000元救灾款，让他们重新修建房舍。由于都需要盖房，工程量空前浩大，为解决劳动力不足的问题，补空村民采取的对策是请求其他长角苗村寨的亲人及朋友前来帮忙出力。按照传统惯例，外寨的亲人或朋友都是雇工，需要付钱的，但毕竟是特殊情况，少部分家族内帮工者并没有接受工钱。由于新修的全是石墙房和砖房，补空火灾还产生了另外一个影响，那就是使很多参与重建的长角苗帮工者学会了石匠手艺，例如陇戛寨杨学富就是因为这件事学会砌石墙房的。

还有一个例子，小坝田寨的王某红家是火灾受灾房，早在1949年以前，这座房子由织金县蒯家坝汉族木匠张某才建造，如今已住了三代人，原本高大坚固，经历了50多年的风雨仍然没有发生明显的倾斜，但2002年的一场意外火灾将他家的堂屋屋顶烧穿了一个直径一米多的大窟窿。由于大梁被烧成两段，两山墙的墙柱体均有倾斜，好房变成了危房。他起初的处理办

图2-26　陇戛老寨里经过古建筑维修后的茅草屋（左）（吴昶摄于2009年9月）

图 2-27 陇戛一户民居建筑正在作房顶改造——钉檩条（吴昶摄于 2005 年）

图 2-28 陇戛一户民居建筑正在作房顶改造——盖水泥瓦（吴昶摄于 2005 年）

法也是用树杈将倾斜严重的北面山墙支撑起来，但房子长年漏雨的问题一直没有得到解决。因此，2006 年开春，王某红就请自家的两位兄弟和新发村的两位汉族朋友进行商议和维修。

由于本节段的论述涉及政府行为对长角苗民居建筑维修、复建方面的影响，我们无法对其影响绕开不谈，因此需要在这里顺带补充说明一下，笔者在第三次到梭戛做田野调查的时候，意识到原本一些简单的事情可能被人为地搞复杂了——因为之前有学者与六枝当地的官员们在看待一些问题的时候观点并不一致，对如何保护当地的传统文化也产生了激烈的争论。

围绕老房子维修这一问题的争议也同样发生在村民与挪威专家之间。笔者在陇戛寨访一户人家的时候，屋主人抱怨房屋侧门以前就很窄，便向维修人员请求希望在改建时将其加宽，结果却遭到了拒绝，他表示很无奈，原以为"政府给我们修新房子了"，却很难理解那其实修的是"旧房子"，所谓的"修旧如旧"。至于在古建筑维修过程中用新材料和加油毡的做法，挪威王国环境保护部文物局专家、贵州生态博物馆项目科学顾问达格·梅克勒伯斯特也曾经对苏东海先生解释说，使用新材料对旧建筑体予以加固，是可以的，因为新材料的使用目的是为了使文物得到更为长久的保护，即使在西方的文物保护工作中，这样的行为也被得到许可，但是他们所维修的这十栋房子并不是给他们"修新房子"，这一点一直让这些人家感到不能理解[①]。

梭戛生态博物馆在长角苗传统居住区的突然出现（1996 年）以及到如今近二十年来实验室般的存在确实让我们发现了很多问题和现象，但其实有多半是制度与任务相脱节，人浮于事造成的，如果有足够的资金和明确的工作任务，这些事情其实可以一件一件地处理好。在建筑风貌的整体维系方面，一栋混凝土房屋造价是 4 万元，而一栋传统样式的木屋造价则是 8 万元；如果政府方面不给足 4 万元以上的补贴，他们必定会优先考虑改建经济实惠而样貌简陋的混凝土房屋。当然，政府部门可能会摇头说，每户都这样补贴绝对是不可能的，但是既然有这项开支预算，而最根本的目的是要确保各项文化遗产能够得以延续，那么不论大家怎么改变生活方式，只是不要让这些传统断了香火，这个要求是不难达到的，也是不过分的。采取"自愿＋资助＋协议"的原则来花小钱办大事，并不需要一碗水端平。政府部门也可以每隔 3—5 年，以项目招标的方式大兴土木，要求在村民中选 5—20 人按祖辈传下来的方法修建一栋民居建筑，并以相对优惠的条件让村民居住，但要求凡入住的居民必须护草、葺屋，不能做到者必须按合同终止居住行为，让新的自愿者入住，这样的方法既不违背市场法则，同时也能够做到公平公正。

（四）房产的分配

同全世界大多数民族的传统一样，如今我们所了解的长角苗人的成年男子，一旦婚娶并另立门户，建有新居，就自然而然是这栋新居的产权所有人。当然，他也可以选择与长辈居住在一起，也就是说让老人也随之迁入新居（当然，由于经济实力等多方面的原因，这种情况至少在陇戛是不多见的）。或者并不需要再大兴土木，而只是在老人的旧房子里凑合着住，倘若是这样，老人就必须同意把房产的所有权移交给年轻人，以便他们得心应手地操持家业。这一点却又不似许多汉族人群的"大家庭"传统，因为后者常常容易形成十多人乃至数十、上百人的大

---

①　相关内容摘自笔者 2006 年 6 月 28 日对苏东海先生的采访记录。
① 相关内容摘自笔者 2006 年 6 月 28 日对苏东海先生的采访记录。

第二章　梭戛长角苗建筑及与之相关的文化

家庭，他们唯有依靠形体巨大的建筑（如北京的四合院或者福建永定县的客家土楼）才可以确保一个完整的四世同堂大家庭能够保持不分裂，但房屋的所有权往往是属于这个大家庭中最尊贵的长辈，而这一切都需要有一个容积巨大的民居建筑体作支撑。梭戛长角苗家庭无法形成这样大规模的大家庭，与他们的建筑工艺手段有限、资财短缺也是有着重要关系的。

值得注意的是，在中国南方农村，堂屋作为建筑空间最核心的部分，其象征意义远大于其实用功能，这已不是什么秘密。而在长角苗家庭，这种空间的意义特殊性表现得又有所不同：父母修建的房屋，在让渡和分割给两个以上子女的时候，多数长角苗家庭会倾向于给小儿子更多的好处——最直观的体现即堂屋的归属权往往会落在小儿子身上。

一个家庭倘若养育了两个以上的男孩子，将来就需要考虑分家的问题。在经济收入来源只限于耕地作物的农村，家屋建筑作为不动产，基本上是家庭财产中最贵重的一项。

费孝通先生早年曾在《江村经济》中描述过江苏的汉族农村房屋作为财产的几种分法："父母在世时，长子住在外面其他房屋里。例如，该村副主任周某，他是幼子，同父母一起住在老房屋内。其兄在分家后搬到离老房屋不远的新屋内。如父亲去世后才分家，长子便占住老房子，幼子同母亲一起迁往新居。由于修建或租用新房屋有困难，因此，多数情况下将老房屋分成两部分。长子住用东屋，幼子住西屋（房屋的方向总是朝南），堂屋为公用。"[1] 在汉族的传统中，长子往往是一个家庭中地位仅次于父母的重要成员。然而在长角苗族群中，却存在着一个重要的继承制度——房产幼子主承制，即房产全部或大部分由最幼小的儿子来继承。

因此，对于一对长角苗夫妇而言，长子（女）出现的意义非常重要，他们是家庭完整的象征，但长子的身份却不太像北方汉族传统家庭里那样被重视。长子（女）们的存在，在文化含义上更像是一种确立家庭关系的通关凭证。长角苗社会与亚洲多数民族一样，属于父系社会，长女与她的妹妹们一样，将来是要嫁到别人家的，因此没有获得父亲家族财产的权

---

① 费孝通.江村经济 [M].上海：上海人民出版社，2007：60.

利，她们在结婚之前拥有房屋的独立空间（闺房），即使在结婚之后，这一部分权利可以在夫家得到补偿，而长子因其血统身份的不确定性而往往会面临最坏的选择：如果家屋为三开间，且有两个以上的弟弟，他就必须离开家庭去另立门户，如果他只有一个弟弟且除父母外没有其他家庭成员，则他可以得到的仅仅只是三开间中的一间厢房，而很难作为承载家族传统的神圣空间——堂屋，除非他是独子。

三开间的房屋空间的数目是不能被2整除的奇数"3"，作为二子家庭来说，这样一个奇数的一分为二是不平等产生的前提条件。而对不平等结局的选择则是依据传统观念来判断和解释的。那么选择幼子而不是长子接受堂屋是一种民事习惯法，是约定俗成的不动产分割规则。

在一个长角苗家庭，父母年迈以后，不等临终立遗嘱就把房屋的产权早早移交给下一代是很常见的事情，例如陇戛寨一位老人将房产移交给了已成婚的儿子，但自己仍然住在屋内。但是当他们有了两个以上的孩子，就往往要遵循幼子主承制的法则将房屋的全部或大部分空间的所有权转让给下一代中最年幼的孩子，自己在其中住到去世为止。这样的例子有很多，高兴村某寨一位村民曾告诉我们，他是他们家族幺房的小辈，住着寨子里最老的百年木屋，如果不是幼子主承制的话是不可能的，除非他是五世单传，但他这一家支的人丁非常兴旺——仅他父亲一支就育有五个儿子。

在另一长角苗聚居的寨子里，有很多两兄弟共住一栋房的情况。长角苗民居建筑通常是三开间，弟弟家占主次两间，而哥哥只占一个次间，如某杨氏兄弟两家就是这样——哥哥住在右次间，弟弟住在左次间，并据有整个堂屋。分家之后，堂屋和右开间之间的小门则被封死。熊乙与熊小甲（化名）是叔侄关系，熊小甲的父亲熊甲是熊乙的亲大哥，熊乙拥有一栋古老的木屋的堂屋及左次间，熊甲就只能分到右次间，他把这一间又分给他最小的儿子熊小甲，其余的四个儿子都是搬迁出去，自己另立门户。又如37岁的杨丁和哥哥杨丙（化名）共住一套三开间的草顶石墙房，他占右次间和堂屋，哥哥家占左次间。哥哥家由于住房面积小，因此花了很少一笔钱就换上了水泥瓦顶，而他家这一半却仍然是茅草房，由于年久失修，堂屋漏雨积水情况很严重。一栋房屋两种屋顶，一方面反映了两个家庭经济发展水平的不均衡，另一方面也将幼子主承制的特征清楚地外化出来。

关于房产的幼子主承制，有一种解释比较具有说服力，即护幼行为的文化体现。按照这说法，长角苗族群为了保证自己的后嗣能够都获得稳定的生存机会，父母们会鼓励成年和即将成年的子女结婚另立门户，年长的哥哥们生存能力相对弟弟而言都要强很多。尚不具备生存能力的幼童依赖于母亲，因此总是留在最后。我们在长角苗人的村寨里进行调查的时候，也确实没有遇到任何一例父母将堂屋分配给长子的情况。

（五）与房屋有关的信仰崇拜与巫术

长角苗人精神世界的丰富，除了大量的神话故事与音乐、绣染可以证明之外，精神信仰与巫术活动也是其中非常重要的文化事项。罗义群在《中国苗族巫术透视》一书中深入探讨了苗族社会为何盛行巫术的问题，他认为："苗族受万物有灵论的影响，认为鬼神无处不有。因此，为了使一切顺利，就必须借助那些可能与他为善的超自然力得以保证，或者防范那些可能对他施害的超自然力以避免灾星。要达到这两个目的，苗族认为非通过巫术不可。"[①]至于房屋建造领域，巫术的因素亦不可能缺席，民国时期刘锡蕃曾在"苗荒小纪序引"中提到"苗族崇信神巫，尤甚于古，婚丧建造，悉以巫言决之"[②]。

1. 信仰崇拜

（1）祖师崇拜

长角苗的建筑工匠行业有自己的职业信仰对象，其中最重要的神与汉族同行一样，是中国建筑行业的祖师——鲁班。

鲁班，姓公输，名般（音盘），东周鲁国人，被古人尊称为"公输子"。在有些古籍里也称他为"公输盘""公输般"或"鲁般"。鲁班大约生于周敬王十三年（公元前507年），卒于周贞定王二十五年（公元前444年）以后。

鲁班出生于世代工匠的鲁国公输家族，是我国古代文字记载最早的能工巧匠与技术发明家之一，中原史书对其人有很多记载。《墨子·公输》

---

① 罗义群.中国苗族巫术透视［M］.北京：中央民族学院出版社，1993：29.

② 贵州省民族研究所编.民族研究参考资料第20集 民国年间苗族论文集［M］.贵阳：贵州省民族研究所，1983：8.

称："公输盘为楚造云梯之械，成。"在《战国策·公输盘为楚设机章》中，墨子往见公输般时说："闻公为云梯。"二者皆证明鲁班造云梯的事迹。《墨子·鲁问》记载：从前楚越水战，因"楚人顺流而进，迎流而退，见利而进，见不利则其退难。越人迎流而进，顺流而退，见利进，见不利则其退速"，致使楚败于越。鲁班初到楚国后，就首先让分制造了一种叫作"钩强"的兵器，大败越军。《墨子·鲁问》记载："公输子削竹木以为鹊，成而飞之，三日不下。"

鲁班在建筑行业祖师地位主要得益于他在木工工具方面的贡献：春秋战国时期，建筑木工的生产技术水平已达到相当高的水平，鲁班和当时的工匠建造房屋、桥梁，都离不开木工工具。《孟子·离娄》说："公输子之巧，不以规矩不能成方圆。"说明当时已有"规"与"矩"这两种木工测量工具。今天的长角苗人还会制作一种叫作"鲁班尺"的工具。

> 在梭戛长角苗建筑工匠中，至今还流传着一些关于鲁班的传说与禁忌，例如木马（杩杈）的传说。据陇戛寨的木匠们说，相传鲁班发明了木马，当时他做的木马可以在天空中飞行。每天天蒙蒙亮的时候，鲁班都要骑着它去很远的地方做活。晚上很晚才飞回来，为的是不让鲁班的老母亲看到了吓坏。老母亲一直很奇怪为什么儿子每天早起晚归，于是就趁半夜披着一件单衣偷偷到屋外面去看，最后发现了这个木马，于是骑上去。木马腾的一下就飞起来了，一直飞到一个荒远的雪山上。鲁班发现母亲被冻死了以后，悲痛难当，后来就立了个规矩：今后女人和孩子再也不许碰触木马！

这个故事几乎在所有敬奉鲁班为祖师爷的木匠群体中广为流传，当然，也使木工这项营生为成年男性群体所垄断。关于木马的禁忌直到今天还挂在长角苗木匠们嘴边。虽然小孩们并不担心被木马带到雪山上去，而经常在木马上玩耍，但是木匠们有时候也会拿这个故事来向孩子们唠叨。实际上是因为他们不希望看到孩子们从木马上摔下来，或者在毫无安全保护的木作施工场地上发生其他的危险事故。

前面所说的"鲁班尺"在长角苗木匠们口里也屡屡被提到。陇戛寨"老班子"木匠熊玉明说，跟师学的木匠跟自学的木匠有一个很大的区别就在于其会不会做"鲁班尺"。那么鲁班尺究竟是什么样的东西呢？长角苗居民们中间有一种说法：鲁班尺是鲁班发明的一种法器，木匠拿着它在房梁上行走，房梁的宽度可以从一两尺变成一两丈，这样，拿着鲁班尺的木匠可以放心大胆地在房梁上小跑而不会跌落下来。木匠们自己还有一种说法，高兴寨木匠熊国富说，鲁班尺只是"老班子"们懂得的一种有法力的木工测量工具，但我们尚没有发现长角苗村寨中有能说清楚鲁班尺如何使用的人。《鲁班经》是盛行于中国传统建筑行业的一本法术书。《鲁班经》"鲁般真尺"一文说：

> 按鲁般真尺乃有曲尺一尺四寸四分，其尺间有八寸，一寸准曲尺一寸八分。内有财、病、离、义、官、劫、害、本也。凡人造门，用依尺法也。假如单扇门，小者开二尺一寸，一白，般尺在"义"上。单扇门开二尺八寸在八百，般尺合"吉"上。双扇门者用四尺三寸一分，合四禄一白，则为本门，在"吉"上。如财门者，用四尺三寸八分，合"财"门吉。大双扇门，用广五尺六寸六分，合两白又在吉上今时匠人则开门阔四尺二寸乃为二黑，般尺又在"吉"上。及五尺六寸者，则"吉"上二分，加六分正在吉中，为佳也。皆用依法，百无一失，则为良匠也。[①]

根据上文，我们可大致了解到鲁班尺是一种神秘的、带有一定巫术色彩的建筑测量工具，其刻度与普通的尺寸刻度稍有区别，匠人们可以用它来计算出门板等建筑部件的尺寸究竟为多少才能确保吉利平安。这和长角苗木匠的解释基本上是吻合的，由是可见，长角苗木匠"老班子"的专业知识结构受传统汉族民间文化影响十分深刻。

因为木工、石工技术及各种传统的建筑工具主要是由四川的汉族木匠传到梭戛的，这里的木石二匠传统上同中原汉族一样，都顶敬鲁班先师。

（2）自然崇拜

在梭戛乡一带，先前有很多村寨，包括苗族、布依族、穿青人村寨

---

① （明）午荣.新镌京版工师雕斫正式鲁班经匠家镜［M］.李峰，整理，海口：海南出版社，2003：39.

都有祭山的自然崇拜仪式，祭山又叫"祭箐"，或者"祭神树"。相传在古代，长角苗先民们正是依靠森林获取食物和躲避敌人的追杀，同时原始森林也给他们提供了建造房屋用的木材，民国时期尚有很多直径在两人合抱以上的大树，有的大树只需要一棵便可以修成一栋木屋。出于对森林树木的感恩，村民们都习惯在寨子附近保留下1—3小片天然树林，作为膜拜祭祀的对象，即神树林。陇戛、小坝田两个寨的长角苗居民目前尚保留着神树崇拜的传统，每年3月的第一个龙场天，就会用买来的鸡作为祭品在神树前当场宰杀，并占卜鸡卦，将占卜后的卦骨（鸡大腿骨）和一些鸡血、鸡毛留在神树身上，以示敬畏与感激。其他的长角苗村寨虽然还保留着神树林，但祭山活动已经在2000年以后逐渐停止。其他如乐群村布依族、老高田寨穿青人的祭山仪式活动在1960年以前就已经废止了。

值得注意的是，在祭神树时，祭祀者会用小树枝搭建一个并无实用意义的小祭台，这种小祭台是用顶端开杈的树枝作柱，用两端都没有开杈的树枝作枕，运用了很多原始的木构建筑原理。这种小祭台的制作方法极可能显现出了他们脑海里残存的最简朴的一些传统建筑技术知识。

（3）数字崇拜

梭戛长角苗人在建筑施工及相关信仰活动中对吉利的数字十分喜欢，他们所喜欢的主要是"8"和"12"这两个数字。

对数字"8"的喜好源于南方汉语中"八"与"发"的谐音，俗话说"要得发，不离八"，是为祝愿这一户人家将来可以发财发福。这种习俗自古就有。长角苗人虽然平日使用自己的语言，但与外界交流还是普遍依赖汉语。对于吉祥如意的祝福，不论是因为汉语谐音还是别的什么原因，只要是他们能够理解的，也十分乐意接受并容纳到自己的价值观里面去。建筑领域里用"八"的情况十分普遍，用陇戛寨熊玉文的话说："按农村的规矩，

图2-29　陇戛人祭山时使用的小祭台（吴昶摄于2005年）

要得发，不离八。"例如开山取石做"开山鸡"仪式必须是在早晨8点钟；修建木屋时最高的中柱高度要么是一丈四尺八，要么是一丈五尺八，要么是一张六尺八……总之，都是为了取"八"——"发"之意。

他们对数字"12"的普遍好感主要体现在礼金、红包、祭祀这方面。因为一年有十二个月，长角苗人家希望每一个月都会给自己带来好运气，所以他们管这个数字叫作"月月红"。周边的各族居民也有这个说法，应当说是一种地方习俗，而不是长角苗人所特有的族群习俗。例如在祭鲁班的时候，祭台上的斗里面要放一元二角钱，升子里面要放十二元钱，富裕一些的家庭也有放一百二十元钱的。这些"月月红"在仪式结束之后又成为赏给木匠师傅的红包，并寓有了"托鲁班祖师爷保佑，月月发红财"的象征祝福意义。建造房屋过程中和完工以后，屋主经常还要请当地的弥拉来"看"三次，并请他吃饭，给他发一元二角的"月月红"，如今已经涨到十二元，三次一共就要花费三十六元和一升苞谷。

（4）吉日与忌日

房屋动土日期需要根据主人家自己的生辰推算，推算的原理仍然是根据中国传统的甲子纪年法，贵州许多农村居民如今依然保持着至少自明代以来就在使用的按农历推算日子的习惯，他们不是按礼拜（星期），而是按十二天干（十二生肖）的顺序循环记载日期和确定赶集地点，用"鼠（子）、牛（丑）、猫（寅，即虎，当地自古多虎患，为了不让人产生恐惧的联想，遂改"虎"为"猫"）、兔（卯）、龙（辰）、蛇（巳）、马（午）、羊（未）、猴（申）、鸡（酉）、狗（戌）、猪（亥）"十二种生肖动物来形象地表示每一天，并以这12天为一个"赶场"周期，叫作"赶甲子场"。周边很多地名也是以"鸡场""狗场"命名的（明代中叶的大思想家王阳明在贵州修文县的悟道之地也叫做"龙场"，这个地名应同样被视为"甲子场"文化的产物）。在陇戛寨，人们普遍相信鸡日、龙日、狗日为常见的起房日。猪日、蛇日、猴日、猫（虎）日为动土忌日——这几天是万万不能动土的。

房屋修造好之后，主人家还要择吉日，用上好的饭菜敬奉祖先，三献家庭和五献家庭的敬法还略有一些区别，这些区别当中最明显的标志之一就是会不会出现"耗子粑"。

上梁、竣工也很讲究择吉日，大梁造好以后，就不着急了，可以请人吃饭喝酒以后再慢慢做。动土、上大梁、上大门（完工）之前要请弥拉来三次，让他看看屋里是否有妖、鬼气或者不祥或对屋主人不利的东西。弥拉最后要根据主人的生辰八字来配合，选择适合竣工的吉日。

（5）风水崇拜

梭戛苗族人居住区附近的汉族和布依族村寨都有一些通晓风水知识的人，例如乐群村的一位王姓布依族"先生"，就可以给村子里的人家看风水。他家收藏有很多风水乘舆、法术、占卜方面的纬学类书籍，这些书既有印刷品，如《鸡卦》《鲁班弄法》《水龙经》等等，也有《呼山地脉龙神真诀》等线装手抄本。而且有意思的是，他的手抄本有两种，一种是用汉字直接抄写的汉语书册，还有一种是借用汉字的谐音和象形特点，部分或全部用布依族语言抄写的书册。这说明就非物质文化的保存、保护而言，布依族居民们由于懂得文字书写，就能够自己想办法找到自己文化的寄载体；而他们的邻居——长角苗人群目前就面临着严峻的困境，因为他们长期以来就根本没有找到可以用来记载他们语言文化的文字，这些东西只能凭着老人们顽强的记忆力口耳传承着。

这些线装手抄本多是王成友自己用毛笔抄写下来的。王成友说，他正是按这些书上所教授的方法替主顾们选择阴宅阳宅，他的法术与山上（陇戛寨）苗族人的弥拉们的占卜预测有两个不同点：首先，他的作法基本上是照本宣科来推算的，而苗族弥拉们是靠"通灵"来决定；其次，他如果占卜到凶灾厄相，还可以在书中找到相应的化解办法，但苗族弥拉们往往是完全尊重占卜的结果，没有解救的办法——颇有些"是福不是祸，是祸躲不过"的意思。

长角苗人似乎并没有形成自己系统的风水观，高兴寨的建筑工匠杨成方说，看风水本来是汉族的说法，对于他们苗族而言，其实就是选位置。长角苗人家并不讲汉族先生看风水的那些规矩，一般是按照主人家的个人喜好决定的，每个人的喜好不同，有的人爱把房子修在向阳坡，有的人爱修在垭口边，选择的位置和朝向都各不相同，只要自己喜欢，都可以。

但是大多数长角苗居民还是认为把宅子的风水看好，就可以保证牛马不会生病，养鸡不会闹鸡瘟，人在宅子里面住着也不会生病，这样就很好了。他们并不了解汉族人所在意的风水朝向讲究，尤其是现在的屋主们更不在乎这些事情，倒是上年岁的老人们还知道一些。

陇戛寨一位 32 岁的弥拉了解一些关于建筑风水方面的知识。他谈到房屋的位置应该是在背靠山，而前方比较开阔的地方，并且最好是"青龙抱白虎"，也就是左面的山形在外，右面的山形在内，叫作"青龙抱白虎，辈辈出财主"。如果左面的山形在内，而右面的山形在外的话，也不算好，也不算坏，叫作"白虎抱青龙，一辈阴，一辈阳；一辈强，一辈穷"。如果房屋两边有两棵凉山树（当地的一种乔木名），开门就能看得见"白岩"（如果山的一面有天然裸露而未经植物覆盖的石灰岩表面，这一面就可以被称为"白岩"），这一家人就能诞出贵人。这位弥拉说，人为开采所造成的岩石裸露是不可以算作"白岩"的。

关于阴宅的风水，这位弥拉认为，如果死者下葬的地方风水看得好，将来这一家的后世子孙中就可以出现"贵人"。一般来说，埋人要埋在尖顶的山下，就很好，将来子孙中可以出武将。向山（坟墓正前方的山）是尖山，子孙就可以升官；如果向山是文笔山（中间一个大山坡，两边各有一个小山坡，形如笔架）的话，子孙中就可以出文官。坟墓所在的山倘若是虎形或狮子形，即大山与小山相连，埋在狮子口，也就是小山前面，家里就要出大官；埋在山腰上也很好，但是具体如何好法，他也说不清了。

周边汉族居民传言，苗族人看风水是使用他们独特的"木刻刻"——一种两边带有锯齿纹路的木尺来测算风水和建房时间的凶吉，这位弥拉对此予以否认，他说苗族人的风水主要是按照上面所说的观察地形的方法测得的。他是陇戛寨为数不多的几个会做"木刻刻"的人，因此对此方面问题的解释还是很重要的。

2. 巫术

（1）开山与下石

在所有的民宅建筑开始破土动工之前，第一道工序总是采集石料，俗话叫作"开山"，因为无论木屋、土墙房还是石墙房，都需要一个稳固的地基，这就不得不倚赖于石建筑材料。由于古代采石需要费很多精力，而且也容易发生危险，因此梭戛的长角苗匠人们在开山的时候需要祭"开山鸡"，念《开山鸡诀》祈求鲁班祖师爷（或张师傅）和各路神灵襄助，他们用一只红色羽毛的雄鸡作为献祭品，用鸡冠血和鸡毛涂在岩石上（这个仪式在湖北恩施、利川的石匠开山过程中也有，而且几乎完全相同），同时还要念《开山鸡诀》。

《开山鸡诀》言简意赅，颂念一遍即可，时间很短，都是用当地苗语念的，以下是高兴村高兴寨建筑工匠杨成方唱念，熊光禄翻译的《开山鸡诀》：

> 你这只鸡是从哪儿飞来？是从黑龙大海那边飞来。别人都说你没用，但是鲁班师傅说你是一个开山鸡。[①]

杨成方颂念整段诀咒时，"大海""鲁班师傅""开山鸡"这几个重要词语因无法被翻译，他都是使用的汉语西南官话发音，说明这极有可能是一段被苗语化了的汉语诀咒。

关于"开山鸡"的说法，除了顶敬鲁班祖师爷以外，还有一种说法是顶敬一位"张师傅"。据陇戛寨的一位熊姓弥拉说，"'张师傅'是一位彝族的神匠，会使开山破石的法术。手一抠动岩石，石头就会起来"。"张师傅"可以保佑石匠们在放炮取石料时不会被炸药炸伤，不会被石头砸伤。

除了"开山鸡"以外，"下石"（砌台基）的时候要用"下石鸡"，除了末尾词不一样以外，《下石鸡诀》跟《开山鸡诀》几乎完全相同。

下石鸡同样要行血祭，将鸡血和鸡毛粘在一块普通的石头上。祭完以后要马上宰杀，留给石匠或木匠师傅吃。

前面提到下石时受了祭的那块石头由于被赋予了神性，因此就不能跟其他的石料一起填入土石方中，而是要拿去"还山"，即在房屋背后的"阳沟"（当地方言，即阴沟）附近找个隐蔽的地方埋藏起来。据说倘若跟其他的石料一起填入土石方中，会导致地基不稳，房屋倾倒。长角苗工匠们都认为，下石鸡的献祭对象就是鲁班祖师爷。

（2）上梁仪式

对鲁班祖师爷的崇拜现象更多体现在木屋建造过程中的一些仪式上，例如建房之初，倘若地基已经筑好，就要一边立柱、穿斗、穿枋，搭好屋

---

① 笔者后来在湖北恩施芭蕉乡的田野调查中也采集到了用汉语念的《开山诀》，内容与此译文大部分吻合。

架，一边在未来的堂屋正中设一个顶敬鲁班祖师爷的神坛，边修造，边献祭。以下是陇戛寨居民熊玉文所述修造木屋时敬鲁班仪式的基本过程（见图2-30）：

A. 屋主人在方桌脚下烧三张钱纸；

B. 将事先准备好的公鸡抱出来，用手指将鸡的肉冠掐出血来，并将鸡血滴入置放在斗正中的水碗里；

C. 开始念敬鲁班的祷词；

D. 把斧头、凿子、锯子三样物件放在斗上；

图2-30　根据熊某文口述所绘的上梁仪式中"祭鲁班"时所用的供桌

E. 念完祷词后，将公鸡栓在方桌的左前腿上；

F. 开始正式动工，首先立中柱，经过两三个小时，立好各柱以后，方可撤去升、斗；

G. 用刀在左中柱上砍三刀，喊"正房起""负房起"各三声；

H. 娘舅家的人带来一根大木，并将其一剖为二，"一为正梁（大梁），二为印梁（堂门正上方的梁）"，并买来一丈二尺长的红布和鞭炮来放；

I. 娘舅家送来1.2元钱（后来涨到12元、120元不等，用"十二"是取"月月红"的吉利之意），木匠方才开梁口，将大梁拉上柱顶，在大梁中间置一块红布，再覆盖一块白布，最后覆盖一块黑布，三块布都只有五寸见方，用斧子和四枚侧立起来的硬币将三块布钉在梁上；

J. 在印梁正中处画一条龙或者蛇，并写上"紫微高照，万宝来朝"字样，写完以后，木匠高喊："上梁咯！"

K. 娘舅家要请一个会说"四句"的人来和木匠师傅，爬一枋，就要说一句；

L. 大梁上好以后，吊一桶水到大梁中间，开始抛洒上梁粑粑和铜钱（解放以后改为硬币），木匠师傅与娘舅家来的人轮换着抛洒上梁粑粑，仪式即告完成。

（3）扫寨仪式

每逢农历"三月三"，陇戛等寨都要举行一年一度的除秽驱邪的仪式——"扫寨"，此项活动的组织者和每次具体结果的解释权所有者是本寨的弥拉。"扫寨"时，每家每户要从大土灶的灶膛外抓一把灶灰装进小口袋，然后让"扫寨"的人用一棵小竹枝挂起来带到寨子外的三岔路口扔掉。

陇戛人相信，"扫寨"可以求神保佑陇戛不闹牛瘟、猪瘟、羊瘟、鸡瘟，人不得传染病。祭山则可以保证气候好，没有白雨（冰雹）、暴雨，风调雨顺。总之天灾人祸都可以经过这个热闹的仪式得以祛除。

从这个仪式的形式和相关解释来看，其所针对的问题应该主要是传染性疾病，他们在很早以前就意识到有一类疾病与关节炎、咳嗽不一样，是可以通过媒介环境在人与人之间传播的。但是他们的解释是这些问题都不是由病毒或细菌，而是"鬼"引起的。他们理解的鬼近似于某种跟人一样具有着高级智商和理解能力，并对人构成威慑力量的善于隐身或变身的物种，也遵循着某种趋利避害的生物规律，因此也可以用一种神秘方法将其赶走，尽管这种办法并不十分奏效（该寨在过去几乎每年都会发生传染病事件，实质上说还是卫生防疫工作抓得不够，与鬼神无关），但"有总比没有好"完全是寻求一种心理安慰。

吴泽霖、陈国钧先生曾以人道主义立场简要评价过这种状况：

> 苗夷民为生活限制，不能讲究卫生，在冬春寒冷之时，正因他们自然锻炼的关系，极少有生病者；但至秋夏两季难免生病。病后苗夷区内无能医者，惟听其自然，或请迷喇与鬼师来禳鬼神，迷喇一称迷婆，鬼师又称端公……每年贵州各县病疫流行，迷喇鬼师乘机活动，死亡无数，殊甚痛心！[①]

（4）驱狗术

此项巫术为碎石机械设备引入陇戛以后新发生的一种巫术，它的功能是针对狗随地拉屎的毛病，以保护建筑用的石砂。因为石砂混入狗粪后，屋主人会觉得不吉利。但驱狗术的原理却是从平时驱鬼的巫术中挪用过来

---

① 吴泽霖，陈国钧，等.贵州苗夷社会研究［M］.北京：民族出版社，2004：6-7.

图 2-31 为防止狗拉屎而插在砂堆上的草标

的，即用竹棍和草绳辫扎成几个草标，呈环状环插在砂堆上。据陇戛的一位居民说，狗能看懂这些标志，见到以后就自然不会再在附近拉屎了。但从这项试验的进展来看，并不是很奏效，因为事实上狗排泄在石砂堆上的粪便仍然很多。如果把这种驱狗术视为一种巫术的话，它

的确是一种很令人费解的巫术，若不是费大量时间去编扎稻草做成标志，甚至会令人怀疑它是不是一种巫术，因为它施法的对象并不是未可知的神秘存在，而是活的家畜——狗。但事主却又未采用人力去驱赶它们，而是费了很大的功夫去编扎许多草标（这种草标有点像"扫寨"时使用的某类道具），插在沙堆里，但如果不算巫术的话，那又是什么呢？笔者料想或许它的意义并不仅仅是驱赶想要在这里如厕的小狗，而是还有更多别的忧虑，但是很遗憾，他们说就纯粹只是为了把狗赶走。或许在中国传统文化中，狗的粪便作为一种污秽之物，通常被视为黑巫术的道具，狗屎会有不吉利的暗示，而对于建筑材料而言，避免各种不吉的措施则是必须的。

（六）民居建筑中的装饰艺术

1. 木构民居建筑中的装饰工艺

（1）门簪（门头）

门簪，是中国传统民居建筑中常见的部件之一，无论在南方还是北方的古代民居建筑中，我们都不难发现门簪的踪影，可以说这种门轴固定技术是中国民居建筑的传统技术。在贵州，特别是苗族聚居区有很多的木构建筑保留了这一特色。梭戛长角苗民居建筑中的门簪亦有其特色。在当地汉语口语中，门簪通常被叫作"门头"，因为它们总是在门楣外侧露出其雕饰成花朵或其他形状的簪头部分。

顾名思义，门簪的形状和原理跟古人绾头发的簪子是大致相同的。门簪由簪头、簪体、门簪插销、门簪板四部分构成，我们所看到的总是成对

出现在木结构民居建筑的门楣上的部分是簪头。簪头必然成对出现，左右两个簪头的形状必须保持一致。

门簪的特点是利用榫卯原理，通过门楣背后的一块门簪板将一对门板的上下轴固定在门楣和门槛内侧轴孔中，这样就可以使两扇门板灵活地开合转动而不至于垮掉（见图2-32）。

苗族普通人家的门簪头一般比较朴素简单，多为正方形、倾斜45度角的正方形、圆柱体形状或圆球形状。富裕一些的人家通常把门簪头做成花卉图案。我们在陇戛寨常见到的十字花纹样的门簪头，

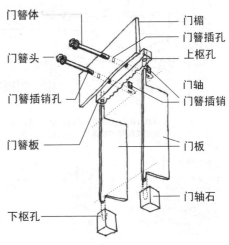

图2-32　门簪的结构与工作原理

大多是2002年由贵州省文物处委派黔东南古建筑施工队赴陇戛寨对10户木建筑老宅进行重建和维修时的设计造型。陇戛寨现保存最古老的门簪是熊朝进家的一对门簪，约有140年以上的历史。其结构比较复杂，分三层：上层为南瓜状，直径13厘米，厚7.4厘米，由28条瓜楞组成。瓜楞呈旋涡纹，最终汇聚于瓜面正中心凹陷部位。中层略薄，厚度为4.2厘米，由表面布满辐射状褶皱纹的花托做成波浪起伏的正五边形。下层为周身刻有34条竖棱纹的圆盘，厚度为4.8厘米。小坝田寨王开政家的百年老木屋门楣上也有一对这种样式的门簪头。除此之外，我们没有在周边其他非箐苗族群的民居建筑中见到过，很可能这种门簪头造型与长角苗族群有着非常密切的关系。当地长角苗木匠们习惯称这种门簪造型为"萝卜花"。

我们将搜集到的门簪头样式归纳了一下，发现至少有8种造型。只要对这8种造型稍作对比和分析，我们就不难发现它们之间有着密切的关系。

造型手法简单的门簪头包括方柱体、圆柱体（C）、球体（D）。其中方柱体又分平置式（A）和斜立式（B）两种。

圆柱体造型的门簪头（C）是制作起来最简单的门簪头，因为木料的天然形状就是圆柱体，只需要将材料拦腰锯断，并去掉树皮，略加切削，

图中标注：

门簪体　　门楣
　　　　　门簪插孔
门簪头　　上枢孔
　　　　　门轴
门簪插销孔　门簪插销
门簪板　　门板
　　　　　门轴石
下枢孔

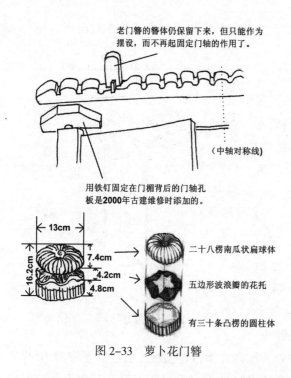

老门簪的簪体仍保留下来，但只能作为摆设，而不再起固定门轴的作用了。

（中轴对称线）

用铁钉固定在门楣背后的门轴孔板是2000年古建维修时添加的。

二十八楞南瓜状扁球体

五边形波浪瓣的花托

有三十条凸楞的圆柱体

图 2-33　萝卜花门簪

形状就出来了，如陇戛寨杨德忠家，2000年以前他们家所延用的旧门簪头就是这种类型。这种样式基本上没有体现出人类的艺术思维特长，仅仅是考虑其功能实用性。杨德忠说，以前的门头大部分是不用雕花的。

平置式方柱体造型的门簪头是将圆柱体切削出互呈直角的四个侧面而成的门簪头样式，比起圆柱体而言，这就出现了人为设计塑造的因素。

斜立式方柱体与平置式方柱体的不同之处在于门簪头对于穿入门楣的榫眼而言呈45度角的水平倾斜错动。球体状门簪头（D），如陇戛老寨熊玉方家的门簪头（1973年请汉族木匠所做）就是这种样式，它的造型又比平置式方柱体多了一层"错位"的构思理念。

球体造型的门簪头也是从圆柱体的基本形态演化过来的。树干天然的圆柱体形态增强了工匠们在设计造型时联想到球体形态的可能性。他们如果将圆柱的横截面按"滚刀边"慢慢切削，就会得到一个球体或者扁球体状的半球面。计算好门簪体所需要的长度和直径以后，门簪头的另一面也可以慢慢切削成与之相匹配的球面或者扁球面。与前面的几种造型相比，球体造型的门簪头打破了门簪头必须是断面的惯例，体现了制作者的圆雕意识。

"小萝卜花"造型的门簪头（G）如今可见于陇戛老寨杨光家。它的基本形态是圆台体——介于圆柱体和球体之间，顶端为小的圆型平面，因此可以说既包含了圆柱体的因素，又包含了球体的因素在里面。而且，"小萝卜花"造型的门簪头表面上开始出现犬牙交错状的槽纹，圆台下面也出现了花托状的底座，簪头被分成了前后两层，这就使它的结构更趋于复杂化了。门簪头有了明显的装饰意义。

"萝卜花"造型的门簪头（H）则是在"小萝卜花"的形式上更趋复杂。制作者显然对烦琐细密的装饰效果十分着迷，旋涡纹、细密的竖楞纹、辐射纹、南瓜体、镂雕的五边形花托、前中后三层结构——这些设计充分反映出制作者内心丰富多样，充满乐趣的想象力及其娴熟精湛的造型技法。

"十字花"门簪头样式（E、F）是在陇戛寨 2000 年古建筑维修以后才出现的，它的造型特点是利用斜立式方柱体的方形面进行花卉题材的浮雕创作，并在其余四个面各雕刻 7 条棱柱纹。这 28 条棱柱并非均匀排列或任意刻画的，而是沿着 28 个花瓣的外轮廓平移下来的轨迹，因此这种造型具有典型的浮雕特征。如图 2-35 所示，F 为杨德忠家 2000 年改换的新样式的门簪头，其造型与

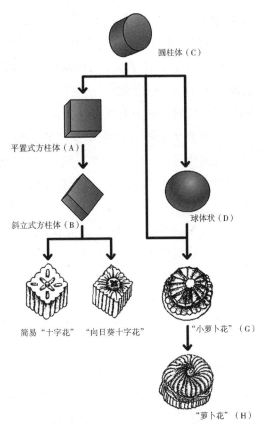

图 2-34　梭戛长角苗民居建筑门簪头谱系

（E）　　　　　　　（F）

图 2-35　两种十字花门簪头

乐群村布依族居民陈光荣家的门簪头十分相似，都是在斜立式方柱体的原型上细细雕刻而成的向日葵图案，向日葵的上、下、左、右 4 个花瓣比较夸张，呈现出十字花科植物的一些特点。E 为杨德学家的新门簪头，是他自己仿照邻家的样式做的，造型比较粗糙简陋，显然只是用凿子凿成的，

是对前者样式（F）的一种简单模仿，虽然出自苗族工匠之手，但比起"小萝卜花"或者"萝卜花"而言确实要逊色很多。我们注意到，"向日葵十字花"（F）的造型图案与中国解放初期的公共建筑和纪念碑上的向日葵浮雕造型方法十分相似。从时间上来看，这种类型的花纹都产生于1949年以后，应属于一定时代政治文化背景下的产物。

　　虽然我们能够意识到这些门簪头造型应该而且必须有一个由简单到复杂的演化过程，但事实似乎给我们制造了一个完全相反的结论，那就是现存越古老的门簪头，其造型越是复杂，而制作时间越是靠近今天的门簪头，其造型反而越简单（贵州省文物处对陇戛寨10户老宅重建时采用的设计方案除外）。实际上，这涉及的是另外一个问题，就是纪念意义或者说文物价值问题。"物以稀为贵"这条价值法则从古到今一直发挥着重要的作用，例如黄土高原上出土了西周时期的穿孔海贝，只能说明它们是古人在当地留下来的财产，而不能说明当时此地就是沿海地区。同样的道理，长角苗民居建筑里"萝卜花"造型的门簪头能够保留到今天，并不能说明140多年以前就没有其他造型更为简单的门簪存在，倒是能够说明对于长角苗居民们而言，这是造型奇特，值得保留下来的纪念物。而从圆柱体门簪头到"十字花"或者"萝卜花"造型的门簪头这一演变过程更多的是蕴藏在建筑工匠们的思维逻辑之中。

　　门簪板（见图2-36）有矩形、锯齿形、波浪形和莲瓣形，它们是两扇大门的上门轴最直接的固定装置，因此两端各有两个朝向地面的小轴孔。矩形是最为常见的一种门簪板造型，解放后修建的绝大多数木屋建筑都使用这种朴素的门簪板，它只是一块厚度不到二指宽的普通木板，身上没有体现出任何装饰性因素。锯齿形的门簪板只见于陇戛寨百年老屋熊朝进宅中，17个齿头都是圆形，均匀分布在门簪板朝向堂屋的边缘上。波浪形的门簪板（见于陇戛寨熊玉方宅）状貌如同从两边滚滚向中轴线而来的汹涌波涛。莲瓣形的门簪板只见于2000年古建维修之后的一部分维修户宅中（如陇戛寨杨德学宅）。无论门簪板的造型多么奇特，却有一个一成不变的法则，即门簪板左、右两边总是关于门缝中轴线对称的。

　　门簪体的尾梢造型大致可分为方头、圆头和弯头三种样式。方头的门簪体最为常见，制作起来也最方便。如陇戛寨熊玉方宅采用直头的门簪体，只需要将一小段圆木的五分之一保留作为雕刻门簪头所需，而剩

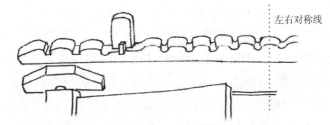

左右对称线

熊朝进宅（距今约140年前的旧宅，2000年改建以后，门头已不再起实际作用，仅作装饰）

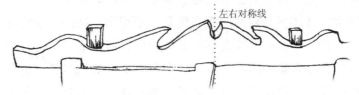

左右对称线

熊玉方宅（1973年由梭戛乡苏家寨汉族木匠曹顺昌制作）

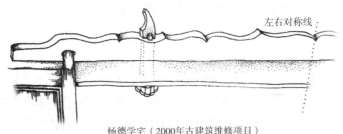

左右对称线

杨德学宅（2000年古建筑维修项目）

图2-36　三种不同样式的门簪体和三种不同样式的门簪板

余的部分都可以用锯刨，甚至斧砍刀削的办法做成横截面为宽矩形的榫头。圆头的门簪体则是在方头门簪体的基础上作了一道修饰工艺，即将横截面切削成圆弧形，这样既比较容易插进门簪插孔里去，又具有圆润的美感。陇戛寨熊朝进家的门簪板被制作成圆弧边的锯齿状，正好与门簪体的圆弧形的尾梢相协调，使整个门轴系统看起来十分古朴典雅。尾梢为弯头的门簪体则来历不明，按梭戛生态博物馆徐美陵先生的说法，尾梢为弯头的门簪体只见于苗族人的建筑之中，其他民族没有。它的弯角造型模仿的是牛角，象征着长角苗居民对牛的崇拜——正如他们的妇女绾在脑后的牛角状大木梳一样。然而，根据我们观察，虽然在一些未经改造的旧民居中确有弯头的样式，但是不仅苗族，包括汉族和布依族的民居（如乐群村陈光荣宅等）中都偶有现身，可见这种样式是一种地方性的共享传统，而不是某一民族或族群所独有的传统，与长角苗族群

第二章　梭戛长角苗建筑及与之相关的文化

91

自身的历史并不一定有着图腾意义或者象征性的对应联系。在2000年古建维修中得以翻新的陇戛寨10户民居建筑中，多数换成了簪头为十字向日葵花、簪尾为牛角弯头造型的新木质的门簪样式，明显可见这是相关部门的施工方案内容之一，至少不具备在建筑领域为长角苗"牛图腾"立论的说服力。至于在安柱新村的房屋墙体上人们所看见的牛头窗孔也只不过是建筑设计部门的凭空附会，外人强加的图腾符号无法说明任何历史本貌的问题。有必要指出的是，当地汉族民居建筑中的门簪簪头多是八卦图案，簪体多是直的。而在陇戛、小坝田、高兴一带的苗族民居虽然多数门簪体是直的，亦有不少老房的门簪体做成向两边弯曲的牛角状，但这些苗族人家的门簪头没有一个是做成八卦图案的。这至少可以象征性地说明在弥拉信仰系统下的长角苗村落里，道教文化所带来的一系列巫术符号在当地苗族村寨中也并不那么容易深入人心。

（2）花窗

古人称窗为"牖"。《说文》牖（yǒu）字条解："穿壁以木为交窗也。"即"凿穿墙壁，用木板做成横直相交的窗棂"。长角苗人家工艺最原始的窗户即是在木板墙壁上砍挖出来的正方形窗洞，简单到连横直相交的窗棂都没有（见图2-37）。在锯子传入长角苗村寨中来以后，也有许多窗户是锯出来的（如高兴寨熊开文家），后来有了刨类工具，就出现了窗棂。

长角苗村寨中有花窗的人家并不多见，有的也只是比较简单的样式，如陇戛寨熊玉方宅（A）、杨成达宅（B）、杨学富宅（C）（见图2-38）。比较之下，我们不难发现这三户人家的花窗都出现了一种图案，即"卐"图案，这种图案是窗花图案中最为常见的一种，形制结构颇类似编制的竹席，一说也叫作"卐字花"，与佛教文化有着一定的关系。虽然它的渊源我们无从定论，但有一点是可以肯定的，那就是这种花纹图案显然与古代汉族居民的生活方式关系要更为密切一些。

图2-37　高兴寨一户人家的窗户（吴昶摄于2006年）

穿榫技巧十分讲究的木质花窗格是南方民居常见的建筑装饰工艺。陇戛寨的花窗主要采用榫卯原理将各种尺寸的四方棱木条拼接成复杂的分割图案。"卐"元素或者被画在每个九宫格子里机械排列，如图2-38（a）所示；要么改单线条为双线条，略作长宽变形，均匀分布在中心空白窗眼的四周，如图2-38（b）所示；要么就将某些部分反转过来，作成左右对称的合抱形象，如图2-38（c）所示。图C中还出现了"田"字纹和斜菱形纹。这些图案与湖南湘西地区苗族民居的花窗相比较而言可以说简单朴素许多，木条也要粗一些，主要呈横向和纵向穿插，斜向穿插的木条很少，曲线型的木条则没有。木条及窗棂没有装饰性的雕饰花纹，也没有鬃上桐油或生漆之类考究的养护措施。

a   b   c

图2-38　陇戛寨的三种花窗样式（吴昶摄）

花窗并非所有能修造房屋的木匠都可以制作，所谓慢工出细活，花窗制作需要一定的耐心和时间，因此属于小木作一类活计，需要擅长细木工活的木匠才可以完成。长时间以来，高兴村一带的苗族木匠都是不会做花窗的。陇戛寨熊玉方家石墙房上的花窗是他1973年从部队复员回家后请梭戛乡苏家寨汉族工匠曹顺昌所造；杨学富家的花窗则是1988年由织金县呢聋村大田寨的汉族木匠李龙明所制造。时至20世纪80年代末，高兴村高兴寨以家具、门窗为主业的木匠熊国富的出现才打破了这一局面。

（3）花檐板

花檐板又叫风檐板，常见于悬山式屋顶两坡面的檐下，因为传统的风檐板的下缘往往被锯成了各种花边形状，所以才叫花檐板。这种花边造型在南方很常见，比如广东、福建的汉族民居住宅中，还有鄂西南、渝东、湘西的土家族、苗族和黔东南苗族、侗族所居住的吊脚楼建筑中都经常可以见到。它有莲花瓣、锯齿、弧边等各种造型，是南方民居建筑装饰审美系统的重要组成部分。花檐板一方面起着阻挡雨水流入房内的作用，另一方面又使屋顶与墙体结合部显得整齐好看，具有装饰作用。

花檐板适用于各种木屋、土墙房和非混凝土顶的石墙房、砖墙房，也无论是歇山或硬山，只要屋顶是两坡式，且需要木质的大梁作支撑，两坡的外缘就必须由花檐板遮挡。花檐板必须用铁抓钉或钉子固定好，然后再钉上止墩，才可以在上面钉椽板。在安装好以后，两端离石椽头的高度如果尚有落差，就需要用石块和锯下的木墩作垫抬起花檐板。

梭戛长角苗人家的花檐板造型比较简单，多为锯齿状，或者没有花纹，经古建维修以后的 10 栋木屋大部分被换成莲花瓣状的花檐板。但是如今这道花边已经被他们简化成粗糙的平直木面，年轻一代的木匠师傅认为锯花边是一件麻烦事，因此不再做花边了，但花檐板这个名称还是沿用至今，只是越来越多的人称其为"风檐板"了。

2. 石墙民居建筑中的装饰工艺

在长角苗人群长期栖居的梭戛北部山区，早期的军事建筑如大屯山和小屯山营盘还基本上是依山形草草而建，既没有煤渣粉石灰混合物或者水泥这样的专门黏合剂，也没有太多的造型章法方面的讲究，因此石头与石头之间的空隙比较大，如今墙体坍塌处比比皆是。高兴村一带的民居石墙体建筑是在 20 世纪 50 年代崭露头角的，但真正意义上大规模建造却更晚——只在 70 年代初和 90 年代以后掀起过两次比较大的高潮。由于民居石墙体建筑的起步非常晚，关于石料如何运用才能达到坚固、美观、实用的要求，长角苗居民们也是在不断地向周边各族邻居"取经"和自己实践摸索中总结出的一套经验办法。在这些经验办法中，也包含了一些与实用价值紧密结合的朴素美的因素，这主要体现在他们在修造房屋时如何安排各种石料所放的位置，以及对各种石材的刻意修琢造型方面。

石匠们可以熟练地借助吊线和墨斗在平石料表面上作印记，然后用钢钎和锤子（或小斧背）按照墨线印记凿平石料的表面。许多的"材料石"表面上留有交错填充的平行线凿痕，为了达到石料表面平整的目的，用钢钎刻凿的时候要注意用力均衡，凿纹是大体上互相平行的直线，如能凿成这样，墙面就会显得比较平整。虽然还有很多石墙建筑是用未经刻凿平整的腰墙石直接砌成的，但这些现有的技术表明，在石匠行业起步非常晚的梭戛北部山区，匠人们已经非常善于用钎凿技术整平石料表面了。

（1）腰墙石

腰墙石，即构筑墙体的主要石材，体积小而不规则，是通过爆破或钎凿手段从岩体上分解下来的，除了有的人家经济条件允许，在腰墙石外侧面用钎凿的办法打理得略平整之外，并没有太多的工艺。但一些石墙体建筑的石料布局还是有讲究的，比如最大的石块要放在下面靠近地基的地方，越小越往上放，最小的石块则放在墙体最上面，这样一方面有利于墙体的稳定，另一方面也使墙体的外观体现出一种松紧有序的秩序美。陇戛寨、高兴寨都可以见到这样的石墙房。也有的石墙房并没有按照"下大上小"的方法来砌墙，但也是上下大小差不多，绝少出现"下小上大"的情况。

（2）隅石

隅石是指石墙体转角处所使用的形状特殊的石料。隅石位于墙角处，它的周正与否直接关系到整个墙体的稳固程度，因此需要有十分平直且有一定长度的表面。由于这些石料体积比较大（有的长度甚至超过1米），爆破技术容易使岩石碎裂成小块，因此一般只能用钎凿锤打的办法获取，梭戛当地汉语称这种大石料为"材料石"。隅石是材料石的用途之一，其加工方法比腰墙石麻烦一些。首先，用作隅石的材料石大多数都是长度在30—120厘米左右的长条形状，并且要将其凿打出两个或三个比较平整的表面。相邻的平面之间必须是互相垂直的，这就需要事先用墨斗和曲尺或其他工具将其表面作出记号，然后才凿得出来。

隅石的排列也有讲究，从下到上要互相错开排列，因为它们的形状通常是扁的，有延伸出来并且外缘很不规则的一边，比如房屋右前角第一块隅石是侧向山墙，那么上面第二块隅石就应该侧向正墙，第三块再侧向山墙……在从梭戛到六枝以及六枝到新窑乡的公路附近，有大量汉族民居建筑，都循同此理，这与欧洲传统教堂建筑的楼体转角处处理方法如出一辙，由于长角苗居民们的石墙体民居建筑毕竟起步很晚，也很有可能受到了外来技术间接影响。

（3）门顶石和窗顶石

从结构而论，石墙房与木屋的墙体有一个很大的区别，就是墙体的拼接结合方式不一样。木屋的墙体可以采用榫卯、穿枋、槽板嵌合等办法紧密结合在一起，即使在墙体上临时开一个小窗也是很容易的事。但石墙房就不一样了，它的墙体虽然可以用水泥粘接起来，但是由于石块本身是单个的，又比较沉重，因此门和窗的位置都要事先设计、确定好，施工的时候用材料石将两边砌周正（窗户底还要用材料石铺平），然后再在门或窗户的顶上压一块略呈等腰三角形，可以骑在两边石头上的材料石。压在门顶上的姑且称作门顶石，压在窗顶上的称为窗顶石。这些石料的表面都用钎子凿打得比较平整。

一些长角苗石匠习惯于在门顶石和窗顶石的表面雕刻一些简单的装饰图案，图2-39中所描绘的窗顶石位于陇戛寨垭口杨洪国的家的山墙正中位置，石匠（杨洪国本人）采用单线阴刻的手法在石料表面刻下了一个五角星符号，并用红色油漆顺着阴刻线勾勒了一遍。图中的门顶石则位于陇戛寨杨学忠家的侧门门顶，是杨学忠的哥哥杨学才制作的。房屋原本是一栋木屋，后来改造成了石墙房。这块门顶石的表面也留下了制作者当年采用单线阴刻的手法刻下的三个互相交

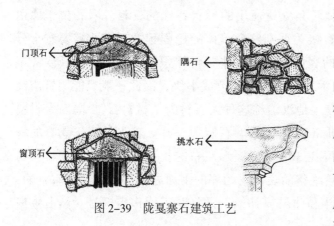

图2-39　陇戛寨石建筑工艺

叠的菱形符号。这两种符号都常见于1949年以来中国的各机关单位建筑、学校建筑以及桥梁中，是具有20世纪下半叶追求简单朴素的典型中国特色的公共符号。这些简单好记的符号给长角苗居民们留下比较深刻的印象，他们并不了解这些符号的来历与意义（甚至我们也未必能说得出其来龙去脉），但或许正因为这些符号反复出现在他们的经验世界中才成为他们装饰房屋的首选。

（4）挑水石

"挑水石"即石椽头的别称，它位于石体房屋墙体的转角处，用以承载屋顶外缘的椽角。两进式的石墙房需要六块挑水石承担整个悬山式房屋屋顶两坡的重量，并通过一层层的隔石把压力传送到地面以下的台基上。

挑水石的造型很独特，需要用长条形的材料石细细凿打成上宽下窄的船头形状。造型朴素的挑水石外轮廓是一条简单的弧边，略为讲究一点的则凿打成呈现卷草曲线或者花托曲线的剪影。

不难发现，这种对椽头造型的讲究实际上源自中国南方木构建筑的传统，在江西、安徽、湖南以及贵州的许多古代木建筑中，都有着雕刻得十分精细的木椽头，有的雕成大象头，有的雕成狮子头，笔者1998年到湖南保靖县采风时所见到的一栋民居中甚至有雕刻成象鼻托莲花的形状，即使最朴素的木屋，椽头本身也一定要用大的原木解成的枋子做成略往上翘的形状。梭戛长角苗的木屋造型虽然简朴，但也是很在意椽头质量的。但挑水石的造型不同于他们当地木屋椽头的造型特征，可能是源自这种石墙房建筑样式形成的地方，今已无法考证清楚了。

3. 混凝土民居建筑中的装饰工艺

混凝土建筑的装饰因素极少，主要集中体现在各种水泥瓦上。

（1）大水泥瓦

大水泥瓦分方瓦、缺角方瓦、三角瓦和大顶瓦四种，其制作方法因瓦的形状不同而略有差异，如做方瓦、缺角方瓦和三角瓦一类的平板瓦，只需要在水泥地面上铺上隔纸，并在纸上置好正方形的木范，就可以往内倾倒砂浆了。制作弯瓦，则需要先在地面上按规定尺寸用碎砂细心地铺成长条形的底模，为避免瓦与碎砂黏

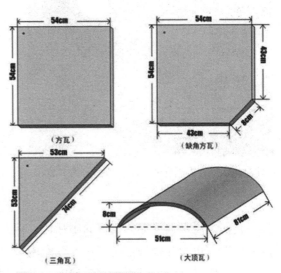

图2-40　陇戛寨部分水泥瓦的样式及尺寸

图 2-41　水泥方瓦的铺设

图 2-42　揭取凝固好的水泥瓦（吴昶摄于 2005 年陇戛）

结，要用表面无皱褶的废报纸隔上，然后将黏稠的水泥砂浆糊在报纸上，并用水泥刀将其分段切开。水泥凝固之前，先要在瓦板的一个角扎上一个钉孔。待水泥凝固变硬后，便可一块一块揭起来，摆到一旁风干（见图 2-42）；然后整理好底模，铺上隔纸，还可再做下一批。

方瓦、缺角方瓦与三角瓦是配合成套覆盖在屋顶上的。匠人们只需要用一枚水泥钉便可以将 $54cm^2 \times 54cm^2$ 的方形水泥瓦板自下而上、稳稳当当地钉在檩和椽上，边缘位置用缺角方瓦和三角瓦来补，无须再用水泥砂浆来固定。一张张水泥瓦如鱼鳞一般整齐美观，既可以盖在木屋和土墙房上，又可以盖在石墙房上，可以完全取代茅草屋顶了。

弯瓦的覆盖方法则是一仰一伏，彼此相扣——跟青瓦是完全一样的。

（2）顶瓦

顶瓦是纯装饰性的建筑附件，它们是压在大梁上的弧形的小瓦板，有大小之分。大瓦长度一般在 80 厘米左右，也有几块较长的；小瓦则跟南方民居所用的普通青瓦大小差不多。下面先用大瓦铺一层，然后再用小瓦侧立起来堆放在大瓦上，摆成两头翘起，大梁正中作镂空五角星花图案的样式，算是弥补了一些太过讲求实用的不足吧。整个过程不用水泥黏结，半个小时不到就可以完工。顶瓦在房顶上中间隆起，两头上翘，仿佛要展翅起飞，使整个房屋的形象轻盈灵动起来，不再显得沉闷呆板。

顶瓦装饰（中间部分）

顶瓦装饰（外缘部分）

图 2-43　水泥顶瓦

补空寨的一位木匠用了一个很奇怪的比方来形容顶瓦的意义，他说："这个顶瓦没有别的用处，就是为了好看，就像是娶个小媳妇，好看。"

在南方民居中，顶瓦是很常见的屋顶装饰，也原本是极富中国传统艺术特色的建筑装饰部件。在很多地方，顶瓦常常做成"二龙戏珠"等样式，但梭戛长角苗民居建筑上的顶瓦却没有这些内容，它们被做成五角星形状，或许也是与1949年以后新中国政府所习用的"红五角星"符号在民间的传播有着密切的联系。

三、其他跟建筑相关的文化事象

（一）嘎房

嘎房是一种临时性的丧葬仪式建筑。以建嘎房和杀牛祭祀为特征的打嘎是梭戛一带的一些世居民族普遍遵循的一种地方传统习俗，在梭戛一带的彝族、苗族、布依族群众的丧葬传统中都曾有过。但是这些民族打嘎的规矩又有所不同，如布依族的嘎房为六柱，模仿吞口式的阳宅；彝族的嘎房规模大，"打嘎"仪式一般不轻易举行等等。这里我们来仔细分析一下梭戛长角苗嘎房的建筑风格和特征。

凡长角苗十二寨都实行一种彼此都认可的葬礼仪式，用当地方言来讲，叫作"打嘎"（苗语发音 akio），就是"做丧事"的意思（"嘎"在当地苗语中有丧事祭奠之意）。大多数民间丧事活动都需要一个临时性的场所，"打嘎（akʒo）"也不例外，它需要的是一种可供人们举行宗教仪式的临时性的简易建筑——"嘎房"（苗语发音 gu lio）。

修建嘎房不用正式的建筑木料或土石方，而是用细且柔韧的小树条和竹条弯成两头插入土中，再以稻草缠挽树条，形成穹门，这种穹门是构成嘎房的基本建筑语言。称其为"房"是因为它有梁有柱，有供仪式之需的内、外空间。嘎房本身支架是由五根直径约 6—10 厘米

图 2-44　建造中的长角苗嘎房（吴昶摄）

的杉木作柱而立成的——四根短柱呈方阵排列，一根长柱作中轴柱，落在整个嘎房的中心点，然后将事先用同样粗的树条捆扎成形的方锥形房顶放到四根柱的顶端绑固好，并在房顶上覆盖杉树枝叶。

嘎房及周围环绕的围穹呈中心对称分布，围穹部分可以是两层，也可以是三层、四层，但最里层必须是八个呈辐射状排布的穹门；外层则是呈环抱状围绕中心的。外层的层数视"绕嘎"参与者的众寡而定，但无论多少层，都必须做成八个穹门，正对内室的四个角柱和四个室门，而且围穹的穹门之间彼此相连，并以稻草缠挽。这样使八个门在人们"绕嘎"时能够形成"四进四出"的规则，避免人们在混乱中互相踩碰。

"绕嘎"是"打嘎"活动的一项重要环节，即由死者大女婿家来的人领头排成长龙，在嘎房的围穹中绕行出入。

在绘制嘎房结构图的时候，我们发现，由于偶数倍的原因，绕嘎路线可以形成首尾相连的封闭曲线，这段封闭曲线形成的是一个形状优美的十字花图案，与长角苗妇女刺绣、蜡染图案中屡屡出现的"十字马蹄花"纹样极为相似。这究竟是一种天意的巧合，还是隐含着某种内在的寓意联系，或许值得探究。

寨子里有人去世不仅是孝家的事，而是全寨都要参与接待活动，因为

其他寨子里的亲友们都要来。他们一般会赶在举行打嘎仪式的头一天或之前伐取杉树枝条，寻来稻草，修建嘎房。而在第二天黄昏，也就是仪式结束之后，他们会一起将嘎房推倒，以示打嘎活动结束。

一座嘎房的寿命不会超过 24 小时，而打嘎的仪式必须在死人之后才可以做，因此无论仪式场面多么震撼，当地人决不会作表演性质的打嘎。

以下是 2005 年至 2006 年间我们所遇到的两个嘎房情况的详细描述，各有侧重：

1. 下安柱寨王某某葬礼的嘎房

孝家指派一个总管，总管下面有两个管事，再下面有若干小管事，修建嘎房也是要由两个管事带领孝家的子侄和亲族中的男性青年伐取树料，然后一起将树料运到嘎场上。然后各自分工，儿童一般都会扎制英雄鸟；成年人是建造嘎房的主力，他们还要制作神鼓的鼓架和英雄鸟旗杆；老人们则坐在一旁边聊天喝酒，边作技术指导，人手不够时他们也乐于替补上阵。

嘎房在打嘎的前一天中午开始建造，在打嘎仪式结束后的当天傍晚，待棺木被抬出嘎房之后，嘎房即被推倒。

嘎房的选址规则是在死者生前居住的房屋与下葬地之间的路线附近寻找一块地势较为平坦的土地作为嘎场，嘎场中心地带不能是岩石，必须是较深的土壤，以利于嘎房支柱的插入。嘎场主要由嘎房、嘎房外围穹门、杀牛处、鼓架、引路杆五部分组成。

建造嘎房所用的树料，一般必须是新砍下的杉树，高约 5 米，平均直径在 30 厘米左右，由于安柱当地杉树不易得，就用竹和冬青树代替，但必须在嘎房周身象征性地缠上杉树叶，而且也用了很多竹叶作为装饰。此外，麦秸秆也是必不可少的材料，用以缠绕嘎房的伞架和伞顶，孩子们扎制引路的英雄鸟用

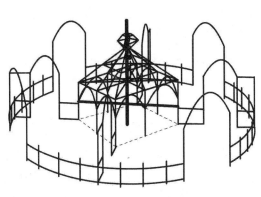

图 2-45 长角苗丧礼上嘎房骨架结构示意图

的也是麦秸秆。

长角苗的嘎房底面近似正方形，四条底边正对着东、南、西、北四个方向，其形如一把大伞，支柱由一根中轴柱、四根角柱和四根边柱组成，形成八个小门，每个小门的上缘都用细树条弯成穹形，以稻草捆绑固定。嘎房内从东至西绑了一根木杆，棺木停放在木栏杆的南边。伞盖部分整体呈四棱锥体形状，伞盖上方的枝条折成灯笼状的伞顶。伞盖与伞顶都以稻草、杉树叶缠饰，树条转折和交叉处都要缀上一只形状简易的英雄鸟，鸟尾朝向棺木，鸟头朝外、上翘。嘎房顶上和引路杆上各有一只扎制精细的英雄鸟，它们的头都朝向西方，因为当地人相信，死者的魂灵将在英雄鸟的指引下向西而去。

2. 高兴寨 2006 年 2 月 20 日杨某葬礼上的嘎房

嘎房主体正对东、南、西、北。中轴柱为杉树，直径 13 厘米，高约 600 厘米，顶端树冠保留。其他支柱大小不一，平均直径在 10 厘米以下。柱体除有麦秸秆缠饰以外，麦秸秆所缠之处都插入白色的麻杆（长短不等，多数在 27 厘米左右）予以点缀。树条之间用麦秸圈和藤条捆绑固定。

除杉木外，所使用的材料还包括樱桃树和桦槁树。

英雄鸟只见于引路竿顶端，呈张喙散尾状，鸟首向西，制作较 2 月 15 日下安柱寨王某某嘎场而言要粗陋许多。嘎房转角处和树条交叉处的英雄鸟以草结代之。

嘎房内从东至西绑了一根直径约 9 厘米的桦槁木杆，木杆距离地面约 91 厘米，树根部分朝东，用藤条绑定在正东、中柱和正西三根木柱上。

嘎房的四个角柱向外 67 厘米处至 240 厘米处各有一道穹门。穹门以桦槁树的枝条和细韧的竹篾条弯成，插入土中。穹门高约 2.37 厘米，宽约 1.73 米。

上述四个穹门的外脚落点所在的正圆形恰好是嘎房围篱的形状。除另开有的东、南、西、北四个外穹门之外，围篱部分主要由两道麦秸扭成的草绳围成，两条草绳相互平行，并以桦槁树枝条穿过草绳插入土中来使草绳固定。两道草绳距地面高度分别是 61 厘米和 75 厘米。围篱东、南、西、北四个外穹门的材质和高度与四角柱上的穹门大体相同。

3. 周边各民族嘎房与苗族嘎房的形制异同

根据梭戛乡顺利村彝族教师沙云伍和乐群村布依族居民王成友、陈文亮等人的口述可以知道，梭戛乡一带的汉族与回族在葬礼过程中并没有杀牛、建嘎房等打嘎的习俗，但苗族、布依族、彝族都有打嘎和建嘎房的传统。因此打嘎是一种地方共享的文化传统，而不是长角苗人的独创。下面将梭戛各民族嘎房与苗族嘎房的形制异同简述如下。

彝族打嘎的规模比苗族要隆重，花费的资财也要多一些，现在很少打嘎了，除非去世的是德高望重的长寿老人。彝族人的嘎房形状像把伞，结构大体和苗族的差不多，也是底边为正方形，但是有几个区别：彝族的嘎房比苗族大；苗族的有两层顶，彝族的嘎房却只有一层顶；彝族的嘎房中心的木柱是刺楸木，苗族用的则是杉木。

布依族以前也打嘎，现在已经很少见了，乐群村布依族居民陈文亮说，大约是在40年前，乐群村布依族的打嘎仪式就已经废止了。布依族打嘎用的嘎房也是要以杉木或楸木为主，亦可用杂木代替，但不允许用"鼎木""凉山树"二种木材。也要在树干上缠上树叶与稻草，但建筑体的造型是模仿人居住的三开间吞口屋，完全不同于苗族人的嘎房。

嘎房的形状总体来看像一把伞，所起的象征作用或者说象征意义也是为死者的躯体遮风蔽日、挡雨，安抚灵魂。当长角苗居民们自己被问到嘎房是什么样子的时候，他们就说"像一把伞"，祭祀仪式中的伞形物件在中原汉族地区的丧葬与祭奠活动中也屡见不鲜，如宝盖、停柩棚等，都具有伞形特征。这种伞形的简易建筑起着遮蔽阳光风雨的作用，以便于死者的灵魂能够躲避强烈的阳光，平静安详地进入阴间，等待生命的轮回。

（二）鼓房

鼓房顾名思义是用来存放鼓的房屋。这里的"鼓"专指老鼓，它非私有财产，而是以寨为单位的公共财产。老鼓跟长角苗葬礼有着密切的关系，当一个老人在家中去世时，他的孩子就要到村子里把老鼓借来敲响，以便让周围的人都知道，然

图 2-46　补空寨新出现的鼓房（吴昶摄于 2009 年）

后一场规模宏大，参与人数至少在千人以上的长角苗葬礼就会在村寨里启动，并把消息传递到其他长角苗村寨。葬礼之后，老鼓一般总是悬挂在这家房屋右次间的山墙外壁上，直到寨子里下一家有老人去世的时候再来取用，如果一两年之内没有老人去世，老鼓就可以一直挂在那里，亦有一些村寨会在村内找一个位置专设一间鼓房，以方便孝家直接找到老鼓的所在。例如笔者 2009 年去的时候，在补空寨就见到过这种专门用来存放老鼓的水泥小屋，门上用油漆写了两个很大的汉字"鼓房"。

（三）阴宅

梭戛乡一带各民族的坟茔因受汉文化影响很深，大都讲究"有封有树"。汉族人的坟墓一般修得比较高大，呈正圆形，有墓，有碑，有尾。墓尾是墓体顺接到背后山坡上的很短的一小部分，由碎石砌成。墓碑通常是以汉文书写"故考（妣）×× 老大（孺）人之墓"及下葬时的国号、年号。高兴寨山后的汉人坟地中现存最老的碑石是一块清代嘉庆十六年（1812 年）的陈李氏墓，造型如石屋正门。墓体外围以细凿成带有弧形边的墓石砌成正圆形，墓顶培土。如今梭戛镇上的石匠们还在打凿着与 190 多年前同样形制的墓石与碑。乐群村的布依族、彝族人的墓碑形制跟汉族墓碑一样；信仰基督教者则在墓石上刻有十字架标记；回族人的墓则是整圆形，因为他们不信风水理论，所以坟墓一般不带拖尾。

但迄今为止，梭戛长角苗人家的坟茔与周边汉族、彝族、布依族、回族的坟茔样式都有所不同。它们的一大特征就是"封而不树"，即有墓而无碑。因为长角苗人家能识文断字者很少，文字对于他们来说不是自己的传统，因此坟墓前面都是没有碑的。长期以来，长角苗人大多不识字，他们凭着顽强的记忆力来找到自己祖先的坟墓。就在 2006 年正月初一，还有陇戛熊氏家族的人带着妻子儿女走了一天的山路到织金县鸡场乡烂田寨大屯脚（也就是他们常说的古地名"三家苗"）去拜祭祖先"补谷"（bu gu）的坟。

梭戛长角苗人家的坟茔一般比较低矮，也不是正圆形，而是呈长圆形，头部大，尾部小，有墓尾。围石的材料也不像其他民族那样讲究造型，只是用与一般石墙房的腰墙石一样大小的石块垒成。此外，在往坟茔顶上培土之时还要栽种一蓬他们的茅草房盖房用的那种茅草。与活人住的

"阳宅"意义相对而言，坟墓又称"阴宅"，在坟顶栽种茅草的象征意义正如在阳宅顶上盖茅草一样。

（四）营盘

贵州的山头营盘很多，有些是以前古代官军筑的，还有些则是村民们为了躲避土匪袭扰村寨所筑，这也是在兵荒马乱的时节为了捍卫自己的生命权而不得已的安防措施。陇戛寨附近有两个营盘，叫作大屯山营盘和小屯山营盘，分别位于陇戛寨东北方

图 2-47　沙家大屯山营盘遗址地形示意图

位和南部，它们都是在陡峭的青石山丘的顶上筑成的石砌堡垒。东北部靠近老高田寨的大营盘山名字叫作沙家大屯，居高临下，扼守隘口，据说是当地彝族沙氏家族修建的防御土匪的军事设施。陇戛寨南坡紧靠博物馆信息中心的小营盘山头被树藤掩蔽，也扼守着一条进寨的路。这些要塞都已经被废弃。这些营盘跟贵州境内遍布的大小营盘一样，是自古以来当地居民用来躲避土匪抢掠人口财物的重要堡垒设施，这一点，在陇戛寨很多老人的回忆中得到过验证。

这两个营盘所用的石头都与附近山中的青石无二，而且形状细碎无规则，都应是就地取材，通过众多人力背运上山的。如今，我们还可以见到当地各族村民熟练使用背架和背垫在山上搬运石料的场面。宽度超过 1 米的石头很少见，它们一般垫在墙体最下方的大缝隙处，疑为古人直接开凿山头之石以用之。石与石之间没有任何的黏结剂，全靠循形拼砌，而且砌成的石墙转角处亦无隅石，因此并不牢固。沙家大屯的西坡石寨的石墙和当地人传说中的拱门已经坍落成了乱石堆。陇戛寨南坡小营盘山则坍坏得更为严重，墙体没有一处完整，甚至一些石头在滚落山坡时卡在灌木缝中。不难想象，重型火药武器出现于此之后，营盘原有的价值就必然会逐

渐萎缩，直至彻底地被荒弃。

如果把这两个营盘算入陇戛的建筑文化史的话，它们很可能是整个陇戛现存最古老的石建筑遗迹了。这两个营盘从其石料表面的风化磨损程度来看，年代不会太古老。它们在明、清至民国初年期间应该还处在使用之中。当年避守山上的人们不仅可以眺望远方敌情，用弩箭和火铳以及储存的大量滚木擂石阻击来犯之敌，还能在山头利用天然的青石洞隙略略加工，作成灶坑以供生火做饭之用（笔者于 2005 年 8 月 6 日登上陇戛寨南坡小营盘时意外发现一孔天然旧灶坑，上覆厚厚的青苔，其底部尚存留黑灰土层，与附近的泥土颜色完全不同）。在 8 月 28 日爬上沙家大屯时，值得注意的是，沙家大屯的垛口朝南，应主要是防御梭戛、新华方向之敌的。这两个乡在清代都属于郎岱县（其域为今六盘水地区的六枝特区）管辖，自古饱受匪患。于此，我们只能说，修建沙家大屯者的最初动机显然不是用来拱卫陇戛寨；而陇戛寨南坡小营盘则可以起到拱卫陇戛寨的作用。这两个营盘遗址不仅是古代黔西北地区战争文化的烙印，也为我们了解梭戛社区石建筑工艺的发展变化提供了依据。

（五）花棚

梭戛生态博物馆的徐美陵馆长说起过当地苗族有一种年轻人的恋爱场所，叫作"花棚"，但笔者并没有亲见。梭戛乡一带的彝族、苗族都有"坐坡""晒月亮"（都指未婚男女谈恋爱）的习俗。有关梭戛长角苗社区"花棚"（或"妹妹棚"，苗族年轻男女"晒月亮"的隐私场所）的见证者除了徐馆长之外，还有一位六枝特区史志办公室的叶华先生，据博物馆信息中心提供的资料所说，他们分别是在 1972 年和 1988 年在陇戛附近的山中见到过花棚，其外观大概如前文所述之三脚棚或四脚棚。徐美陵先生称花棚内铺有旧衣和垫草，似与他们长期以来男女青年"坐坡"的习俗有关。

吴泽霖先生曾于抗日战争时期到黔西北做过人类学考察，他曾提到一种"玩郎房"，描述如下：

这是一种简单的小屋，专为青年男女说爱或私奔时休息的场所，这种设备在东路南路于苗族中已没有踪迹，惟在西路的大花苗中仍还流行，在贵阳附近的花苗中事实上没有这种建筑，而在这传说中，则明明有这种制度，关于这一点有二种可能的解释：第一，贵阳的花苗是西路分殖过来的，在迁移分散之后把原有的制度，加以改革，故事中得窥见原来的痕迹，第二，西路的大花苗也是由东南方面传播出去的，在遥远偏僻的区域，旧有的制度，倒反能保持下去的，而贵州东南路的苗族因与汉族接触机会较多若干原来的风俗反而消失改变……①

这种"玩郎房"基本上可以确定就是人们所说的苗族"花棚"或"妹妹棚"，但六盘水市的文化学者们认为，"花棚"只见于"小花苗"生活的山区，梭戛长角苗族群则没有。即使长角苗与"小花苗"的语言有80%可以相通，但也未必在生活习俗上具有一致性，而当我们问及梭戛长角苗居民有没有过这段历史时，则无人可以回答，他们或者是出于戒备心理，或者是因为羞于言谈这些话题。总之，采访的意义并不大。而且我们在采访的途中也未能有幸睹其真容。我们唯一了解到的是，如今陇戛寨的年轻人"晒月亮"是不用花棚的。

（六）学校

高兴村最早的学校建筑设施是在 1958 年 9 月 1 日草创于小坝田寨的高兴小学，其建筑现在尚存（见图 2-48），位于今小坝田寨靠近高兴寨坡下的沟底，作民房。高兴小学当时的创办人是梭戛乡新发村的彝族代课教师沙云伍。当时开设了六个年级，六个班，全是男生，没有女生。校舍最初借的

图 2-48　小坝田"岩洞小学"旧址（吴昶摄于 2006 年）

---

① 吴泽霖，陈国均，等.贵州苗夷社会研究［M］.北京：民族出版社，2004：173-174.

是王忠成（当时的高兴村村支书，民兵连长）、王某达、王某华（分别为当时的乡长、书记）三家的谷仓，由于每年7月以后到9月之间收获粮食以后，粮食要占屋子，学生们上课还得到寨子附近以往用以防匪藏身的狭小山洞里去。在这种半借住半穴居的恶劣条件下，当时的51个学生大多数人都读完了小学。

"牛棚小学"校址（见图2-49）是一栋室内面积只有40多平方米的小木楼，原为一栋老屋，是由陇戛的"老寨"熊正芳于1922年所建，新中国成立前还是土碉房，解放以

图2-49　陇戛"牛棚小学"旧址（吴昶摄于
2005年）

后，土碉房改成两层楼全木结构，作牲口棚之用，其建筑内空间嵌入地面以下近两米（因2002年熊正芳之子熊玉成搬迁至新村时将此屋暂借给族人熊朝进作猪舍之用，故而此屋得以保存至今）。当时的校舍下层一间养猪（今犹作猪圈），一间养牛，中间楼上部分才是学校校舍。

女生入学是在1996年4月5日，第一批女童大概有52人。其中12个女童是交了学费的，其余40人分编入三个年级，学费全免，此举意在鼓励女孩接受学校教育。

"牛棚小学"因地处生态博物馆核心保护区内，受到社会媒体关注，随后贵州省人大等单位特地拨款在今陇戛寨寨门下面的山坡上兴修了高兴希望小学。

虽然按常理说，学校既然是学校，就该有像样的建筑，而不仅仅是"与建筑相关的文化事象"，但陇戛过去的情况就是如此，学校教育对村里而言还得不到足够的重视，这种局面的真正改观还是在2002年。在这一年里，由贵州省政府和香港邵逸夫基金会投资40万元兴建的新的陇戛逸夫小学三层综合楼破土动工，2004年5月27日正式投入使用。高兴村300多名小学生搬进了宽敞明亮的教室开始使用电脑和远程教育播放设备进行教学（见图2-50）。原希望小学校址今作高兴村村委会活动室之用。

图 2-50　陇戛小学（公路左侧）（吴昶摄于 2006 年 4 月 4 日）

四、小结：传统建筑形式离不开自然环境及文化的支持

　　长角苗人的建筑材料来自森林和土地，建筑的工具与技术知识大多来源于汉族及其他民族的文化传播以及他们自己的独立见解。在实用目的可以达到的前提下，审美趣味、建筑施工的组织形式以及相关的信仰仪式因素都会逐渐形成各自的系统，并相互发生意义关联，从而最终又反过来决定了他们的建筑形式。这些情况与其他的民族相比较，有着总体上的相同性：传统建筑形式离不开自然环境及文化的支持。我们很难想象，在现代化以前的传统农业社区，人们会舍近求远地搬运沉重的建筑材料，或者在建筑施工过程中毫无文化上的吸收或者建树，因为什么地方存在着人的物质与精神需要，什么地方就会有文化。

第三章 时间维度中民居建筑营造技艺的传承

一、长角苗建筑工匠的知识结构

在 2006 年梭戛田野工作结束以后，笔者对熊国富师傅的自述材料产生了浓厚兴趣，尤其是他在未经正式学艺的前提下，无师自通地成为高兴村有名的木匠、石匠。他跟严格意义上鲁班系统的木石二匠不一样——他的知识技艺传承方式是隐藏起来的。

再后来，随着田野调查资料越来越丰富，笔者发现熊国富师傅这样的案例其实算不上特殊，反而是普遍存在却不太受到重视的。在中国艺术人类学学会的一次论坛上，笔者把熊国富师傅的这种知识技艺获取方式称为"非正式传承"，得到了田野同行们的赞同，他们纷纷表示自己在田野中也经常遇见诸如此类的情况。当然，也有一些学者提出了不同看法，比如认为汉语中"传承"是"传"和"承"的结合，因此熊师傅当年迫于无奈"瞟眼学"的情况只能属于"有承而无传"的情况，不能算作真正的传承。笔者在这里不得不援引英文中"Inheritance"的两种解读来说明一下我们借助现代汉语在特定语境中对"传承"一词的完整理解——固然，在现代汉语中，传承中的"承"字意思清楚，就是"接受、继承"的意思，而"传"字则带有传递、发送之意。但问题是，按汉语的本来意思理解，"传"应该是一个带有主动发送意味的动词，那就意味着要排除一些仅仅是"被继承"情况的可能性。这里的"被继承"当然不是指主动培养教育的结果，而是指那些未经相关知识持有者（如非物质文化遗产传承人）主动施教而获得的技能与知识。

显然，这些知识技能的获取方式是否合法，以及这些知识的后来持有者是否可以具备与之相匹配的获致身份资格，是另外一个也非常值得去探究的问题。而在"遗产"（Inheritance）一词的本来语境中，无论中文还是英文，都将其视为一种自然的财产让渡形式。遗产的继承既可以是前持有者的主观意愿，也有按游戏规则分配的情况。我们现代汉语中的"遗产""传承"在法律文本中必须而且事实上也与英文中的"Inheritance"是对等的，因此"传承"不是指必须"既有传又有承"，而是指在前持有者意愿或既有的财产让渡规则下的"有所继承"。在私有财产的授受过程中，如果一方坚决要给，另一方坚辞不受，则财产让渡是不能成立的；但如果反过来，一方拒绝授予，另一方却实际获得，这就容易被判定为不当得利甚至是盗窃，但传统民居建筑技术本身是私有财产还是公有财产，这就不好说了，如果这些技术知识原本就具有开放性，那么将其私有化本身就可能意味着是另一种不当得利。

因此，笔者以为，在当下现代社会语境中，在使用现代汉语"传承"一词的时候，不仅不能只注重狭义的"传""承"兼备，而且还不能无视那些已经形成积极结果了的"Inheritance"，应该还要把整个传承纳入社会人文系统的整体视野来考虑问题。

根据近些年来在贵州、湖北、湖南等地所获得的各种第一手田野调查材料，笔者曾将传统手工艺传承方式大致分为正式传承和非正式传承两种。正式传承又可以分为家传（亦称"门内师"）和师传（即拜师学艺，或称"师徒制"传承）两种次级类型。较之非正式传承而言，正式传承一般都不同程度地具有仪式、法术、社会组织性和符凭四种特征或其中的某些因素。

梭戛的长角苗工匠们获得专业技能知识的方式一度给笔者带来很大的困惑。那就是他们大量采用非正式传承的方式来掌握一门对他们而言较为陌生的技艺，"师傅"只是一个很概念化的词，没有专门用来确认师徒关系和规定师徒责任义务的正规仪式活动。笔者经常在问及他们知识来源的时候得到"没得人教，自己摸索的"这类回答，或者会流露出被我的问题困扰住的表情，最后表示"想不起来师傅到底是谁"。

总的来说，非正式传承的特征大致可以包括无仪式、无凭证，且传承者都认为自己是无师自通、自学成才的，但实际上又都离不开"读物"①的观察手段。而细分下来，非正式传承也有两种小类型，即"稳定型非正式传承""不稳定型非正式传承"。前者主要发生于技艺难度较低且产品被人们广泛接受从而形成一定市场规模的环境之中，后者则属于没有形成明显的市场规模，且技艺掌握难度较大的环境之中。究其形成原因，前者是由于这类技艺的产品有着大量需求，"群众基础"较好，因此衰落失传的危机远不及后者严重。后者则是技艺难度大，从常规功能角度来看，社会需求量较小，但又往往离不开独特的个人天赋，因此所面临的突然消失的可能性十分明显，但也不排除偶然再传的可能性。迈克尔·波兰尼认为："人类的知识有两种。通常被描述为知识的，即以书面文字、图表和数学公式加以表述的，这是一种类型的知识。而未被表述的知识，像我们在做某事的行动中所拥有的知识，是别一种知识。"他把前者称为可言传知识（articulate knowledge），将后者称为默会知识（inarticulate knowledge）②。非正式传承现象在梭戛的普遍存在表明，默会知识的传递对于当地建筑修造领域的意义非凡。

此外，我们还需审慎地注意到，有些技艺的传承方式并非自诞生以来就一成不变的，博厄斯曾指出："翔实的材料证明无论是各种产品还是生活习惯，其形式总是不断地变化着，有时经过一段时间的稳定之后，又会发生迅速的变化。在这种变化过程中，在有些文化因素乍看起来属于某些文化单位，但不久又会各自分离，有的继续存在有的从此消亡。"③手工艺传承方式领域，情况也大都如此，一门手工技艺，有可能先是师传，而后家传，继而流向稳定或不稳定的非正式传承，抑或反向地发生变化，这都要由时代、社会环境及个人意愿等多方因素决定。

固然，技艺的传承是当今流行的"文化遗产"概念的重要组成部分，也是中国西南山区居民传统生活的重要内容，但较之手工艺作品本身和传

---

① 所谓"读物"（Reading opus），其实是一个"解码"的过程，是指通过对前人或他人留下的作品进行观察（视觉行为）、琢磨、分析、想象，从而从这种手工劳动的物质成果中获得前人的制作经验及其他有用信息，如果用四个字来概括，就是"以物为师"。"读物"是一个学习手工艺的关键环节，主要包括"读器""读料"两方面。——见吴昶."舀学"——一种不应忽视的民间手工技艺文化遗产传承方式［J］.内蒙古大学艺术学院学报.2012（2）：78-80.

② Michael Polanyi.*Study of Man*. The University of Chicago Press.Chicago，1958：12.

③ 弗朗兹·博厄斯.原始艺术［M］.金辉，译，上海：上海文艺出版社，1989：11.

承人而言，手工艺的传承方式一直是文化遗产保护的实际工作中比较容易被忽视的内容。技艺传承方式还是一个很容易被我们忽视的问题，因为它本身是隐藏在人们的具体行为过程和背后的思维习惯、认知范围与各种具体而现实的动机之中的。

（一）长角苗建筑工匠的知识结构

1.长角苗建筑工匠的专业词汇语言

按照罗常培先生对民族语言的看法，"语言的本身固然可以映射出历史的文化色彩，但遇到和外来文化接触时，它也可以吸收新的成分和旧有的糅合在一块儿。所谓'借字'就是一国（种）语言里所羼杂的外来语成分。它可以表现两种文化接触后在语言上所发生的影响；反过来说，从语言的糅合也正可以窥察文化的交流"。罗常培引用萨丕尔的话说："语言，像文化一样，很少是自给自足的。交际的需要使说一种语言的人和说邻近语言的或文化上占优势的语言的人发生直接或间接接触。交际可以是友好的或敌对的。可以在平凡的事务和交易关系的平面上进行，也可以是精神价值——艺术、科学、宗教——的借贷或交换。很难指出一种完全孤立的语言或方言，尤其是在原始人中间。邻居的人群互相接触，不论程度怎样，性质怎样，一般都足以引起某种语言上的交互影响。"[1]我们在梭戛的田野研究最有探索性的一方面也正是借用了语言词汇这样一种工具来探索长角苗建筑工匠们的知识构成。

20世纪初以前，梭戛长角苗村寨的建筑业基本上是为木匠群体所垄断着的，但在"板舂法"（土墙房的夯造技术）传入以后，木匠行业在建筑领域就开始受到冲击。到了20世纪六七十年代，由于与外界的接触得到加强，石墙房开始出现。石墙房的兴起带动了他们自己的石匠行业，但木匠是人们公认的能工巧匠，他们多数是善于学习的，掌握一门对其原有技术构成威胁的新技术对于他们来说是十分重要的事，因此他们往往身兼木石二匠之职，也正因如此，作为农民兼建筑工匠，他们的收入还是十分稳定的。

如今，长角苗族群尚拥有许多自己的民间建筑工匠，他们从三十岁出

---

① 罗常培.语言与文化［M］.北京：北京出版社，2011：21.

头到七八十岁，往往都是村寨中颇有才华或威望的人，他们的心智禀赋以及他们关于建筑业的知识记忆都得益于他们平日里长时间的磨炼与积累。但如今，建筑工匠们对这一行业的认识理解正在悄然发生着变化。本节将对他们目前的知识构成状况作出进一步的分析。

2. 长角苗建筑工匠的学习方式

长角苗建筑工匠有两套获得建筑技术知识的方式，即"跟师"和"自学"。

"跟师"的情况很少，"跟师"出身的木匠多是1956年以前出生的男性村民，主要是跟从外面的师傅或者家族内懂木匠技术的前辈和兄长学习，他们大都懂得一些来自汉族木匠行业的法术仪式，如在上梁、下石过程中举行敬鲁班、抛上梁粑粑的仪式，画各种道符字讳等等，这些老人被后来的同行们习惯性地称为"老班子"（"老班子"中也有一些是通过自学而成为木匠的，他们也懂得一些法术和仪式），他们中多数早已谢世，如陇戛寨的熊玉清（1927—1999）、王少华（1928—1990）等。

陇戛寨老木匠熊玉明是现今不多的几个健在的"跟师学"学出来的木匠之一，他说以前要正式拜师学木工手艺是一件很不简单的事，首先，要交得起给师傅的"学钱"；其次，跟师傅学不像读书那样跟先生学知识，要跟着师傅做很多活，只管吃饭，不拿钱的，学个三五年就可以出师了。熊玉明从16岁开始学起，此后忙了一辈子，到现在已经68岁了，体力越来越跟不上，又没有人请他去指导修老式的木屋，只好在家"待业"。

当我们问起"跟师学"能学到些什么别人偷学学不来的本领时，熊玉明说，现在修的是石头房子，不用费多少脑筋，以前专业的木匠都要会立"高架"，所谓"高架"，是指穿斗木屋的山墙为十一个柱头、中柱要高过一丈六尺八以上。偷学而成的木匠是不敢冒这个险的，因为他算不出来。

熊某明的师傅也是长角苗人，名叫杨某文，生于1919年，卒于1998年，会搭高架，会敬鲁班，是陇戛寨村民杨正方的父亲。

现今大多数建筑工匠，尤其是50岁以下的新一代建筑工匠们主要是采用自学方式掌握木石二匠的技术。所谓"自学"，也并不是"闭门造车"，是在参与血缘合作的建房活动中跟木匠或石匠师傅"蹭学"，就木工领域而言，一些初学者甚至是在路过一些集镇的木工房时靠在门口依靠眼观心记来"偷学"，回家后又不断琢磨这些木工原理，经过许多次摸索试

图 3-1　陇戛垭口即将开工的建筑工地（吴昶摄于 2005 年）

验而掌握这门手艺的。因此，相对于"老班子"而言，这批"新班子"并没有经过职业木匠的传道授业，也无人教授他们相关的仪式、法术，多数人只是纯技术意义上的木匠，但由于手提刨、砂木机等新型电动工具的引入，技术手段的优势逐渐发挥出来，省工、省料、省钱，这些对于年轻的未来房主们而言，其价值意义比鲁班师傅的法力更为重要。石工技术的情况也大致一样，悟性好的初学者们都是在增长了建筑营造方面实践经验的同时以"蹭学""偷学"的方式来成就自己后来的专业工匠地位的。

简而言之，要想在长角苗社区寻找到一个清晰的民间建筑工匠的师承谱系几乎是不可能的。他们内向的学习心态和重视自悟的学习方式一方面使得长角苗社区的建筑样式能够不拘泥古制，另一方面又无法使前人摸索出的经验得到系统的传承，每个人都是从零开始摸索，并且在狭小的圈子里进行有限的技术交流，所以迄今为止，即使他们中间最优秀的工匠也不可能将业务范围扩大到长角苗人群之外的客户中去，这不能不说是一种遗憾。

3. 民间建筑工匠的专业词汇语言

长角苗建筑工匠自古以来在他们自己的探索和实践中就形成了一套关于建筑的苗语词汇。他们称"房子"为"泽（dzei）"，称"修建、建造"为"波（bo）"，他们所从事的工作就是"波泽（bo dzei）"——"盖房子"。他们所读出的许多建筑常用和专用名词的苗语对应单词大都是定语后置式词法结构。"立柱""窗""走马板""屋顶""明间""台基"的对应单词都以"dzei"为尾音，读作"daen dzei 掸泽""hau dzei 蒿泽""la dzei 拉泽""dro dzei 卓泽""chia dzei 掐泽""gua dzei 瓜泽"，定语按汉语习惯前置后直译过来，即是"屋柱""屋窗""屋印梁板""屋顶""屋堂""屋基"之意。

与大门相连带的部分，都是以"drom"为尾音，如大门、门簪、门槛就读作"liae drom""drom bplo""ba drom"。其中"ba drom"一词既有"门槛"的意思，又有"吞口"（大门外、屋檐下、两次间侧门之间的空间部分）的意思，因而"ba drom"在他们的概念中就是一整块区域。

"大梁""翘枋""檩角""花檐板"等术语，则无法用当地苗语进行翻译，他们解释说，平时提到这些在祖先传下的苗语中找不到对应词汇的概念时，往往要借用汉语来表述——这可以说明在他们的文化记忆中，有很多材料和技术是近世才出现的；或者消失了很久，以至于他们都未曾听族人说过的东西，因此才借用汉语。此外，值得注意的是，从苗语中称"重垂吊线"为"le suo"，称"椽条"为"drei va 追挖"，称"瓜柱"为 dua dang（独阿当）等情况来看，显然在他们自己的建筑史进程中，他们很早就掌握了比较专业的建筑技术，从而形成了自己的一套术语。只是由于他们没有自己的文字，口耳相授的知识毕竟不能承载太多的历史记忆，他们便无法解释这些属于他们自己之专用术语的由来。

这些基础的语言分析有助于帮助我们了解历史。结合当地的1996年方才修通公路的交通状况，以及对现存的几幢百年老屋（如小坝田寨王海清家、陇戛寨熊朝进家）的实地考察，我们可以大致推测他们在从迁居黔西北以后，至广泛利用鲁班工具进行建筑活动的时代之前，家境较富裕者所居住的木屋应该是有柱、枋、槽板、楼梯且主次分间的，大门处在很重要的位置，而且有门簪 drom bplo（肿扑落），甚至曾经用过锁 dzom pom（纵烹），家境贫寒者也住穿斗木屋，只是多用竹篾、牛粪等制成笆板来代替木板装修。但不少房屋的营建过程是由外来木匠指挥实施的。当时运输这些建筑材料不用车轮运输，而是主要靠牛、马和人力来负荷。

由于考察时间有限，仅凭只言片语所下的结论自然还不十分完整，加上熟练掌握长角苗语言也毕竟不是我们在一百来天里挤出时间可以做到的事情，但我们相信涉及他们建筑工作的语言信息还有很多，只好留待人们日后再进一步去发掘。

4. 知识结构发生了变迁

在 2005 年至 2011 年这 6 年间，笔者目睹了茅草山上的茅草被树林彻底覆盖，与此同时陇戛寨的茅草房顶已经完全消失，附近的小坝田寨也正在推进这一"草顶换瓦"的进程。每次路过护草山的时候，都会看到它们一天天地变化——从茅草丛生的小山丘逐渐变成绿油油的小树林，茅草一天天地消失，从需要轮番呵护的重要建筑资源变成任凭猪牛嚼食的杂草。与此同时演进着的，是长角苗村民们生活方方面面的变化，也包括对家屋建筑的观念变化。

在与梭戛乡的乡民们交谈的过程之中，笔者越来越清楚地感受到多年以来围绕着他们的一个关键词——"生活成本"，对于经济非常欠发达地区的他们来说，十多年前这个概念还并没有成为他们明确的意识，而现如今他们却对此有着非常强烈的感受。生活方式的各方各面都在有方向感地发生着文化替代——建筑、服饰、生产生活用具等，无不如此：水泥瓦取代了房屋上的茅草，个人手机取代了村委会电话，各种电动工具取代了传统的斧刨锯凿。再到后来，妇女头上的长木角为短木梳所取代，及至 2011 年，陇戛的姑娘们蜡染刺绣所用的白布已经衍化出了"十字马蹄花"纹样的电脑制版半成品，绣染之前最为烦琐的"数纱"环节因此终于开始被孩子们省略掉了。笔者目睹了这种类似十字绣底版一样的半成品布料，据说染（或绣）好以后一洗，原先印刷在上面的底纹就被洗掉了。村里人说，这些电脑制版纹样是他们托人把样品寄到上海，由那边的纺织品设计公司专门做出来的。由于节省了时间成本，这种布非常受那些苦于刺绣而又在老人压力下必须从事这项工作的年轻女孩们欢迎。目前看来销路还不错，但前途未必形势一片大好，一旦传统文化支持者与外来新生活方式之间的博弈没有胜算，整个服饰文化的前途就会经由完全被电脑辅助设计和机械化批量生产的成品服饰阶段过渡到失去相关文化记忆、民间彻底放弃这一服饰的时代。这些文化替代的迹象都遵循着同样的行事法则，那就是"生活成本"的法则。

也正因如此，那些依旧低成本的生活方式也仍旧被保留下来，就像保存他们的"弥拉"巫术那样。正如小坝田的一位王姓村民告诉笔者的那样，"身体不好找弥拉，弥拉不行吊液水（指生病了先去找弥拉做法驱除病魔，弥拉治不了才到卫生院去打吊瓶）"。找弥拉"治病"的成本较之医生更为低廉。可支配货币的贫乏使他们不仅被周边其他族群视为穷人，而且他们自己也认同这一点，但他们的"低成本生活"的意识一直使他们更愿意凭自己有限的能力去解决自己面临的各种具体的生活问题。

上述这些有关"生活成本"的现实因素其实也早已出现在建筑技艺传承的领域，这种"生活成本"意识也同样发挥了类似的作用，并使得手工艺知识技艺传播的缓慢速度发生了彻底的改观。

（二）新旧建筑工匠知识结构的比较

在陇戛寨、高兴寨和补空寨，我们走访了许多工匠以及他们的主顾——普通的村民，发现长角苗工匠们因学习建筑技术时的年龄差异很容易形成两个圈子。年轻的木匠们在被问及是否还有顶敬鲁班的习俗，或者如何进行上梁仪式等问题时，多数只是笑着摇摇头，说："那是'老班子'才会做的，我们不会。"只有高兴寨的杨成方说："如果主人家需要的话，我可以做祭鲁班。"在被问到为什么有的门有镶框，有的没有时，年轻人们也会说："'老班子'手艺粗一些，不会做细木工活……"总之，"老班子"这个名字在他们的头脑中就是一个概念。我们所了解到的"老班子"包括陇戛寨的熊正清、杨正华（仡佬族，自吹聋镇迁来）、熊玉明等人；而年轻一代的"新班子"则包括补空寨的杨光明，高兴寨的熊国富、杨成方等人。从年龄来看，出生于1956年以前的多半是属于"老班子"，而1956年以后出生的工匠一般也就不被看作"老班子"了，我们暂且在此称他们为"新班子"。

那么除了年龄差别以外，"老班子"跟"新班子"有哪些不同之处？我们大致归纳了一下，二者之间大约有四个主要的差异点。

首先，最明显的一点是"老班

图3-2　背石头的长角苗人（安丽哲摄于2006年）

子"的技术集中体现在建造穿斗式木屋上，他们多数已经去世，只有少数人还健在，其中七十岁以下者（如熊玉明）开始掌握石墙房建造技术。而"新班子"则倾向于砖石体建筑。陇戛寨居民熊金祥在谈如何修石墙房的问题时说，修石房跟修木屋不一样，因为修木屋要涉及斗拱、榫卯和复杂精细的尺寸等专业性很强的木工活，一般的人家虽然可以做槽门、门板、楼枕等比较简单的活计，但遇到如何放置梁、柱，如何开榫眼等问题时则必须求助于有经验的木匠师傅。而修石房一般不用请师傅，因为结构原理比较简单，只是开销比较大，如放炮（使用爆破技术开山取石）。

其次，"老班子"们的知识是笼统而粗糙的。而"新班子"们则出现了很多精细的业务分工，例如"老班子"里的陇戛寨工匠熊玉明既能修造一丈六尺八高的大型木屋，又能只花买几根钢钎的钱就建造起一栋石墙房，但对电力机械并不太了解。"新班子"里的补空寨工匠杨光明虽然既会木工又会石工，但他家购置有锯木机、碎石机等电力机械设备，因此他的特长主要体现在解料、刨制门窗、开山下石等方面。高兴寨木匠熊国富虽然以前长期从事建筑行业，但由于他明显地在细木工活方面体现出很强的优势，能够自制木工车床车出各种样式的花柱，打制桌、椅、床、橱、柜、箱一类的东西，因此后来他就逐渐从建筑领域退出，专门以制作家具为主业。一说起这些工匠，周围的苗族村民们大体上都清楚，有什么样的需求该找哪一位工匠才是适合的。

再次，"老班子"们的知识结构与汉族木匠是一脉相承的，因此也包含了很多汉族传统民间文化因素，而"新班子"则尽量地"去文化"化，尽量从实际施工效率方面考虑问题，因此对于仪式活动方面的事情知之甚少，有的即使知道，也只是跟别人说，很少从事这方面的活动。从这个角度而言，

图 3-3 陇戛寨的一处石墙房建筑施工现场（吴昶摄于 2005 年 8 月）

汉族工匠们如今的发展趋势也正是如此——实用技术的第一性很难再被来自神秘文化方面的因素干扰，倘若有更好的技术手段去解决他们所面临的困难或危险，而且只要他们能够了解并且能够在经济上承担得起的话，他们就肯定不愿意在祈求神灵的庇佑方面多费心思。

最后，工具的演进使工匠们产生代沟。在高兴村一带，我们注意到多数年轻的建筑工匠对"老班子"的手艺不以为然。当我们问一位青年木匠如何做镜面版门（即只在门板背面用两根横木作固定，无须外框的简易门板样式）时，他这样回答："那都是'老班子'做的，我们现在做的都是有框框的，周正多了。"许多居民都更愿意找年轻工匠来做房子，因为他们修的房子更像下面梭戛镇上的房子，高大，宽敞，又有玻璃窗，屋里采光也比老房子强很多。这些情况使得年轻一辈的建筑工匠们显得更底气十足一些。他们所使用的代表性工具材料是钢钎、碎石机、砂木机、手提刨、雷管、炸药、钢筋、水泥、水泥砖模具等等，虽然也包括墨斗、斧、凿、锯等必不可少的传统建筑工具，但比起老一代手艺人们而言，他们的工具种类更为丰富，工作更为方便一些了。

（三）技术体系的更替对工匠思维的影响

我们在前面提到工具、技术方面的问题，这方面的详细情况深究起来可以发现更多的东西，因为长角苗建筑工匠中这两辈人的知识结构确实存在着明显的差异：老班子重视对传统木工工具的熟练使用。木工工具主要包括墨斗、斧、锯、刨类、凿类、木马（杩杈）、站竿、手钻等等。这些工具的使用技能一般是通过学艺者们的观察和实践掌握的，师傅们通常会在施工的过程中予以扼要指导。

墨斗是木石二匠的专业工具。形制与汉族木匠所使用的无异，用靛墨作染料。木匠师傅们计算好所需的尺寸以后，用墨斗在木料上校画直的辅助线，以利于斧、锯对木料的整齐切割。使用墨斗是造房子的第一步，在汉语西南官话区中，有一个常用口头语叫作"架墨"，就是"开始"的意思。长角苗居民在使用汉语交谈的时候也经常使用这个原本出自木匠行业的汉语词语。

斧在汉语西南官话区很多地方都被俚称为"开山子"，是梭戛长角苗工匠最重要的木工工具，长角苗工匠们所使用的斧子一般是柄长在100厘

米以内、刃宽在18厘米以内的木质直柄
斧。梭戛长角苗工匠使用斧子不讲究型
号大小，为熟铁质单面斧头，可以在梭
戛市场上买得到。斧主要应用于砍伐树
木、削砍板枋，平时也用于劈柴。由于
长角苗木匠对锯和细木工工具不擅运用，
木板、木枋的平面悉赖斧子削砍而成，
虽然工艺粗糙，但以斧子而论，也需要
十分熟练的技术才可以做得到。因此学
徒们对斧子的使用必须十分熟练。

图3-4　砂木机前的熊国富师傅与
助手（吴昶摄于2009年）

　　锯分大锯、小锯和钢丝锯三种。大
锯主要用来拦腰截断木头；小锯很少见，
用法同大锯；锯引入到梭戛长角苗村寨
的时间非常晚，应是在1930年以后，钢
丝锯则是1950年以后才出现的细木工工具，只用于小木件的裁切，用一
根木棍弯曲绷直，形如小弓。一直以来，绝大多数长角苗工匠们不懂如何
使用各种锯来解枋、解板。他们对于这种需要控制肌体协调匀速运动的精
细工作方式感到十分棘手，因此也不作更深的学习要求。以陇戛寨为例，
锯子的作用主要是将树料锯断，很少用于解枋、解板，"老班子"工匠们
干这些活都用斧子，因此既费木料，木料表面又显得十分简陋粗糙。高兴
寨的一位木匠熊国富评"老班子"们时说："他们用一把锯、一把斧、一把
凿子就够了。""新班子"建筑工匠虽然也没有多少人会用锯解料，但他们
舍得花钱购置电动锯木机（他们称之为"砂木机"），这就体现出新、老班
子之间价值观的差异。

　　刨的种类很多，包括推刨（初推、二推）、清刨、铣刨、槽刨等。刨
类工具引入梭戛长角苗村寨的时间大约是在1930年以后。初推、二推、
清刨、铣刨的形制大小各不相同，主要是刨刀的厚度、倾斜度以及刃口的
锋利程度不同，因此各自在推刨木料的程序中依次扮演着不同的角色；槽
刨则是属于细木工工具，刨刀为细长条形，短平口，可以推玻璃窗的窗槽
之类的东西。槽刨在1990年以后才有比较多的应用，"老班子"木匠一般
不用。

凿主要分圆凿、四分凿、铣凿三种。圆凿形如其名，其刃口为圆弧形，可用于钻凿门窗的轴眼；四分凿为平口，用于打凿矩形的榫眼；铣凿的凿刃很薄，且十分锋利，主要用于清理木料表面的不光滑之处。

图3-5　陇戛寨木匠杨德学使用木马、推刨加工枋料（吴昶摄于2006年）

木马即杩杈，据《史记·河渠书》记载，战国时秦蜀守李冰就曾借用此木工工具作为治理都江堰的水利设备，由此可知其出现的年代不会晚于战国时代。木马相传为鲁班所发明，这一说法也是被陇戛寨的木匠们认可的。木马是用三根木头穿插固定结成的整体，其特点是充分利用三角形的稳定性原理，用一对木马可以牢牢地将木料固定在平地上，以便于加工。木马是"老班子"木匠必须使用的辅助器械，"新班子"的建筑工匠只要是涉及解料、凿榫眼这一类的活也离不开木马。

站竿是一种特殊的测量工具，用一棵金竹截成，与所要修建的房屋中柱必须一样高，通用的高度一般是一丈四尺八寸，其作用是测量定位。陇戛寨村民熊玉文说，一栋房屋的长、宽、高比例全部要靠站竿的定位才能确定。换句话说，站竿就是一把放大的直尺。对于测量知识十分有限的长角苗工匠们而言，站竿的意义在于可以绕开建筑测量标准化的文化因素，以最实用的"笨办法"达到最终目的。

手钻是一种人类初民社会常见到的钻孔工具，"老班子"工匠们都会利用弓的张力与绳在木轴上缠绕后的螺旋惯性相配合，熟练地进行钻孔操作。手钻主要应用于木器的钻孔，较少应用于建筑木工，但也是"老班子"工匠们的绝活。

当然，也有少数"老班子"建筑工匠是通晓一些石匠技术的，但他们的相关知识十分有限，完全凭着"硬功"——不用雷管炸药，仅凭钢钎、斧、锤来完成整个采石过程，并用黄泥、煤炉渣的混合物作为黏结剂，不仅工艺粗糙，劳动强度也太大。

据陇戛寨的居民们说，以前的木匠"老班子"里多数人都懂得一些法术仪式，如在上梁、下石过程中举行敬鲁班、抛上梁粑粑的仪式，会做一些法术，如能画各种道符字讳，上梁时要在大门上方的印梁正中处画一条龙或者蛇，并写上"紫微高照，万宝来朝"字样等等，这些建筑上的符号跟周边的汉族、布依族民居建筑上的图案几乎完全相同，与中原汉族木匠行业也大致一样。

如今，"新班子"建筑工匠极少从事木屋建造，他们主要经营的是石墙房和水泥砖房。他们所采用的手段和工具材料体现出了工业化时代的科技特征。

他们所使用的代表性工具材料是钢钎、锤子、碎石机、砂木机、手提刨、雷管炸药、钢筋、水泥、水泥砖模具等等，当然也包括墨斗、斧、凿、锯等必不可少的传统建筑工具。

锤子、斧头、钢钎是石匠们必备的基本工具。使用锤子或斧头背与钢钎配合，可以从岩体上敲下来大块的石料。这些活虽然"老班子"匠人们也会做，但他们差不多全是依靠这几种工具。①

关于雷管炸药一类危险品，1956年以后出生的"新班子"工匠们则大多都有接触，他们虽然并不一定都要亲

图 3-6　在草顶房改瓦顶房的过程中，传统木工锯还可以被用来锯椽头（吴昶摄于 2005 年）

自去安置雷管、炸药，但可以把这件事推给召集人，让他去雇本寨或外面比较有经验的人来"放炮"，这在如今也是很通常的做法。陇戛寨村民杨学富1998年曾参与修缮同寨熊朝武家的石墙房，当时他们是8个人合作，每出一个工（干一天活为"出一个工"）5元钱。石料就是从如今陇戛跳花场一带的乱石岗上开采来的。当时每放一炮2元钱，各家都可以放，如今

---

①　陇戛寨"老班子"工匠熊玉明1964年独立修成的自家石墙房就是全凭锤子和钢钎完成的，他那个时候还接触不到雷管一类的爆破器材。

国家不允许了，私自放炮是违法的，必须到政府指定的代销户处去购买。以高兴村为例，官方指定的代销户就是村主任家。

钢筋水泥对于"新班子"而言，并不是陌生的建筑材料，因为有很多家庭修的是混凝土平顶房，如果施工者们不懂得如何支顶棚和将6.5毫米盘圆钢拉直，并交叉编织成细密均匀的钢筋骨架的话，他们就只能请教这些懂行的"师傅"们了。"新班子"师傅会协调组织大家把钢筋编成与屋顶面积相等的网状钢筋骨架，将其固定在防渗层上，并用木板将房顶边缘围挡起来，然后将拌好的水泥砂浆浇在钢筋骨架中，待其凝固便成屋顶。

手提刨（见图3-7）是目前建筑木工行业最重要的工具设备之一，它的优点是快，一次成型，刃口可以调节，不用像传统刨类工具讲求"推""清""洗"那样麻烦，携带也很方便，虽然沉了一点，但毕竟替木匠师傅免除了带那么多各种不同型号刨具到工地去的麻烦。

锯木机也是目前建筑木工行业最重要的工具设备之一，它既可以锯解厚木枋，也可以锯解薄板。当地人称之为"砂木机"，因为在汉语西南官话区中，"砂"有用锯轮切割的意思。这种设备的方便有效性连"老班子"木匠们也不得不承认，陇戛寨一位老木匠杨某华说，以前做椽条，他们是用小锯慢慢锯，现在用电动的砂木机，省事多了，很方便。

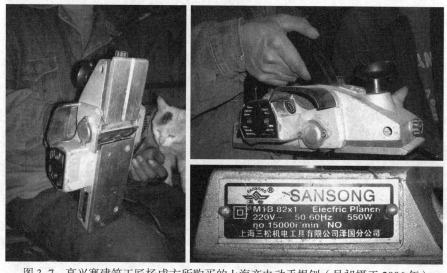

图3-7　高兴寨建筑工匠杨成方所购买的上海产电动手提刨（吴昶摄于2006年）

目前，"新班子"并不能全然抛弃传统技术，墨斗、吊线一类的工具还没有更好的替代物，因此他们还必须借助吊线和墨斗来校正石料，然后用钢钎和锤子（或小斧背）按照墨线印记凿平石料的表面。

有的建筑工匠主要擅长石匠活，并不过问门、窗方面的事情，如果是这样，这些木构件则往往需要施工召集人去另请木匠来制作，或者到梭戛、吹聋等周边集镇上去购买现成的门窗部件来进行安装。

高兴村尚可营业的建筑工匠基本信息表（2006年）

姓名	出生年月	性别	民族	家庭住址	从业年限	手艺特长	学艺方式	文化程度
杨某华	1940年	男	仡佬	陇戛寨	43年	小木作、石工	跟师	小学
杨某明	1963年	男	苗	补空寨	14年	门窗、瓦顶、石工	自学	小学
熊某进	1963年	男	苗	陇戛寨	15年	大木作、石工	自学	初中
杨某学	1953年	男	苗	陇戛寨	25年	木器、玩具、门窗	自学	小学
熊某富	1964年	男	苗	高兴寨	20年	家具、门窗、石工	自学	小学
熊某明	1938年	男	苗	陇戛寨	53年	大木作、石工	跟师	文盲
杨某方	1968年	男	苗	高兴寨	18年	大木作、石工	自学	小学
王某洪	1966年	男	苗	陇戛寨	22年	大木作、石工	自学	小学
杨某富	1956年	男	苗	陇戛寨	30年	石工	自学	小学

二、民间建筑营造技艺的传承形态

传统建筑营造的技艺主要依托于"木石二匠"，这不仅是长角苗族群的特征，也是整个中国南方民居建筑技艺中的两项重要技能。古代对工匠工种的划分与材料属性有着密切关系，多数一般直接以材料属性为之命名。木匠和石匠即由此而得名。

除木匠和石匠之外，传统建筑技艺领域还有很多其他的工种，如髹漆、编织扎制等技艺。在梭戛，笔者曾见到从织金县只身徒步而来在这里走村串户的割漆匠，也曾目睹村民们熟练地徒手搓绳用以加固自己的茅草屋顶。这些技艺虽然来自远古的记忆，却一直被沿用至今，直至能够终结这种生活方式的新工具和新材料出现为止。

（一）木工技艺的传承形态

陇戛寨流传着一个关于木匠的吹牛段子，说熊国进的祖父是陇戛寨过去很有名的大木匠。这位熊家老爷爷有一次修房子，旁边有一家布依族的人也在修房子，布依族邻居请一个四川来的木匠主持工程，结果上梁立屋的时候老是立不成功。四川木匠正发愁，在一旁看到的熊家老爷爷开口说："你要是答应拜我为师，我可以帮你把它立起来！"四川木匠于是就同意了。熊家老爷爷过后果然很快就把房屋立好了。四川木匠只好答应拜他为师，但是他非常好奇，就问师傅是怎么把房子立起来的，于是会汉语的熊家老爷爷开口说了六个汉字："长嘛笃，短嘛逮。"（意思是"如果木料长了的话就把它压紧一点；如果短了的话就把它拔长，没有什么问题的"。）这显然是一句不能当真的玩笑话，却体现出了传统木匠具有的经验思维特征。可以见得的是那时候的梭戛，一方面大木匠的地位是非常高的，是手工技术时代的知识权威，另一方面长角苗木匠师傅的很多建筑经验其实是很难用言语讲清楚的。

但是现在的木匠地位则不那么重要了，因为在建筑技术方面，技术门槛已经低了很多。熊国进的父亲不懂木工，但熊国进自己由于经常参加集体的建房活动，在祖父的传帮带之下，很快掌握了这门技术，因此他家的木匠家传是隔代传。

传统意义上的木匠应该是中国民间非常特殊而重要的一个知识群体，他们不仅拥有技术的力量，而且还往往具有一些令人感到神秘莫测的本领，如"画符""作法"。最重要的还是他们"能掐会算"，对房屋所需要的柱、梁、枋、檩的尺寸、位置、距离以及木料上开榫的位置能够进行精密计算，一栋优秀的房子是不能用哪怕一枚金属钉子的。他们顶敬鲁班先师，教习弟子需经过严格的拜师仪式，并有长达3—5年的跟师学艺过程。

这一套行业规范完整或不完整地从中原汉族文化中传递到了视木材为主要建筑材料的南方其他民族中去。即使在长角苗族群中，"老把式"们也通过了拜师仪式，并在建筑施工过程中使用苗语念念有词地祈求获得鲁班师傅的保佑，唯独保留"鲁班"二字的汉语发音。

在中国南方的农村，也常有人以谐音谑称"匠人"为"犟人"，言语中包含着对一些"老把式"墨守成规、固执己见、自我权威感过强的无奈与调侃。虽然并非所有的"匠人"都是"犟人"，但从另一个角度来看，传统建筑工匠们的技术手段和知识更新速度确实也是非常有限的，以致可能会影响到他们的思维习惯。在梭嘎乡的长角苗寨子里，苗族人已经习惯了少数几个老师傅的指导。笔者打交道最多的一位是在陇嘎娶妻落户的外乡仡佬族老木匠杨正华，村子里的人经常可以见到他提着主人家奉送的一大壶白酒，一边小酌，一边慢条斯理地指挥着大家搬运和安装房屋所需的各种建筑木材。杨老木匠门下没有正式拜师的徒弟，他的技艺看来似乎已经传不下去了。但他的存在依旧有着重要的价值，因为陇嘎寨目前出现的这一轮建筑样式大改革的主要内容是"草顶换瓦"和"木墙换石（砖）墙"，由于建筑主体仍旧是原来的木屋框架，建筑空间结构本身并没有发生根本的改变，村民们担心施工过程对原来的梁、柱和墙体结构造成破坏，因此这类施工仍然需要他和其他老师傅们的指引。并且也有很多年轻人加入他的队伍中来，因这个机缘而得以了解建筑木工的一些最基本的知识。

笔者于 2006 年就"工匠知识从何而来？"的问题求教了高兴村 43 岁的木匠熊国富。他擅长木器、家具制作，曾是当地知名的苗族家具木匠。熊国富 17 岁就开始掌握较为简单的木工推刨技术。22 岁结婚那年，他对妻子从娘家带来的嫁妆中的几个木衣柜产生了浓厚兴趣，就模仿着做。24 岁时，做出了第一张书桌。后来做的木工活不计其数，大的如房子，小的如衣柜、书桌、小方桌、椅子、板凳、大小碗柜、普通床、高架床、门、窗、楼梯等等，在当地都能卖得很好。

在学会制作这些复杂而精致的木器的过程中，熊国富所获得的很多重要知识主要来自他在梭嘎、鸡场街上赶场的时候的"瞟眼学"——自言"看那些木工店里的师傅如何做木工活，也不敢去打搅他们，只是躲在边上偷偷看，看多了就会了"。熊国富虽然懂得几句"开山下石"的法术咒语，但与很多正式跟师学的木匠相比较，熊师傅却不懂得如何"画字讳""使法术"。

在交谈中，熊国富也曾提到他学习木工技艺过程中其实有一个非常重要的契机，那就是他 22 岁结婚时对妻子带来的嫁妆发生的浓厚兴趣。

他说："17 岁时就开始跟村里的老人学简单的木工推刨。22 岁结婚那年，妻子从娘家带来的嫁妆里有几个木衣柜，我就仔细看了半天，观察柜子的内外结构，琢磨它如何穿的榫，就模仿着做，24 岁的时候，我做出了第一张书桌，刷了洋漆（油漆）以后，跟街上卖的不会差多少。后来做的木工活更多了，大的如房子，小的如衣柜、书桌、小方桌、椅子、板凳、大小碗柜、普通床、高架床、门、窗、楼梯。26 岁的时候开始做第一栋木屋。木材价格上涨以后，又开始学石匠手艺，能造石墙房。"学习能力上的优势使得他能够不断地涉猎新的领域，而他所描述的那个关键时间段，既不是初入门学推刨的时候，也不是跑到汉族木工作坊大门边怀着不安的心情去"舀学"的时刻，而是他对妻子带来的嫁妆——木衣柜所激发出"读物"意识之时——只有这一时刻他所获得的思考经验，才成为后来他不断涉猎新家具制作技艺乃至石匠技艺的动力之源。

熊国富的例子可以使我们了解到，作为一种传统手工技艺知识的传播，非正式获取途径其实也是可行的。不仅可行，而且在"低成本"法则下，这种传承途径有效地发挥了其在市场经济非常不发达的人居环境中本来难以发挥的功效，因此也使更多在手工技艺上有天赋而家境贫困的人能够从中获益。顺带补充说明一句——2011 年笔者到梭戛回访遇到熊国富时，由于传统简易木家具行当在当地不景气，木工技艺精湛的他已经果断放下自己所爱的细木作，转而开始进军新式建筑领域，不仅是师傅，而且还担任包工头，为当地居民修造过好几处小型水泥砖石房屋了。

（二）传统石工技艺的传承形态

高兴村、牛角山一带长角苗人的传统石工技艺的传承方式相对于木匠而言要简单一些，其工艺也略显粗糙。传统石工技艺在这一带的存在主要有两个来源，一是高兴村四寨的木工"老把式"通常能够兼任石工，而且石工在"开山""下石"二诀中都会念到鲁班的名字，可见这两个行当共同顶敬鲁班先师。第二个来源是他们分布在周边石墙房建筑工艺较发达村寨的亲戚朋友们。由于高兴村一带的林被资源一直比较丰富，较之梭戛镇周边其他长角苗聚居点而言，其天然石材的开凿利用反而并不广泛。

在石工领域表现出较明显长项的应该是位于梭戛镇和老卜底大桥之间山顶上的安柱村。这块土地位于高度石漠化的山坡上，在安柱新村建设完成之前，

图 3-8　下安柱石墙房民居写生

就已经形成了上安柱和下安柱两个自然聚居点。由于这一带林木资源匮乏，海拔比高兴村要低很多，盛产石料和竹类资源，环境资源条件使得当地人的石墙房建筑修造技艺十分精湛。在过去，高兴村的居民有很多在砌屋基的时候经常叫上他们在安柱村的亲人们前来帮忙，我们也不难从中发现石工技艺传播的途径是自南而北的。这里还有一点需要说明的是，安柱村其实是一个苗、彝、汉三个民族杂居在一起的村子，村里长角苗居民不仅能流利地使用自己的母语，其汉语沟通能力总体上也要比高兴村四寨的同胞们要强很多。安柱村的苗族居民用很快的汉语语速向笔者解释说，安柱的长角苗人很早就向身边的汉族和彝族邻居们学会了石工技艺，并且在合作建房的学习契机中掌握了他们的开山取石和凿石砌墙技术。安柱的石墙房建筑造型成熟美观，隔石的运用可谓得心应手。各种传统石工技艺大致是通过汉族、彝族传递给他们，再由他们传递给高兴村四寨的长角苗同胞们的。不仅传统工艺如此，如今的各种新工具也大致经由此路线传递过去。

（三）编织扎制、髹漆等其他建筑领域相关技艺的传承形态

搓制草绳、藤编、编扎竹笆板这些工作在梭戛多是男人的工作，并且基本上是家家户户必修的基础功课，因为我们没有见到从村民中专门分化出来的职业篾匠或者其他编织类手工艺人，这一点跟木匠形成了明显的区别。男孩子在几岁的时候就可以跟着长辈们学习这些劳动技巧，这些劳动虽然需要一定的知识和技巧（如识别草、藤和竹子的品种，并知道在什么季节获取它们，以及选择这些自然物的哪些部分作为有用资源），但体力

方面的消耗也是比较大的，因此偶尔可以看到男人们以家庭为单位，以长辈传帮带晚辈的方式进行这些劳动。至少在梭戛的日子里，笔者没有见到女性参与搓草绳、藤编或者竹篾工艺方面的劳动。

虽然笔者曾于 2006 年采访的时候就注意到漆树资源在梭戛乡一带有着广泛的分布，并目睹来自附近织金县的汉族割漆师傅在陇戛、小坝田一带现场割漆，但至少 2009 年以前，梭戛的长角苗人中并没有人专门从事采漆、髹漆工作。我们也未见长角苗人的建筑体上有髹漆的痕迹。

三、受现代技术影响的建筑技艺传承形态

按照人类学功能学派的观点来解释，传统的木屋、土墙房不如石墙房的优点多，草顶不如水泥瓦实用。由于水泥和石头显得更为有用，因而人们有着对这些新材料的普遍需求，只是因为经济的原因，多数村民不能够在一年半载内获得改建或扩建居所的可能。

但事实上，问题要更为复杂一些。一方面，民间工艺技术的传播往往总使人成为彼此的受惠者，且当少数人具备相当的经济条件和解决温饱问题后的足够多的空闲时间，才有可能优先享受到这种恩惠，并将这种新技术从他们这里又传播到更多的人那里去视为一种荣耀，因为历史因他们而改变。另一方面，问题也随之产生，新技术的扩散传播对之前并无文字书写习惯的民族而言，会加速他们对其传统技术知识的遗忘，对于新技术，人们总是需要时间才能详知其利弊的，但新技术却总是扮演着不可抗拒和不可阻挡的角色，尤其是当新技术一波又一波快速冲击之后，这个民族是否可能会丧失其最有价值的各种民族文化，只剩下一个空洞的名目和对自己的传统文化毫无兴趣的下一代人呢？带着这个疑惑，笔者在 2011 年做了后续的调研工作，内容可概括为新工具材料及其使用方法的传播和旧传承形式的萎缩两个方面。

（一）新工具材料及其使用方法的传播

在这里笔者先要对"新工具材料"做一个说明。确切地说，这些工具主要包括雷管、民用炸药等爆破器材和那些由现代工厂生产出来的，需

要用汽油、柴油或电力作为动力源的能耗设备，如电动手提刨、解板用的电锯、电钻、碎石机、风刨机，各种运输车辆，再就是与上述工具材料相配套的各种其他辅助工具和耗材、辅料（如钉子、螺丝、管材、线材、水泥、混凝土制品、各种工程塑料产品等）。

这些工具和材料绝大多数都是在1996年前后逐渐出现在高兴村一带的。虽然在梭戛镇上水泥建筑随处可见，有些也已经有了数十年的历史，但现代消费的价值观总是由不断延伸的公路带到这里的各个角落的，也正是在1996年，公路通到了高兴村的陇戛寨。笔者2006年采访过的高兴寨木匠熊国富是村里最早带头推广这些现代工具的人之一。他经历了两次技术转型（建筑木工—家具木工，家具木工—现代混凝土技术），方才成为梭戛长角苗人砖石建筑领域里首屈一指的能人，现在已经是一个长角苗建筑施工队的包工头，为周边的村民们盖了很多新房子。

（二）旧传承形式的萎缩

1996年以来，在梭戛长角苗人的圈子里，有很多技术都是跨族群传播的（如水泥建筑和电力木工技术），而在此之前，传统的建筑技术则是依靠家庭传承和亲戚、朋友之间的非正式传承，其技术含量除了土石方和木料等的用料、测距等方面需要计算之外，更多的是一些技巧性更为突出的感性手工经验。虽然师徒制在这里的影响力并不那么突出，但它仍然是一个时代的标志。

非正式传承的路子非常特别，一方面无论在哪里都是极少数，但另一方面又无处不在。熊国富成功的例子足以说明非正式传承所带来的成就感是功能意义大于仪式意义的，尤其是在社会发生重大的技术变革之时。

在熊国富师傅向空心砖建筑技术转型的同时，杨正华老木匠的生意却

图3-9　2005年的高兴寨（局部）（吴昶摄）

图 3-10　一群路过高兴寨石墙房建筑群的长角苗妇女（吴昶摄于 2009 年）

正日渐清淡。不仅一栋栋水泥房屋在取代旧式房屋，"老班子"木匠们也在面临严峻的选择——要么回家里淡定地去喝自己的酒，要么就跟熊师傅一样学习使用各种电力设备、制空心砖以及建造砖石墙房的技术。

旧的传承形式的萎缩，意味着旧的那一套技术知识已经被新技术的易学、高效和低成本彻底碾压——截至 2011 年，梭戛长角苗村寨里已经悄然发生了一场建筑技艺的革命，它的直接结果就是把 2006 年以前随处可见的草顶木板房和草顶土墙房变成了各种灰色的水泥平顶房。显然，按照这个速度发展下去的话，昔日略显荒凉的梭戛乡北边的山地村落会变得更加热闹起来。随着新技术的传播，建筑安全质量问题也会上升为一个新的关注点。2006 年高兴寨就有一位妇女因在没有防护栏杆的楼顶劳动时不慎摔下而死亡。因此施工技术的规范化——关于事故防范、安全责任问题也必然会成为一种新技术背后的新知识。

在很多地方，过去这类知识都被寄托于鲁班系统的巫术信仰体系，新房的主人会通过赞美和给木匠师傅打赏（例如封"月月红"或者"四季发财"的红包）来获得神祇对房屋的庇佑；反过来说，如果新屋落成之后出现摔落受伤等事情，社会舆论就会把问题的出现解释为木匠师傅在建房的时候"使了坏"，继而推论出房主人干过坏事被木匠师傅知道了或者招待木匠师傅的礼数做得还不到位。总之传统工匠在劳动过程中收获的不只是经济利益，还有极受人尊敬（甚至害怕）的社会地位。但在新技术传播所及之处，这些问题将会被更多地理性归咎于建筑设计问题——当然责任还是属于建筑施工者，但这无疑将使熊国富师傅这样的建筑施工组织者还必须在实践中摸索出一套符合本地经验的民间建筑设计师智慧——其任且重，其道且远。

四、观念改变的动因

（一）土地权属因素

我们如果把历史回溯到20世纪50年代的土地改革运动之前，梭戛乡高兴村一带的已开垦土地多半被记在彝族地主金家的名下。长角苗人耕种的地也在其中，但这些地方地势高、位置太偏僻，枯水期缺水严重，居住不易，岁出也有限，各方面条件都不算好，因此只有勤快的家庭才能把日子过下去，房屋样式也一直保留着简单朴素的形态。但土地改革以后，附近的公社（乡）和生产队开始修建一些具有高大坚固特征的公共建筑物（如办公楼）和学校，这对长角苗人的民居建筑的建造观念无疑有着深刻的影响。因此，我们不难理解为什么在还没有人使用雷管、炸药开采石料的20世纪60年代，陇戛寨的小伙子熊玉明会坚持用钢钎在岩石山上"拗"出一块块石料，修造出一栋属于他自己的石墙房。如果不是确信过去那种迁来迁去的时代应该结束了，他是不会在建造房子这件事上花费这么大的气力的。在他之后，人们尚有十年没有"跟风"。之后，随着杨洪强家和熊朝进家的全石墙房的竣工，石工建筑技术终于开始在陇戛寨得到迅速的推广。20世纪80年代初，随着包产到户和土地下放政策的落实，水泥开始进入陇戛，随后又是空心砖制造技术的传入。

如果让我们去找到一个具有说服力的关键时间点，以此来解释所有的这些使房屋从简陋的安身之所变成日益坚固复杂的石墙房的话，可能"土地下放"的意义更大。虽然土地改革使土地从地主那里被分到农民手中，但无论是建筑技术、家庭经济还是交通运输的发展水平都不足以促成这场居住方式的革命。只有到了20世纪80年代以后，这种事情才有可能发生。

（二）人与地域环境的关系

根据我们对熊氏、杨氏家族所作的宗谱分析，梭戛的长角苗相当一部分人的祖先主要是从湖南等地迁徙到贵州，而后又分期分批迁徙到今天梭戛一带来的。黔西北是苗、彝、布依、仡佬、回、汉等多民族世居的地方，总体而言，这里长期以来是汉文化、伊斯兰文化、基督教文化、夜郎文化相互碰撞交融的地方。而多数梭戛长角苗的建筑业者在漫长的岁月里对来自汉族的、比较高级复杂一些的木建筑技术（比如用锯解板）完全"不会""不懂""没见过"，而且很有可能在长期对自然环境的依赖中也受到了制约。这往往使他们选择最方便、最省钱和最易掌握的技术成为"不得不如此"的环境决定。

发生在长角苗民居建筑领域的一系列的历史变化，究其关键，全在于长角苗人一方面拥有了自己的土地，另一方面则不能再像以前那样大规模地从旧居地走出。这样一来，人和土地之间的关系就被相对固化下来，游居者变成了定居者，那么廉价而简易的木屋、土墙房随即也就变成了造价成本更高一些的石墙房。

土地所有制形式的改变，也直接改变了人与土地之间的关系，从而间接影响到了建筑聚落的形态变化，简单地说是一种"由聚到散"的变化——过去相对密集的居住格局无法缓解环境卫生与耕作方便等方面的现实需求。这是一个年轻的定居社区发展到后来通常都会出现的结果。因为村寨的临近处总是只能解决部分的生活资料问题，而远处的资源却需要花更远的步行路程才能够获得。

在中国传统的定居农村环境里，最重要的日常生活资料，大致可以归纳为柴草、粮食、蔬菜、肉类和饮用水。这其中除了水资源在获取和运输方面具有特殊性之外，其他的五类通常都有其固定的空间位置，这些空间位置决定了它们在定居者心目中的重要地位，所以水缸离人最近，鸡圈和牲口棚次之，菜地又次之，粮田再次之，柴火与茅草则在非常远的山上。所有的这些资源就形成了空间上的同心圆结构，而当日内必须能够徒步负荷往返则是这个同心圆最远边界的极限条件。但这只是一个理论模型，严肃地看，我们还需要把地貌、地势等空间障碍因素、社会场域因素以及定居者之间的个体差异因素算进来考量。一般来说，越容易获得这些资源的地方越适合人居住。

图 3-11　资源环境同心圆

但不同的环境条件下，这些资源到人居所的位置远近各不一样，例如宁夏西吉的某些山区地带，麦子的产量很高但饮用水短缺的问题却很严重，笔者曾见过一口深达42米的井，需要用辘轳不停地摇，才能取得到水。又如在湖北宣恩的农村，不少人家住的是形制高大的吊脚楼，楼下养牲畜，楼上住人，后山的山泉通过竹笕的连接可以直接流进家中厨房里的水缸，如果田地和柴草山都离家很近的话，人就会过得比较舒服一些。六枝北部山区除了重新种植起来的林场以外，还有不少石漠化地貌，自然植被的分布不均匀，无法开垦或开垦效率低的土地面积较多，在2005年大规模兴修水窖之前冬季缺水的情况每年都会发生。在这样的环境下，资源的获取就会变得异常艰辛。笔者曾见到一位陇戛寨的村民带着女儿背着满满一背篼粪肥，清晨步行翻过一个个山头，到两公里之外的马铃薯田里去施肥，来来回回五六趟，一天也就结束了。还有一些村民的田地距家屋虽与他一样远，但却在机耕公路边上，他们只消花钱雇一辆农用车，三个小时之内一两趟就把家里的粪肥出完了。因此对于那些长年苦于远距离负荷往返的农民家庭而言，他们必然是最盼望换一种活法的，解决这种不公平的最简单办法就是出去打工，让土地荒芜下去。

这里笔者所观察到的并不是古代生活方式与现代生活方式的对决。更准确地来说，有两个因素，其一，半定居、半游耕的时代被土地改革终结，长角苗人从此成为名副其实的村民；其二，土地下放到不同的人家，结果是不一样的，为公平起见，所有的土地都被切割成若干小块，以便在分配时能够保证公平，于是以往聚族而居、日久而弃寨搬迁的生活方式必将面临新的考验。人在不断地重新认识土地，也在通过与土地的交融不断地重新理解和调整自己的文化。人和土地的关系也在不断发生变化。变化还在继续，2011年梭戛生态博物馆的故友告知笔者，长角苗已有多达2000余人悄然在上海嘉善与浙江嘉兴之间的一块地方暂居，他们主要是在木器、家具加工厂里打工。他们平素低调，不说苗语，不着苗衣，只在关起门来的时候，才在家里用他们的语言交流。笔者因为学校教学任务重，抽不出时间去上海，错过了这个做都市人类学田野的好机会。但不论他们在多么遥远的地方打工，只要自己的家乡还有他们的一块土地，家乡的森林与土地就依旧是他们的精神家园。

（三）道路交通与信息媒体的间接作用

在 1969 年出版的《地球村——战争与和平》（*War and Peace in the Global Village*）一书中，加拿大传播学者马歇尔·麦克卢汉（Marshall McLuhan，1911—1980）第一次提出了"地球村"的概念。麦克卢汉指出，电视媒介通过卫星系统的直播而使整个社会步入了一个崭新的时代，从而使得世界几乎缩小成为了一个一体的村落。如今，广播、电视、电话和互联网的普及，使得地球村的设想成为现实。近些年来，梭戛长角苗居民不仅可以比较方便地使用广播、电视、电话，甚至少数比较富裕的居民还拥有自己的手机、摩托车。正是由于交通、信息等方面条件的改变，现代生活方式的影响力在梭戛长角苗人群中得以迅速上升，但同时传统建筑工艺面临着即将失去其实用性的困境。对现今世界各民族的文化传统而言，这种被新技术和新生活方式造成的困境是一个具有普遍意义的文化困境，因此，以梭戛苗族社区为点所做的考察与研究对于观照这些处在即将消失状态中的古老文明，可以说具有重要的现实意义。

新技术的渗入对于原本处于纯粹步行交通系统之中的陇戛寨来说，总是一点一滴的，但同样的环境，同样的人，一俟车路修通，所有的变化都以加速度进行，这是我们将陇戛寨与周边的各个村寨进行比较后得到的最明显的感受。1996 年后道路交通的改善为材料工具等物质需求及人员流动提供了便利。

道路交通的变化意味着什么？美国威斯康星大学人类学教授周永明曾提出一种"路学"研究的新主张。他认为"……视道路为一种特殊的空间，兼具时间性、社会性、开放性和移动性。时间性表明道路空间存在于历史语境中，并随历史进程而变化和转型。道路空间的社会性反映在它不仅是物理性的存在或社会活动的载体，而且是社会关系互动的结果和再生产工具。道路空间的最大特点是它的开放性和移动性。它不只是一个具有固定边界并静态地呈现社会关系和实践的平台，而且是移动的、延伸的、进行时态的空间，人与物、人与人、物与物之间的社会关系不断演变、互动、展开和形成冲突。道路空间不断被生产、使用和消费。作为一种特殊的消费品，道路空间更注重符号象征性的意义建构，而追求新颖体验的个人成为消费的主力。……除了社会空间，道路也是一种交通传播媒介，具有不可否定的功能。道路的延伸打破自然、地理、政治上的阻隔，不断扩大社会交往空间。道路可以加速不同空间之间的互动，缩短社会交往所需时间。路网的发展和完善不仅使得社会交往变得繁杂交叉重叠，而且社会时空同时呈现扩展和收缩的状态，实实在在地影响着人们的现实生活、感官感受和思维角度。道路空间中政治和权力关系占据重要地位。决策者、修筑者、使用者、消费者以及社区成员各自具有不同的动机、目的、策略、体验和后果，是整个社会关系过程中的相关者"①。

　　1996 年，公路从梭戛乡的镇上延伸到了高兴村陇戛寨，两年后，梭戛生态博物馆成立。1998 年之后，梭戛乡的公路建设一直处在缓慢的进展中，截至 2006 年，高兴村的陇戛新村、小坝田、高兴、补空之间的土毛公路已经通车。平日里来往的车辆并不多，主要是过路的客运汽车和下乡检查工作的公务用车，到了临近年关的时候，小伙子们骑着摩托车从外地打工的地方赶回来，路面上才会繁忙起来。即便如此，风吹日晒雨淋时间久了路面还是会受影响，到了 2009 年，这条土毛路上出现了越来越多的积水坑，一些路段开始损坏，一度造成交通的中断。待到 2011 年笔者再去的时候，这条连接高兴村四寨的道路也已至少部分地实现了水泥化。水泥不仅覆盖了路面，也经由这些路面运输到了各个村寨，慢慢用它的颜色改变了村寨原来的样貌。而在这段岁月中，六枝北部山区的变化最明显的也就是这些水泥建筑，公路交通越方便的地方变化越大。2006 年春，笔者与安丽哲曾搭乘摩的从梭戛去了一趟织金县的化董村，去那边的路面更加让人苦恼：一些悬崖上的路段岩石风化严重，是堆积成斜坡的页岩碎粒，跑这个路的摩的司机的臂力足够大，才能摁得住一路上不断跳动的车头，一路上不停地颠簸还花了 80 块钱车费，十分令人郁闷。出发后三个小时，我们才看到一辆从化董那边跑过来的胶轮马车，驾车的人非常吃惊地看着我们说："我在这条路上已经至少三年没见过机动车了。"在这一路上，我们也看到了很多在陇戛刚刚消失了的风景，比如掩映在花树丛中的茅草木板房。水泥在化董的用途也很广泛（例如做瓦片和平整地面），只是用量没有陇戛那么大，这也与交通条件的限制有关，所以对于化董寨而言，我们基本上还能够看到它过去的样子。

---

① ［美］周永明.路学——道路、空间与文化［M］.重庆：重庆大学出版社，2016：23.

男孩们一年一度以集体相亲为动因的走寨传统得以延续，他们一个夜晚可以从织金那边的长角苗村寨步行到陇戛，走完寨之后再步行回家睡觉——他们的上一代人那时候还打着火把，我们去的时候已经看到他们拿着手电筒（再后来变成了带手电功能的手机）行走在山间的小道上，这些小道虽与公路偶尔相交，却是两套非常不一样的山地交通系统，某些村寨之间通过小道走动起来甚至能够比走公路更早到达。

除了道路交通方面的变化，手机也曾经为当地建筑文化的变迁提高了效率。或许是因为有生态博物馆的存在，2005 年，高兴村一带的信号覆盖率总体上还是不错的，和很多农村比起来，信号盲区并不算多。不过手机的使用率并不高，一个寨子里有手机的人也并不多，但即便如此，信息沟通的效率也比以前高得多。需要打电话的人会给有手机的人一点通话费用，以便借用他们的手机。反倒是村里极少见到私人家庭安装座机电话。除了村里面的干部和学校老师之外，最早使用手机的主要是那些经常出去打工或者在外读书的年轻人，我们的采访对象如果留联系方式的话，基本上都是留手机号，没有一户留座机号的。工匠们之间的联系也经常是依靠手机，从四十岁出头、年富力强的建筑工头熊国富到八十多岁的老木匠杨正华，都随时配备着手机，他们的手机号伴随着他们的名声传播到周边（主要是长角苗村寨），一旦有生意找上门来，都是通过手机来跟他们预约。建房合作的召集、组织、分工与合作很多也是通过一个手机电话打过来就可以预先知道对方有没有空，在不在家，不必再像以前那样需要亲自登门去看或者托人打听带话，因此对于建成效率来说，是起着重要作用的。

（四）当地人自身的意愿

在博物馆信息中心，我们听到过很多次围绕文化与贫穷的争论。主张扶贫、脱贫的人与主张文化保护的人各执一端，争论激烈，但他们都渐渐发现论战中存在着一个非常明显的、最不应该发生的疏忽——梭戛长角苗村民们自身话语权的缺位。

对现代化进程中少数民族自身话语权的问题，《走进民族神秘的世界——中国西南少数民族艺术哲学探究》曾经提出一个看法："少数民族社会没有一个自我设计的'现代化方案'，也没有一种明确的社会自我变革的意识。再从现代化的目标来看，少数民族社会多数并未能够实现工业化、都市化的变革；而且其变革也不以这些目标为指向。"此本书的作者张胜冰、肖青认为："现实的基本情况是，国家力量的介入以及其他发达地区的影响是引发社会转型和变迁的重要因素。这种基于外部压力的变迁已经给少数民族社会带来不少社会与文化问题，因此，只有明确少数民族社会与文化的这一'引导型变迁'模式，当我们进一步探讨少数民族审美文化的现实处境时，才能够准确地对一些相关问题作具体的定位。……然而，这种过于乐观的看法却无视这样一种现实困境：并不是每种文化都能够在'现代化'之下成功地实现社会与文化的转型。……与当代少数民族文化所面临的现实困境相比，它们只能说是一种过于理想化的憧憬。"① 或许是由于成书时间较早，这一观点似乎还带有那么一点点计划经济色彩，作者认为少数民族社会既然是被国家力量带入了现代化，那么国家就应该为他们量身打造一套解决现代化冲突问题的"引导型变迁"方案（不知道中国目前的非物质文化遗产保护工程是否属于这一类方案），从而使他们能够在现代化进程中得以保存自己的文化，然而作者对国家的包办也不太放心，因此最后陷入一种悲观的悖论之中。

首先，笔者不太赞成"现代化方案"这样一个预设的概念，尤其是将其与"民族"进行关联。从可操作性上说，现代化必须是一个全社会的事情，国家若要对国民生活方式作"现代化方案"的顶层设计，也不可能对56个民族分别去制定56套独立的现代化方案，即使是汉民族的现代化也是不可能按照计划图纸来完成的，这其中有着很多的变数和无穷的民众智慧在发挥作用，以此类推，少数民族亦应如是。其次，根据笔者在梭戛的田野经历来看，少数民族文化在现代化进程中进行自我修复的能力仍然是不应该被低估的，虽然我们亦曾目睹他们在贫困线上挣扎的艰难，但那并非完整的事实，同样映入我们眼帘的还有他们面对生活的务实乐观态度和对美好未来的憧憬与毫不犹豫地行动。因为他们相信未来，所以，笔者以为，只要他们还拥有自我文化解释和修复的权利和能力，未来的生活一定会比现在更好。

这些实际上正在决定自己文化命运的村民们又是怎么想的呢？他们

又是如何以他们的方式回答的呢？要了解这些，就必须梳理一下他们在当地历史中的身份与处境——上溯至 200 多年前，当长角苗先民们在向梭戛的丛林里移民之初，环境改造活动尚未开展之时，他们曾经选择在深山箐林中一边刀耕火种，一边伐木取材，为建造自己的正式居所作准备，彼时建造房屋的速度最快只需要 7 天。这种游居垦荒的生活方式至今仍存储在老人们的记忆之中。或许，这也是梭戛苗族人的祖先从北方一步步向南方游耕并迁徙到此地的真实写照。而在他们的生产方式方面，他们长期以来（至少自清末至 1951 年土地改革时为止）都处于整个国家经济体系的最底层。至少在那个时候，他们还不是这片土地的真正主人，他们中的绝大多数人都不是自耕农，而是佃农。陇戛人给彝族金姓地主种地，每年提供实物地租，并承担保护金家及其领地的武装的任务，小坝田的长角苗居民们则是因为需要倚赖老卜底李家（汉族）的武力保护以免遭受匪患威胁，而后才逐渐成为李家的缴税人。

可见，自古以来，梭戛苗族人的整体生存状况是极其脆弱的，他们对生活所需的物质资料要求非常低（甚至到中华人民共和国成立后，每当秋收季节下山帮附近农民收割粮食所需要的报酬也仅仅是"管饭，吃饱肚子"）。在这样的生存历史进程中，他们已经快要遗忘了决定自己命运的话语权，以至于今天让他们重新面对这一权利的时候，他们还需要花更长的时间来重新培养这种独立自主的文化自觉。尽管 2000 年《六枝原则》第一条就强调："村民是他们文化的真正拥有者，他们有权力按照自己的意愿去解释和认同他们的文化。"但历年来，在生态博物馆所召开的村民会议中，苗族村民们并没有主动提出多少关于其自身发展的建设性构想，他们多是以附和或沉默的方式来被动应对政府或学者施予他们的各种建设与保护的方案，以至于让外人洞悉其内心真正的意愿成为一件很头痛的事。

然而，有一点是显而易见的，那就是他们的实际行动。他们正在以自己的判断力（哪怕有时候有些目光短浅和急功近利）和快速的行动能力努力改变着自己的生活，他们希望过得跟外面的人一样好，因为那样对于他们来说意味着生活水平的提高，意味着幸福。这些行动主要体现在旧民居建筑的改造以及生产工具及日用消费品的现代化方面。他们毫不犹豫地引入钢筋混凝土技术，使用电动碎石机和手提刨等现代化建筑工具来改造和新建自己的房子，修砌水窖，他们用这些实际行动回答了大家喋喋不休的质疑和争论。——这就是他们行使的"按照自己的意愿去解释和认同他们的文化的权利"。

为什么村民们会做出这样的选择呢？首先是精力的问题。每个人的精力都是有限的。男人们每天忙于打工挣钱，或者背运沉重的土石方和肥料穿行于田间地头，他们是不会有足够的精力去沉浸在老人们一代代传下来的木工技术之中的；女人们如果选择了梳头、合影等出售肖像权或者所谓的"民俗舞蹈"表演等有偿表演活动，也就自然不会花两个多月的时间去刺绣一件精美细致的盛装了。事实也正是如此。其次，梭嘎苗族的文化之所以与贫穷有关系，是因为他们的文化特色中手工艺部分占据了很大比例，从而导致维护传统的时间成本越来越高。以前，他们可以用慢工出细活的方式去修建房屋或者做刺绣，因为他们相信自己的时间很充足。但现在不一样了，马克思《资本论》中所提出的"单位时间内产出率高，所获得剩余价值也高"在这里再次得到证明，时间变得越来越珍贵。建筑工匠们为了获得更高的单位时间的产出率，降低成本从而引进某种先进设备和材料是于其自身而言最合理的选择。

作为一个整体的民族社区文化，有形的文化主要是指它的建筑、器物、服饰等手工技艺方面，无形的文化则主要是指它的信仰崇拜、诗歌文学、节日庆典等方面，但它们之间的关系是彼此关联、相互支撑的。比如说，现代化的电动机械和钢筋水泥等建筑材料引进到陇戛寨之后，受到影响的不仅仅是建筑形态的面目全非，而且陇戛寨原先"祭鲁班"的建筑行业信仰仪式也跟着消亡了，这就说明这种整体性是确实存在的。手工技艺作为长期以来维系人们物质生活基础的有形文化，其基础地位的动摇必将波及人们世世代代所传承下来的对生活要求的价值取向和内心深处的精神信念，并受到他们的重新审视。他们不会再为苞谷饭、茅草房、族内婚这些司空见惯的生活内容感到心平气和，而是渐渐觉得受其拘束太多，相信摆脱它会获得精神解脱，获得心灵的自由。一个典型的例子就是2000年9月首次赴挪威访问学习的陇戛寨女子熊华艳——她回家以后就在穿着打扮、语言谈吐等方面扮演着"领导时尚"的前卫角色。这一角色在陇戛无疑是"一石激起千层浪"，引起年轻女孩们的争相效仿，以至于在如今周边村寨的年轻男孩中间流传着这样的说法："现在陇戛的女孩不太好娶了，她们眼太高，以为自己跟我们不一样。"在建房子这件事情上，也有一个例子，就是陇戛寨的熊玉方对博物馆和村里反对他给自家墙体贴瓷砖一事的不满，他以返乡养老的退休工人的身份，理直气壮地表示拒绝接受他们的意见。这些事情总结到一起，似乎是外人比他们自己更期望长角苗人的文化传统能够被妥善保存下来，从长角苗人的角度来看，这的确有点不可思议。

一种充满理性的社会活力如今正在为"经济收入"这个重要话题所影响，如今整个社区的手工文化都面临着现代化所带来的深度危机。事实上，建筑手工技艺已经完全转型，至 21 世纪初，木匠行业已经处在从建筑工匠中半分离出来的状况之中，成为家具器物生产商，偶尔做做门窗之类的小木件，整个建筑手工艺全都是石匠行业在维持。因此长角苗村寨的建筑群落风貌正由此发生着巨大的改变。

有一种观点认为：传统是极其宝贵的东西，一个族群丢掉了他们自己的传统是非常不幸的事情，甚至他们的文化变得跟以前不一样了，也是失去了应有的本真性，变得不单纯了，他们似乎应该为此感到羞愧和自责，如果责任不在他们，起码也是文化部门保护和传承不力的结果。这种观点似乎很有市场，但这看似能够自圆其说的逻辑里面似乎缺少了某些重要的参数，使人感到有些矫情。笔者以为，这块缺失的部分至少包括对当地人（或当事人）意愿和能力的忽视，仿佛谈论的是一群对未来生活完全没有构想而只是期待被指引和拯救的人。

2006 年，我们考察组一行去了被长角苗乡亲们多次提及的纳雍县张维（张家湾）镇补作村老翁自然村，试图从那里找寻长角苗文化的起源痕迹，以及将它和高兴村的几个寨子拿来做比较。老翁自然村是短角苗（亦称圆角苗）与汉人杂居的一个寨子，地势较平坦，植被也更茂盛，也是长角苗的一个重要族源地之一。从张家湾镇到老翁自然村的公路交通非常方便，甚至比梭戛乡到高兴村的路还要方便。然而公路旁的茅草顶木屋却依旧很多，这些房子多数是苗族村民的，少数是汉族村民的。由于与汉族杂居一处，短角苗人的汉语表达能力都很强，苗绣和蜡染技艺比长角苗人还要复杂和精细，显然他们已经总结出一套保护自己传统文化的方法，不太容易受外来因素的同化。可见公路交通并不是改变建筑形貌和民俗传统的必然因素，仅仅是一个前提。因此笔者又不由得回过头来思考一个问题："梭戛的长角苗人在面对建筑现代化这个问题上为什么跟他们在纳雍老翁村的短角苗远亲们表现得截然不同？"

这个问题很难回答，但是我们已经注意到了一个明显的事实：梭戛生态博物馆的出现对陇戛寨来说太突然了，它无疑是一种强烈的刺激，像一扇窗口，既让外人看到了陇戛，又让陇戛人看到了外面。我们通常只注意到前一种情况，却很少注意到后一种情况，规划者以为村民们会把生态博物馆当作空气一样视而不见。然而他们的的确确看到了一批又一批漂洋过海上山来猎奇的外国游客，看来看去，于是如费孝通先生所说的"我看人人看我"那样，被看的人就突然意识到自己是因为生活方式跟外面人的不一样而变成"观赏对象"的，内心就变得敏感起来。所以最初现代化意愿表现得最为强烈的是陇戛，之后这种观念的变革波及了高兴村的小坝田、高兴和补空。再之后，周边的长角苗村寨都在开始受这种观念变革的影响，其最醒目的标志就是村寨聚落的水泥化速度。2009 年高兴村一位正在重庆念大学的年轻人对笔者说："觉得自己刚去重庆读书的时候好自卑，我要是回来，发誓一定再也不要像他们那样，日子过得这么苦，再不然，我就远离这个地方，因为出去了我才发现自己什么都不懂，因为我感觉这个地方实在太闭塞了！"

显然，老翁村的苗族村民们并没有遭遇到生态博物馆这种大排场的强烈刺激，他们的世界更为宁静宽和一些，以至于即使公路就从他们村寨旁边擦肩而过，他们依然乐于保留下一栋栋他们祖辈居住过的茅草木屋，即使这些茅草屋在未来的数年里会消失不见，也并不会是因为他们觉得自己住的地方太闭塞和落后，出于羞耻感或改变家乡贫困面貌的勇气才将之夷平。

在这里面，笔者认为最不该忽视的因素就是当事人的意愿。这是任何文化变迁分析都不应该忽略的重点。梭戛生态博物馆目前正在予以保护的民居建筑大都不是属于陇戛人所独有的原生态文化部分，而是既有在外部文化介入村寨之后的建筑形制，又有在这个文化族群形成之前就已经存在了的建筑形制。既然他们的建筑史本来就不是处在静止不变状态下，而是处在不断地变化和冲击之中的，是民众自己因着生计需要而不断地变化着的，那么保护文化，落实到根本，还是应该采取人性化的保护措施。这个考虑也涉及保护方案的具体可操作性，如果不是出于对民生问题的考虑，文化资源的拥有者——民众甚至会毫不犹豫地视以民间文化保护者姿态自居的"外人"为敌人而产生抵触情绪。这个问题在生态博物馆早已经争论得十分激烈，因此，2005年一致通过的《六枝原则》中的第一条即声明："村民是他们文化的真正拥有者，他们有权力按照自己的意愿去解释和认同他们的文化。"虽然从文本和文化保护理念上，梭戛生态博物馆都努力达到了很高的认识境界，但就其事实经验而言，也多是外来的文化管理者在自说自话，当地居民并没有获得真正的话语权，他们仍然把精力放在各自家庭的生计问题上，问题又被拉回到沟通困难的原路上来。文化与民生问题的解释权仍然归"有知识"的外人所拥有。当地人在文化问题上的沉默与努力改变现实生存环境的各种具体实际行动交织在一起，实际上是给予争论者们一个十分难堪的回答，因为他们对"箐苗文化"的种种建构性的表述都没有通过梭戛生态博物馆这一政府派驻机构的工作予以实现。

博物馆方面目前所能够采取的文化保护措施是静态保护，这一主张也是近年来许多专家学者所积极推崇的，即以文字、图像、音频、影像、实物搜集等手段将他们即将消失的文化予以忠实地记录与保存。这种谨慎的、非介入姿态的文化保护措施并不是最好的解决方案，然而在历经"致富光荣""奔小康"等价值观影响的社会背景之中，却似乎是大家所纷纷选择的不算最差的方案。

然而，"文化"是一个非常大、非常笼统的概念，在涉及许多具体的文化保护问题时，任何人都无法将所有可纳入文化体系的内容统统予以保护。按照陇戛当地人的理解，他们对自己生活方式的许多改造措施并不是破坏文化的疯狂行为，而是提高现实生活水平必不可少的环节。笔者曾经问王兴洪村主任："如果按你们现在的想法，陇戛这些房子将来跟外面没有什么区别了，以后也没有人愿意上来看了，这个问题你想过没有呢？"王村主任回答道："这个问题我不是没有想过，你不许他们修（新式房屋），他们就只好住这种土墙房。你说是文化保护，大雨一来，土墙房（里的人）多半都找不到可以避险的地方，到处漏雨，不好办呐。"他所说的情况还只是一个方面，此外，该村卫生室的医生也提到，人畜分居、室内水泥地面和饮用自来水系统较之人畜混居、室内泥土地面以及公共井水水源而言，都可以有效地降低传染性疾病的暴发率，这些情况都非常具体，是不得不承认和面对的现实问题。但这在让人感到心情矛盾的同时，我们也不难发现，他们的建筑样式正处在转型期，陇戛寨有草顶的木屋，草顶的砖、石墙房，也有瓦顶的木屋和瓦顶的石墙房，村民们亲自上山开凿石料，亲手建造起一栋栋房子，新材料与旧材料之间彼此搭配，可见这些新式建筑工艺并不是突如其来的洪水猛兽，而是以兼容的形态逐渐融入陇戛寨之中的，并不是大革命式的彻底摧毁原有的建筑文化系统。

五、小结：知识的改变推动了建筑技艺传承方式的现代化变迁

材料学上的突破改变的不只是建筑体的形貌，还有游戏规则，技术知识被物化为工具，人的学习成本得到节省，传承方式变得更为灵活多样和实用主义。

我们知道，以工业文明为重要特征之一的现代社会，其各行各业的传承依靠的一般是由国家认可的中、高等学校的教育教学和岗位职业培训等以知识传授为主要手段的现代教育系统，有专门的教员、教学场所和教育设施，在规定的时间内完成相关职业技能的培训和测试，并授以相对应的职业技术资格，从而尽量满足其实践应用的目的，并尽量避免宗教信仰、法术等通常被今人认为是迷信的传授。总体看来，具有上述全部特征的传承方式大都可以被视为属于现代工业文明中的技能传承体系的主要特征。那么与这一体系并不完全相同，甚至完全不同的各种民间传统手工技艺的传承体系又是何种形态呢？

在这里，我们有必要重新定义一下"传统"这个概念，在笔者所观察到的这个长角苗人的生活空间里，"传统"是一个与周边文化族群有融合，并缓慢变化的整体，这个整体中既有来源于汉族和其他文化族群的因素，又有他们自身的因素，他们的建筑文化就是这样一个错综复杂的关系。我们既不应该把这种建筑文化理解为长期封闭或半封闭环境中的单一文化产物，也不可以视其为纯然的外来物，更不能就此把传统的缓慢变迁与现代的迅速变迁混为一谈，因为这样我们极有可能将现代机械化生产方式对梭戛的影响与传统的文化交融、技术传播混为一谈，造成更多武断的理解。

我们通常会把民族文化想象成彼此隔离的单独系统，事实上并非如

此，很多民族文化都存在着交集和共享资源。长角苗人的传统建筑技术是古老的，但也是与周边汉族传统建筑技术同源共祖的。类似的情况其实有很多。湖北省社会科学院已故学者张正明先生曾在"土家族研究丛书总序"中提出：

> 中国的地形，从西到东，从高到低，大致可分为三级阶梯。长江上游与长江中游的交接地带，位于第二阶梯中段的东缘和第三阶梯中段的西缘。这里是连山叠岭和险峡急流，地僻民贫，易守难攻，历史的节拍比外围地区舒缓。北起大巴山，中经巫山，南过武陵山，止于南岭，是一条文化沉积带。古代的许多文化事象，在其他地方已经绝迹或濒临绝迹了，在这个地方却尚有遗踪可寻。这么长又这么宽的一条文化沉积带，在中国是绝无仅有的。当然，时移则势异，保存在这条文化沉积带里的古代文化事象或多或少已经变了形，甚至变了性，但总能使人察见文化事象流变的线索，此今彼古，"情与貌，略相似的"。

他认为现存于某些毗邻汉族文化区域的少数民族地区保留下很多原本属于汉文化的遗俗，但由于历史的遗忘和交通的闭塞，这些遗俗能够在少数民族地方保留至今，如在土家族、苗族、壮族等聚居的南方多山地区得到较好的保存，而在今天的汉族文化区域内反而找不到了，于是便有了这种"历史沉积带"①。笔者借用张正明先生的看法，就不难解释长角苗族群为什么能够认真保存下顶敬鲁班的习俗，而在其他汉族地区却不太多见的原因了。但这些都是历史，在现代化这新的一页里，长角苗人的生活正在发生新的变迁。

今天梭戛长角苗人村落里正在发生的技术变迁与古代跨民族的技术交流既有些相似，又有些不同。一方面，交流都是从知识系统发达的一方流向知识系统脆弱的一方，不论当地人对外来文化的接受是主动的还是被动的，他们都必须在实践中不断地趋近前者的文化，不仅仅是技术层面的趋近，还包括文化方面，例如一些工具的名称，因为是从汉族那里学来的，在自己母语无法形容的情况下，必然会大量使用汉语来作借词。这有点类

① 雷翔. 鄂西傩文化的奇葩——还坛神（总序）[M]. 北京：中央民族大学出版社，1999：4-5.

似 20 世纪 70 年代中国修建坦赞铁路时培养出来的非洲铁路员工，据说他们有些人除了能够使用汉语的铁道工作术语之外，还可以用简单的汉语跟中国人进行交流，甚至唱赞颂毛泽东的汉语红色歌曲。这就涉及文化涵化的问题，涵化（acculturation）也被叫作"文化摄入"，这一概念最早由美国人鲍威尔（John Nesley Powell，1834-1902）于 1880 年提出，一般指因不同文化传统的社会互相接触而导致手工制品、习俗和信仰发生改变的过程。涵化通常有三种表现形式：接受、适应与反抗。然而，梭戛乡的长角苗村民们没有对现代化作出反抗，他们毫不犹豫地伸开双臂去拥抱现代化——从电视机、家具到住的房屋以及其他的方方面面。但是另一方面，长角苗人当然也有他们自己的"体用之别"——他们保留下来自己的语言、服装、民俗和信仰，并视其为最重要而不能随意改变的"体"。这大概可以归纳为一种"具有长角苗特色的现代化"。然而建筑形式并不属于他们最核心的文化组成部分，所以在文化变迁的过程中被划到了"用"的部分。

由于长期以来处在半封闭的自然与人文环境之中，梭戛曾经保留下许多长角苗人祖祖辈辈亲手建造、居住和使用的各种建筑，然而在这过去的十多年间，这些建筑如今正受到见识日渐增长的当地居民们的遗弃和现代化改造，改造手段包括木改石、换水泥瓦顶、加玻璃窗、抹水泥地面等等。至今，他们的农业生产水平和生活卫生条件依然处在不可思议的低下和不良境地，他们也正在以除旧布新的行动来改变其生存现状。他们中已经有越来越多的人受了九年义务制教育，这些年轻人自然决心要摆脱疾病、贫困和对鬼神恐惧的困扰，这种改变也是从一些具体的小事开始的。建筑形制的转变正处在这样一种强大的文化变革的背景之中。

道路交通的不断改善，一方面从物质上改变了旧有工具材料系统的形态，特别是将新的建筑工具与材料一路传递到公路沿线的各个村寨；另一方面让人们可以更加方便地出远门和回家，外出打工的意义远不只是挣钱去改善生活，它拓宽了当地人的认知范围，甚至使他们能够在很短的时间内迅速地适应和理解他们所面临的这个大变迁的时代，为他们构筑起未来家居生活的梦想，并且使他们变得有勇气和有经济能力去实现它。

第四章　陇戛建筑的变迁历程

陇戛何时成寨？长角苗人何时进驻于此？这两个问题迄今仍是无人知晓的谜，因此在谈及陇戛长角苗建筑的变迁历程问题时，最清晰的记忆也没有超过十代人。本书依据陇戛及周边村寨现存的各种建筑样式和遗迹、老人的口述史和种种现存的建筑实物，可以大致描述出它们风行和衰落的时代范围，其建筑文化历史大致划分为彼此或有交叉的几个大的时代，即树居—垛木房与棚居时代（？—20世纪中叶）、鲁班时代（19世纪初至20世纪60年代）、夯土时代（20世纪初至1971年）、护草时代（1966年至2006年）、石墙—混凝土时代（1960年至今）。

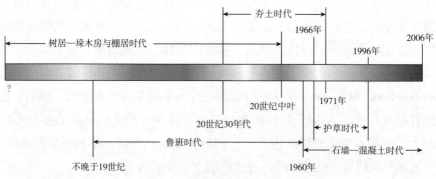

图 4-1　陇戛寨建筑变迁历史

一、树居 – 垛木房与棚居时代（？—20世纪中叶）

尽管各方面的文献和部分田野材料都支持长角苗人的祖先过的是一种半游耕、半定居的生活，但这种生活方式并不意味着完全居无定所。建造简易垛木房或木屋的技术应当是长角苗先民们很早就具备的本领。但提起那种依靠岩洞和树木而建造的更为简易的三脚棚，长角苗人却丝毫不感到陌生，因为在他们的生活中，这样的建筑技术中断的时间方才过去几十年。

贵州自古被当地汉族居民称为"黑阳大箐"，曾经遍布温带和亚热带丛林，荆棘、灌木、蕨类和藤本植物丛生，野生动物也很多。自古以来人类在这里与大型野生动物所发生的冲突屡见不鲜，由于有毒蛇猛兽等各种来自自然界的威胁，短期内最方便有效的居宿方式是树巢居和依山石或大树而建的小棚，一旦有了这样的"根据地"，人就可以逐渐地在深山丛林中一边刀耕火种，一边伐木解料，为建造自己的正式居所作准备了。

有关小坝田寨的起源的一则故事是这样的：相传很久以前，长角苗某王氏家庭的祖先——兄弟三人带着各自的家眷子女来到此地，发现虎豹虫蛇太多，人根本无法立足。愁闷之中，兄弟三人发现了一株巨大的核桃树，树分三个丫枝，仿佛是天意，于是三家人便以自然平伸开来的三个丫枝为梁，搭建小棚，过起了巢居和狩猎开荒的生活（另一种说法是三兄弟以三个丫枝为家，直接在树枝上巢居）。由于野兽太多，他们只能白天生活在树旁，晚上则要翻山到高兴寨的族人那里去睡，这样一直坚持到新屋落成，越来越多的人都跟着搬迁过来了，最后才形成了今天的小坝田寨。

在我们所采访过的小坝田王姓村民们中间，这段故事得到了广泛的认可。按照王开云先生讲的这段故事中所提到的祖先到他这一代，方才五代人，而这个故事所发生的时间应该是在清代晚期到民国初年。小坝田王氏后人为了纪念这段历史，每年祭山的时候都要在核桃树前叩拜祭奠。核桃树位于今小坝田寨的寨中心岩石边，它的树身须三人才能合抱。树的上半截因树心枯朽而早已荡然无存，仅剩下半截树身，但依旧枝繁叶绿。笔者看了这棵大树半天，难以想象那可以承载三个家庭的三个丫枝该是何其的壮观。

图4-2　小坝田寨王海清家用以支撑房梁的两根杈杈柱

此外，还有一些棚居类的临时建筑。其中一种三脚棚是在土地上挖三个两尺深的小坑（呈等腰三角形分布），然后伐取三根碗口粗的杉树条，其中一根长一丈二尺或一丈三尺，余下两根长约八九尺，两短一长，各杵一坑，三根木头的顶部以藤条勒紧固定在一起；再用藤条将长短不一的树枝、竹棍与地面平行地绑定在长木和两根短木之间，并留出正面的出入口；最后还是用藤条将采集来的茅草绑定在树枝、竹棍上，以形成遮蔽墙，然后修葺好棚内的枝条，打扫一下地面，就可以安身。还有一种四脚棚，即将三脚棚的那支长木另外用两支短木抬起，变成独梁，形状类似露营用的行军帐篷，是一种极其简陋的临时建筑。这种建筑样式的历史久远，分布广泛，西南山区一些偏远贫困的地区都有遗存，例如在湖北的鄂西南山区，农民会在农田附近修建一些简易的、有遮蔽功能的休憩设施，并称之为"狗爪棚"。

这两种棚屋现在尚有保留，只是尺寸已经缩小，一般作简易茅厕之用。除这些之外，还有许多依附于山洞石隙、大树或者民房的非独立性小棚，它们多是靠树杈而不是木柱来支撑茅草屋顶的，狭窄简陋，多是投亲靠友的搬家户在没有修起自己的新房子之前所栖息的临时居所。

在穿斗式木屋建筑技术传到梭戛长角苗社区之前，长角苗最早的建筑样式是一种叫作"垛木房"的小型木构建筑，考察队苗族队员熊光禄曾采访高兴寨老人熊进权，他提供的采访资料描述道："这种房屋是用整棵整棵的树干交叉叠放，垒砌而成。由于每棵树的长短不一，所以只能以最短的树木长度为最宽标准来修造房屋，因此当时的房屋大多都很窄小，并且低矮。树干交叠之处要用斧头砍出上下两个浅弧形的缺口以利于它们相互咬合，但缺口不能过深，否则中间太薄就容易断掉，至于树干与树干之间的缝隙，一般是用草塞住，然后用牛粪和黄黏土封涂。"

这种"垛木房"实际上就是建筑专业术语所说的"木构井干式建筑"。所谓"井干"是指四根原木呈"井"字状相互咬合在一起，然后一层一层往上叠加，从而形成墙体。

木构井干式建筑在如今的俄罗斯、中国东北、新疆和云贵高原森林覆盖区比较多见。云南石寨山出土的古滇国贮贝器、铜器的纹样上，就有井干式房屋的样式，足以证明云贵高原地区至少在汉代已经有了"井干"这种构造方法。中国古代文献中也有使用井干壁体作为承重结构墙的记载，如《史记·孝武纪》中就记载："乃立神明台井干楼，度五十余丈，辇道相属焉。"《汉书·郊祀志》下注："井干者，井上木栏也，其形或四角，或八角。张衡《西京赋》云'井干叠而百层'，即谓此楼也。"形象地描述了井干式建筑的高度和形状。

梭戛长角苗人家的垛木房屋顶基本为悬山式。人们需要在树干之间的缝隙处塞上干草，抹上黄泥牛粪之类的东西，目的主要是抵御风寒。一些井干式建筑的屋顶是用茅草、木片或者树皮做成的。一般而言，以木构井干方式建造的民居村寨常以大分散、小集中的形式组成村落，主要是为了减少火灾隐患。从陇戛寨中华人民共和国成立前保留下来的十多户人家建筑分布的位置来看，也是比较疏散的，只是后来人口迅速增加才密集成群的。

垛木房虽然窄小，给人造成行动不便，但是比较稳固、安全，御寒能力也比较好。它们在纳雍、织金、六枝之间零散地分布说明这种木构建筑曾经在靠近云南的六盘水市、毕节地

a 小坝田寨

b 补作寨

c 左家小寨

图 4-3 垛木房（吴昶摄）

区分布十分广泛，但如今，即使在梭戛乡高兴村一带也已经很少见了，而在织金县阿弓镇一带的"道都"人群和生活在纳雍县张维镇一带的"道慼"人群的村落中，我们还发现有一些以井干方法建造而成的牲口棚和行将废弃的危房，它们甚至在周边的汉族村落中也有少量保留。图 4-3（a）是我们在六枝特区梭戛乡小坝田寨、图 4-3（b）纳雍县张维镇补作寨和图 4-3（c）织金县阿弓镇左家小寨拍摄到的。小坝田寨王开政家的牲口棚就是用这种方法垒砌而成的，只是外面使用铁钉、竹片和树皮固定覆盖

了一下，免受日晒雨淋之苦。补作寨的短角苗（道憋）族群现在也还保留了不少的"垛木房"，但除了大量废弃的宅子以外，只有少数作为牲口棚，还在使用中。

利用树杈的天然形状特征来构筑小空间的办法对于今天的长角苗居民来说依然十分熟悉，在一些破败了的土墙房和废弃了的小棚中，经常存在一些被用作柱子的树料，它们都有一个共同特点，那就是顶端分杈。长角苗居民们就是这样利用树杈在一定范围内的承重能力，将大梁及屋顶支撑起来的。但屋顶只能是茅草屋顶，其他如水泥瓦、火瓦做成屋顶的重量，它都无法承受。

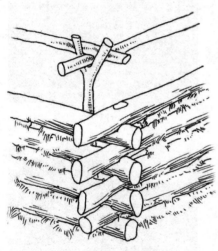

图4-4 "垛木房"构图的一角

这种利用朝上分杈的天然原木作为杈杈柱的房子被当地人称为"杈杈房"（见图4-4）。实际上，"杈杈"一词强调的是利用木柱天然分杈来承重的特征，而"杈杈"又经常出现在垛木房和小棚之中，与之垛木房技术相匹配。"垛木"与"杈杈"是最原始形态的木构建筑形态特征之一，是受鲁班技术影响之前就已经出现了的建筑手段。值得一提的是，这种利用树杈的天然形状特征来构筑小空间的手段在长角苗人的"祭箐"仪式中也有所显现，主祭者在"神树"的面前用小树棍搭建一个小祭台架子，横条搁在四柱顶端的分杈上，与修杈杈房所用的方法是完全相同的。

小棚、垛木房这些极其原始的建筑痕迹现在仍然可以在高兴村一带很多地方见到，在纳雍县张维镇补作村一带的另一支箐苗人群（俗称短角苗）的聚落里也有大量遗存，只是它们现在并不用于住人，而是作为牲口棚、杂物房和简易厕所。

但有必要指出的是，居民很可能在学会修建穿斗式木屋之后仍然还有修造、居住小棚和垛木房的习惯，小坝田寨居民王开忠曾提到他的高祖父在移居至此之前就住在山上面，后来因为豺狼野兽很多，就想搬家，听到下面大箐林（今天的小坝田寨所在位置）里有哗哗的流水声，就知道有水源，可以住人。于是兄弟几人一合计，就决定搬下来，他们白天下来伐取木材，在核桃树下搭了个简易的小棚供临时居住，晚上又跑回山上高兴寨的亲戚家寄住，待木材准备好以后，就开始建造穿斗式的木屋。王开忠现在所住的房子就是那时留下来的百年老屋，是小坝田寨建寨时的第一批房子之一。当时由于没有锯子，所以墙体所使用的木板都是用斧头削砍出来的，尽管如此，他们却只花了七天的时间就把房子建造完成了，小坝田寨聚落形成时间比较晚，但这足以说明当时他们已经具备建造穿斗式木屋的能力了。

二、鲁班时代（19 世纪初至 20 世纪 60 年代）

梭嘎的苗族村寨处在多民族大杂居小聚居的环境之中，世代如此，彼此总会有文化技术方面的交流。汉族工匠们熟练使用的斧、刨、凿、锯、木马（枴杈）、墨斗等各种建筑木作工具很早就传入了长角苗聚落。这些工具自古都被当地各族工匠们认为是鲁班师傅所创。现在高兴村一带的木石二匠"老班子"们还保留着在动土施工的程序中必须祭鲁班师傅的记忆。把鲁班技术带进长角苗聚落的人，据说是一批"四川木匠"[①]。由于老人们不识字，也没有准确的时间观念，想要确证"鲁班工具"进入长角苗聚落的时间并不容易，但是据陇戛居民杨朝忠回忆说，他所居住的房屋是一百多年前由其祖父从熊氏家族手中购买的百年老房，并对其重新整修。如果这段回忆是可信的，那么这个时间段至少是从 19 世纪初开始的。我们把这个时间段划分为从 19 世纪初开始，到 20 世纪 60 年代出现"木改石"（木屋撤围柱改成石墙房）为止，我们姑且将这个穿斗式木屋建筑全面普及的漫长时代命名为鲁班时代。

因为有了斧、刨、凿、锯、木马、墨斗等专业性很强的木作工具，第二代木屋就不再是垛木房形式，而是采用了以悬山、穿斗、三开间为特点

---

① 据村民们说，如今距陇戛寨不远的梭嘎乡顺利村卡拉寨就住着一位"四川木匠"的后裔。

的汉族民居样式^①，这就比垛木房要高大宽敞许多。但由于木匠们几乎不具备使用大锯解板解枋的能力，柱与柱之间的空隙主要用脆薄的笆板来装填，不能保障人的安全。

由于笆板由竹条或树枝编成，十分脆薄，既不防风雨，又不能防止猛兽侵袭，所以后来技术又有所改进，采用木板来装填墙体，加强了墙体的厚度和坚固性。但似乎当时木匠们并没有打算将刨子和锯应用进来，木板主要还是用斧头砍削而成，因此制作木板的工艺仍然十分粗糙，而且材料浪费很大。

鲁班时代的到来意味着大型木材被充分利用成为可能，同时，人们也开始认真了解各种树木的材质属性及其建筑用途。这些变化使得梭戛长角苗民居的建筑风格开始出现高大、坚固、有秩序的审美倾向。

三、夯土时代（20 世纪初至 1971 年）

20 世纪初，土墙房就开始兴起，从那时到 20 世纪中叶，一直是土墙房林立的时代。

图 4-5　熊朝忠家南侧的土墙房

1922 年，陇戛"老寨"熊某芳（bu bang，熊某成之父）在陇戛寨小花坡脚下兴修了一栋三层楼的土碉房以避匪患。中华人民共和国成立后，土碉房改成两层楼全木结构，作牲口棚之用，其建筑内空间嵌入地面以下近两米。因 2002 年熊玉成搬迁新村，暂借给熊朝进作猪舍之用，此屋得以保存至今。

---

①　这种样式在西南山区很普遍，梭戛社区的许多老人都称其是"四川木匠带来的"。

四、护草时代（1966 年至 1996 年）

在 1966 年之前，长角苗十二寨民居建筑绝大多数都以野生茅草为屋顶铺设材料，草顶的护理很麻烦，倘使不悉心烘烤养护，三五年后，旧草腐朽，新草不续，则会使房顶无所遮蔽。

图 4-6　用藤条编扎的茅草屋顶

护草制度的基本法则是需草户提前一年向寨里的村民组长提出申请，一家护一年，轮流护养。例如今年只能我家割草，别人家要等我家割完才能用。护草的规矩是从很早以前就有了的，但如今陇戛和补空两个寨子都无草可护了，只有高兴、小坝田两个寨子还在继续实行护草制度。

小坝田护草户的轮值次序如今是由村民组长王开顺和寨上几位老人进行商议得出的。小坝田的护草山就只有这一片小山坡。这个小山坡大约要花两三个星期才能全部割完，一天能割 40—50 捆草（每一捆直径约 30 厘米，重约 0.7—1 公斤），整个护草区能割 1000 多捆草，除开自己家可以全部翻新以外，别家还可以用来补漏，只是他们要用这坡上的草必须事先跟本年的护草户家里打招呼。

有的护草户茅草有多的，或者刚换成瓦房顶了，就可以把草卖掉，一捆草可以卖 3 毛钱，花钱盖一个房顶的成本就是 100 多元钱。像陇戛这样的寨子已经没有了护草山，却还有茅草房，就有人家要花钱买草（如杨少周家）。还有的是用麦秸秆代替茅草，但麦秸秆不如茅草耐用，不到两年就要换，而且一方面防水性能差，另一方面又因为有残剩的麦穗，容易招鸟、鼠啄食，但由于取材方便，还是有许多家庭选用麦秸秆（如杨朝忠家）。

茅草是牛也能吃的，所以护草山必须要有人去护，护草的办法就是护草者每天都在附近的山地里或者马路边劳动（如割猪菜、放牛等），如果看见有人割草或者放牧，可以以护草者的身份对其进行处罚——通常是让对方掏二三十元钱或者送一壶酒才可以和气了事。

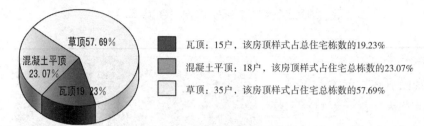

图 4-7   2004 年陇戛老寨民宅建筑房顶种类比例图

以贵州产的茅草作屋顶，有效使用期一般是 2—5 年，之后便会腐烂成碎屑，不能再遮风避雨。由于梭戛苗族居民长期以来结草为庐的习俗，他们早已视长在山头荒地中的野茅草为一种重要的建筑材料资源。更重要的是，长角苗每座寨子以前都拥有自己的"护草山"。陇戛的护草山每家每户还要根据自己换草的需要向当时的生产队（今之自然村或寨）提出申请，轮值护草，直至自己家换上新草顶之后，即让下一家行护草之责。根据口述史材料，笔者得以了解到"护草"成为正式制度的时间是从 1966 年到 1996 年。据贵州省文物处胡朝相先生介绍，中华人民共和国成立前这里的苗族人口是成负增长的。1966 年陇戛寨人口才 40 余户，合计才 200 人左右；1996 年，就增至 90 多户，人口飙升到了 450 人。人口的快速增长使得新建的房屋越来越多，而人均占有茅草资源的比重逐年下降，以致无草可护。护草制度被迫终止之后，人们在原护草山的地表上开荒种地、造林，剩余茅草的面积越来越小，找不到可供房顶添换的新草，加之 1996 年梭戛至陇戛的公路修通，方便了袋装水泥和其他建筑设备和物资的运输，水泥瓦的制作技艺得到迅速传播，因人口暴增、人均茅草资源紧张而造成屋顶材料愈加短缺的问题随即得到解决。

陇戛寨以前的护草山在寨北垭口的东北侧山顶上，截止到 1996 年还有人护草。1996 年以后，护草坡已逐渐荒弃，渐成放牧之地。但即使到了 2004 年，陇戛老寨还有 57.69% 的民居建筑的房顶以茅草顶为主。

小坝田寨的护草制度大约坚持到了 2008 年。但 2005 年起小坝田护草山已经开始被大面积种上小树苗。2009 年，笔者第三次在此作田野调研时，树苗长势良好，而昔日毛茸茸的小山头已经不那么明显。2011 年，笔者第四次来到梭戛，并在去小坝田寨的半道上特意去找这个小山包，经向导确认方才相信其所在的位置，发现它已经被彻底废弃，变得面目全非——

原来的茅草已经被林木所覆盖，发现除开那些破旧得无人居住的烂屋子之外，几乎所有的房屋都已经完成了屋顶的水泥化——其屋顶的建造方法一如笔者2005年和2006年所见到的那样（见本书第98~99页）。

高兴寨的情况跟小坝田寨大致相仿，虽也邻近村级公路，但由于上山进寨的小路过于陡峭，材料运输受到一定限制，因此大部分房屋匆匆完成了水泥化，但草顶换瓦工程并不多。靠公路较近的坡下民居建筑很多是干脆另起的水泥新房，这个进度早在2005年至2006年间就达到了一个小高峰，建筑工地上男女老少一起上阵以最快的速度朝着建成环境水泥化的方向努力——护草制度也因此而早早终结。

在高兴村四寨中，最早结束护草制度的是补空寨，由于1991年大火灾的缘故，该自然村将近80%的民居建筑化为废墟，由于灾情严重，数十户人家无家可归，补空寨迅速得到政府救助，在尚不通公路的情况下通过人力搬运，迅速完成了新修建筑的水泥化——这也使当时其他村寨的亲戚们羡慕不已。

由此可以清楚地发现：在长角苗人的传统社区，"护草"不是一件以家庭为单位的偶然自发行为，而是一种以自然村寨为单位，以一年为周期，实行由各户依次申请，轮流值守，"谁护草谁得益"的奇特制度文化。护草制度的终结总是与水泥制瓦技术的大规模"入侵"发生在同一年份的情况也并非偶然，由此可见二者之间的因果关系。

在关注护草制度消失这样一个典型的"现代化进程"的同时，我们也得以惊奇地发现，"护草"的制度化虽然被当地人证明是一个出现于1966年的"现代事件"，但其性质却并不现代化，反倒是与苗族人高密度聚居、使用便于获取的免费自然建筑材料，并努力将这种生活方式稳定化的传统生活观念紧密相关。这既能解读出选择茅草作为屋顶材料的"自由迁徙者"的执着，又能解读出近些年来他们迫于生存的压力而不得不选择更长久的定居生活方式。水泥这种新材料的到来使得这个问题得到了化解，也同时终结掉了这样一个对他们而言已经不再合时宜的生活方式制度。

当然，关于茅草是否真的不再合时宜，笔者也有一些个人看法需要阐明：虽然对当前长角苗村民们急于脱贫解困的意愿非常理解，但从长远来看，房顶上的茅草实际上在长角苗村落的文化系统中依然具有举足轻重的景观美学价值。在我们的社会进入工业化时代的过程中，茅草屋被普遍视为落后、贫困和与世隔绝的标志,这是它不可避免的待遇,但在经历工业社会之后,人心也会逐渐倾向于回归质朴的生活,人们愈发渴望"诗意的栖居"。从文化的角度而言,"茅草屋顶代表着落后"的看法实际上也仅仅只是文化进化论的产物。纯粹从建筑材料学的审美角度来讲,茅草厚重、蓬松、纯天然,在视觉经验上具有温暖、舒适和贴近大自然的心理暗示,完全不同于都市里钢筋、水泥、玻璃的那种冰冷无情之感,能够给人带来放松和亲切的居住体验。虽然在实际使用的过程中,茅草的护理会非常麻烦,但从旅游景观的角度来说,茅草却是非常值得去保护、利用和开发的一项人文资源。在英国,一些 19 世纪以前的茅草屋一直修葺维护至今,欧洲的一些后现代主义建筑师也在尝试着使用传统的茅草作为建筑元素。例如荷兰建筑师 Arjen Reas 为一位生活在市中心的成功企业家量身定制的"Living on the Edge"就期望着"让居住者在同一座城市的近郊找到乡村的感觉",Arjen Reas"根据荷兰平坦开阔的地理特征,将洁白光滑的石料与自然属性很强的茅草这两种截然不同的材料的混合使用,完美地诠释了现代与传统的结合"。[①] 总之,如果能够立足于服务当地经济与文化发展的需要,把眼前利益和长远利益结合起来,早日让当地人过上不再为温饱而苦恼的高质量生活,那应该是最好不过的一件事。

五、石墙 - 混凝土时代(1960 年至今)

石墙房技术大约是在 20 世纪 60 年代传入陇戛寨的。石墙房的出现标志着长角苗人家成为完全定居化的居民,因为使用石材作为民居建筑的主体材料的情况在部分区域高度石漠化、遍地岩石的高兴村一带几乎从未听说过,即使在陇戛寨山下的乐群村(一个由汉族、彝族、布依族居民组成的杂居村寨),石墙房也是 1956 年左右才出现的新鲜事物。

早在 1960 年,陇戛寨杨少周、杨少益家就曾在水沟村石匠帮助下,将木屋改建为保留草顶、穿斗和梁柱的石墙房。长角苗居民自建石墙房的第一轮热潮兴起于 20 世纪 70 年代初。1971—1972 年间,杨洪祥、杨学富、

---

① 韩佳成,Kees Hageman. 现代茅草屋 [J]. 设计,2012(6):48.

熊朝进三家率先建起各自的石墙房，当时使用的黏结剂是煤灰、石灰和黏土的混合物。到1972年底，陇戛寨自建石墙房的人家已经有了7户，包括熊玉明家、杨洪祥家、杨学富家、杨洪国家、杨少云家、熊玉方家各自的正屋以及熊朝进家厢房。

20世纪60—90年代，由于木材价格还没有上涨，相比较而言，修石墙房的开销要大许多，主要是购买雷管炸药、放炮及运输的费用，但到现在，石材的原材料完全取自本地，就近获得，因此成本可以忽略不计。

1972年，熊朝进在家门口东侧修建了全寨第一座三层的石墙小楼，迄今保存完好，仍在使用之中，是小儿子熊伟的家。从屋基到楼顶的高度已经超过5米，最下层是牲口棚，中层是夫妇俩的卧室，顶楼供堆放杂物之用。我们在与熊朝进交谈的过程中不禁想到他们当时的建筑工具之窳劣、施工方法之原始，且没有水泥、钢筋等材料，能修造这样的一栋房子，实属不易。如今陇戛寨的两层石墙房开始增多，如杨学忠宅、杨学富宅、熊光华宅、杨朝众宅等，它的优点是楼上较干燥通风，便于人居，楼下空间可以充分利用来豢养猪、牛、鸡、鸭，较平房的卫生条件要好，可减少人畜交叉感染疾病的概率，但造价至少在6000元以上，因此对惯于自给自足、很少从事经济交换的村民们来说，也不容易。

到1994年，由于袋装水泥的出现，黏结剂问题得到了很好的解决。这个时期，还出现了用钢筋混凝土浇筑封顶的平顶石墙房，例如陇戛寨熊少文宅、熊金成宅等等。而且同时陇戛人也逐渐发现石墙房有着实在太多的优点：附近山上木材渐少，而石料资源丰富，取材可自随其便；石墙房承力结构简单，自己叫上亲戚朋友就可以修，而不需要付给专职木匠以高昂的报酬来拼合那些结构烦琐的斗拱、榫卯；石墙房坚固耐用、冬暖夏

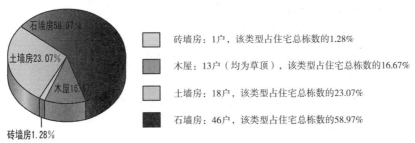

图4-8　2004年陇戛老寨民宅建筑墙体种类比例图

凉、居住舒服，如果采用水泥封顶的话，还不易着火。诸如此类的有利因素使得偏爱石墙房的人越来越多，石墙房的数量迅速增加，而且木屋改石墙房（以下简称木改石）、土墙房改石墙房（以下简称土改石）的情况也日趋增多。截至 2004 年，陇戛寨的石墙房已经达到 58.97%（见图 4-8）。至 2006 年 4 月初我们离开陇戛寨时，还见到人们在山间小道上背运石料，准备修建新的石墙房。

陇戛寨建筑大事记

约 1700—1800 年间：长角苗熊氏家族自纳雍、织金迁进郎岱的梭戛乡一带；

约 1700—1865 年间：熊氏先民布涅修建高度为一丈五尺八的三开间穿斗式草顶木房；

约 1885 年：杨五爷（bu tein）买水沟村布依族陈氏木屋，拆后重装于陇戛为家；

杨某顺购买熊氏老宅，并落户陇戛；

熊氏先民布走（bu dzou，熊某方的祖父）兴建简易木屋于布涅家背后坡上；

19 世纪 20 年代："板充法"（干打垒）技术在陇戛寨得到推广，土墙房开始大量出现；

1922—1923 年间：熊某芳（bu bang，熊某成之父）为避匪患，兴修三层土碉房（中华人民共和国成立后改成牛棚）；

1940 年左右：杨某清修建了自己的草顶木房；

1949 年：梭戛乡解放。时陇戛举寨方才 15 户人家，合计不到 100 人；

1960 年：杨某周家房屋由木屋改为木石混合建筑；

1964 年：熊某明独自修造自家石墙房；

1966 年：人口增长迅速，茅草资源紧张，轮值护草制度开始实施；

1971 年：杨某强建起全寨第一座私家全石墙房；

石工建筑技术开始在陇戛寨推广；

1972 年：熊某进家修起全寨第二座私家石墙房，该房为三层楼，迄今为止仍是全寨楼层最多的建筑；

1973年：熊玉方家将木柱土墙房改建成木柱石墙房；

1979年：据人口普查统计，陇戛寨人口增至70余户，合计达到325人；

1980年左右：陇戛引进水泥瓦；

1986年：仡佬族木匠杨某华娶当地长角苗寨妇，并落户陇戛，给当地带来丰富的建筑知识和技术；

陇戛引入空心砖；

1988年：杨某富家请织金县木匠王开忠改建自家老宅；

1989年9月：彝族教师沙云伍在陇戛办小学，熊某成同意将自己的牛棚部分借让给其作教室之用；

1991年：杨某富家房顶由茅草改为水泥瓦；

（同年陇戛附近的补空寨105岁老人因点火照明不慎引发火灾，全寨100多户茅草房被焚毁，此后政府补助受灾户每户5000元新建石墙房，如今补空全寨150余户民居建筑已全部是砖石结构，无一栋木屋遗存，茅草房顶也只有20余户，护草制度废止。）

1994年：开始出现水泥作黏结剂的石墙房；

1995年3月：梭戛生态博物馆破土动工；

玻璃开始被引入陇戛民房作窗户之用；

1996年9月：陇戛苗族希望小学新校址落成，"牛棚小学"的历史结束；

从梭戛镇到陇戛的公路修通；

轮换护草制度停止；

1998年：陇戛兴修水池，并从三公里外引来自来水；

六枝旅游局在小营盘与陇戛寨之间按当地建筑风格兴修旅游接待站；

2000年：熊某方家将木柱石墙房改建成全石墙房；

2000年：贵州省文物处拨专款，并聘请黔东南古建筑施工队赴陇戛寨对10户木建筑老宅进行重建和维修；

2002年12月：六枝特区政府拨款修建的新村小区在陇戛寨山下落成，40户陇戛居民搬迁到此，开始新的生活；

2005 年 8 月：政府拨款在陇戛寨推广修沼气池和储水窖；
熊朝荣负责为兄长熊朝忠家作草顶改水泥瓦顶。

六、小结：建筑形制的传统具有历史阶段性特征

从这些建筑发展的历史阶段中，我们可以发现，起初因多方面的原因，长角苗人的祖先们从游徙和半定居的生活方式渐渐改变为定居生活方式，而后赖以栖居的自然环境发生了改变，传统定居建筑所倚赖的物质资源条件越来越不能满足人们的需要，而新的材料技术和现代人生活方式已经一点一滴地渗透到陇戛以及其他的村寨，使得长角苗人的建筑形式随着几次重要的技术传播而不断发生改变。今天的陇戛寨及其他长角苗村寨所保留下来的各式建筑正是长角苗建筑文化发展的各个历史阶段遗留下来的痕迹，应当说，这种表现为村落空间形态的建筑文化其实正是历史的产物。本文所作的历史阶段划分，也正是以建筑形制的显著变化为主要依据的。

如今在长角苗村寨，我们常常会看见这样的情形：一位出山打工的青年买回来一台电动手提刨或者碎石机，再或者学回来一套爆破采石的技术，就会直接对这个村寨的建筑风格造成一次不小的震动。人们会在作出直观的比较之后纷纷向他取经或者租借设备，以期改变自己的房屋式样。材料与技术在整个建筑文化变迁的历程中所扮演的核心角色已经如此明显。从建筑演变的速度方面而言，陇戛建筑文化的变迁经历了古代缓慢地变化、外来文化侵蚀的逐渐加速变化以及信息时代大面积、多方位翻天覆地的变化。不难看出，这种加速度的变迁终将从根本上改变他们的文化传统，使其进入现代化生活方式。

2009 年，曾做过石匠的高兴村前村主任王兴洪接受笔者采访时，对当下高兴村木石二匠的生存状况做了一些简要介绍，他说目前该村的木工基本上已经没有人在做了，石工还有，但数量也非常少，因为现在需求量最大的建筑材料是石砂混凝土砖。"我的手艺是跟父亲学的；熊国进则是跟他家爷爷学来的，"王兴洪说，"木石这一行当，我和熊国进（41 岁）已经算是年轻的了。补空有个王领旗（音），高兴寨那边还有一个杨成方（43 岁）

和熊国富（44岁）。"如今剩下的也就这些人，余下的大多改行，或者去了外地打工。

王兴洪又给笔者算了一笔经济账，他说，现在起一栋80平方米的木房子价格是8万元，起一栋同样面积的石墙房只需要4万元。现在木料的价格比20世纪80年代高出一半，比90年代也高出三分之一。一棵标准的成材杉木（4.3米长，顶直径不小于两寸半）价值40元钱，石头不要钱，只需要一点点放炮（民用雷管和炸药）的钱。现在的木工也简单，手艺跟过去木匠区别大得很，是处处用钉子，老木匠一颗钉子都不消用。

在农村，手艺人都是多重身份，他们首先都是农民，如果手艺不能赚钱，他们也不会饿死，所以手艺的断绝跟人的生计断绝并不是一码事。因此，如果想保护这些手工艺的话，难度是有的，需要的是资金投入，否则市场会使这些木工、石工技艺失传。

第五章　变迁过程中起作用的基本因素
及其交互作用

一、环境与材料

（一）生态环境

按照传统的生活方式，人们平时要花费很多时间来搜集木本、草本和野生藤本植物茎干为主的各种资源，还包括石头和泥土。人在这种自然环境中仅凭着简陋的生产工具生存，就无法摆脱对天然物的直接而巧妙地利用这一思路，对见诸记载的世界上各初民社会而言，这一类例子不胜枚举。当然，并非所有的天然物都对人有意义，当它们中的一部分被人类视为"材料"以后，它们才具有了文化意义，一些具有材料性的天然物甚至

图 5-1　石漠化的荒山（吴昶摄于 2006 年）

从人类那里获得了姓名和神圣的身份。长角苗人相信寨子附近的两三棵有名字的大树可以庇佑他们的庄稼地不旱、人不生瘟病。对于这些本地的自然资源，长角苗人有着特殊的感情，即使在他们的丧葬仪式"打嘎"时所吟唱的诗歌中也会很自然地流露出他们对自己熟悉的这一方水土上所生长的一草一木的好感。他们还十分喜爱使用铺排的文学手法来表达他们对草木的实用性的赞美。

> 晴天时花儿阵阵香，
> 结出的果实串串红，
> 阎王老爷让这位老人死去，
> 砍杉树来做他的嘎房，
> 砍春菜树和苦竹来做成芦笙，
> 吹出了这位老人离去的忧伤，
> 让所有的客人都来这里哭。[①]

然而，随着外部文化因素对梭戛山区不断施加影响，此地的生态环境在建筑形态发生变化以前就已经出现了巨大的变化。20世纪60年代初，全国性的"大炼钢铁"运动波及了梭戛地区，为了完成"冶炼任务"，当地人一反常态地乱砍滥伐当地森林植被，造成了严峻的生态灾难。梭戛一带的自然林从覆盖全境逐渐萎缩到各个山头。与织金县交界的六枝北部山区因长角苗人的树崇拜习俗而保留下来一些林地，但整个生态环境已经彻底改变了。虽然后来当地人又在林业部门的督导下重新植上了树苗，但一方面树种单一化及部分山体水土流失严重，植被再生能力脆弱，已经无法恢复当年"黑阳大箐"的原貌了。另一方面现阶段的封山育林政策也迫使长角苗居民不能再自由采伐林木资源，生态环境的改变迫使人们努力去寻找传统建筑材料的替代资源。

泥土随地可取，而水土流失又使大量岩石裸露出来，这些岩石是具有建筑利用价值的，以前人们打地基就需要开采石料，但如今只剩下石料和泥土了，这些材料都是免费的天然资源，因此过去的木屋建筑逐渐为土墙

---

① 陇戛寨一位弥拉在2006年春季的一场"打嘎"中所唱"孝歌"的部分章节。

房、石墙房所取代则必然成为大势所趋。祖先们赖以栖居的自然环境改变导致传统居住方式无法延续下去，而新的材料技术的入侵正在一点一滴地改变着陇戛人的生活方式。

需要补充说明的是，很多人都认为六枝北部山区长期以来几乎与世隔绝，但那毕竟也只是"几乎"，总有很多外来的因素在影响着长角苗人对更多外来建筑材料的了解。当地自然环境毕竟只能为人们提供有限的建筑材料。来自山外的资源经由采集、加工、运输、商业交换或政府资助行为，实际上已经包含了另外一个环境概念于其中，那就是社会环境。在 20 世纪 70 年代以后，高山的屏障终于被逐年深入其腹地的乡村公路穿破。此时，古老的建筑技术传统已经远远不能满足人们日益"过分"的生活要求了。政府部门的大力投资，"村村通"工程的进展，这些都使得水泥、钢筋、玻璃等新兴建筑材料源源不断地流入长角苗人的栖息地。生活要求的现代化使长角苗居民们的建筑文化大为改变。社会环境的因素正在环境资源的内容中体现出越来越大的社会文化性，因此，这些正在改变长角苗文化（生活方式）的外来建筑材料也是不可以被民族志者视而不见的。

按照其材质属性，我们可以将这些五花八门的建筑材料大致甄别为木、竹、藤、土、草、粪、石、五金、桐油、水泥、火砖、火瓦、玻璃、瓷砖、沥青等 14 类。年纪大一些的长角苗居民在谈论这些材料的时候，常会指出哪些材料"一直是我们自己的"，哪些是"你们带进来的"，他们对材料来源这一细节的注意引起了我们的浓厚兴趣。倘若换一种更为客观的语言来描述，"我们（长角苗）的"和"你们（非长角苗）的"两类物质材料所要说明的就是"建筑材料中的当地天然采集物"和"建筑材料中的外来物资"。

（二）建筑材料中的当地天然采集物

1. 木

包括汉族、苗族等南方许多少数民族在内，传统的中国人总是崇尚木质的建筑材料，而对石材用之甚少。这个传统可上溯至上古神话中有巢氏筑木为巢的故事①。自干栏式木建筑从殷商文化和楚文化推广开来以后，中国宫廷建筑以木构建筑为主的营造正统得以逐渐成型，并深刻影响了中国南方民居建筑的选材取向。②

木材曾经是陇戛人传统民居最主要的建筑材料，这一点应该说是得益于陇戛周围比较丰富的森林资源。

图 5-2　小坝田寨的神树林

由于高兴村一带地势高，土壤适宜多种树木生长，加之与外界相对封闭，森林资源较为集中，木料一般取自周围林场，林场里的树种以杉树为主，还包括柳杉、桦棬树等当地特有树种。1986 年，林场就已经有了专职的护林员，他们由陇戛寨的苗族村民和附近老高田寨的彝族、汉族村民组成，常在干旱无雨的季节站在高处瞭望，以保障森林财产的安全。除林场外，陇戛和小坝田一带的神树林（祭山时的活动场地）、跳花场和村落间还残留着以前原始森林中的一些传统树种，如楸树、核桃树、樱桃树、棕树、香椿树（当地人呼为"椿菜树"）等。由于当时林木资源十分丰富，1952 年一棵成材的大树价钱也就在 7000 元左右（货币改革前的旧人民币，折合成今天的人民币只大约相当于 0.8 元）。但由于 20 世纪 50 年代以来，当地定居人口迅速增长，建筑用材需求量增加，加之"大跃进"时期当地居民"大炼钢铁"，伐去了许多杂木作燃料，不仅使森林覆盖面积逐年缩小，而且也破坏了地

---

① 从如今出土的大量古代文物中的器物造型和花纹图案来看，商和楚都是崇尚鸟的民族。鸟类大多选择树木高处筑巢为家，具有鸟图腾传统的许多古代民族，如殷人、楚人与民居木建筑都是有着密切联系的。

② 张良皋：土家吊脚楼与楚建筑——论楚建筑的源与流［J］.湖北民族学院学报（社会科学版），1990（1）：98.

表植被，大量土壤流失后，许多地方的岩石大量裸露在地表。当地的生态环境完全改变，尤以安柱至老卜底一带的石漠化荒地最明显。

至 20 世纪 90 年代，陇戛一带的森林资源面临枯竭危险。政府颁布法令禁止乱砍滥伐，当地居民如果要伐取树木必须获得梭戛乡林业站的正式批文。据担任护林员 20 多年的陈文仲解释说，获得批文的允许范围仅仅是危房改造户数量有限地伐木，新修木房子则是绝对不允许的。事实上，在 1996 年以后，陇戛全寨也的确没有新建任何一座木屋的记录。

在所有木材资源中，排在首位的是杉木，因为杉木修直，体轻，不易变形，宜作梁柱，楸木宜作门窗和楼枕，桦槁木宜作门窗和楼枕，在"打嘎"仪式时，杉木则是修建嘎房最基本的材料，如果在杉树稀缺的村寨（如安柱），也必须用杉树叶予以缀饰。剥下来的杉树皮可以作屋顶，以前有人用过，但只能是杉树皮，其他如桦槁皮、楸树皮不是薄就是脆，都不可用。例如，2005 年 7 月陇戛寨熊朝荣为其兄熊朝忠家买木料时就特意将杉树皮剥下并收集起来，作将来搭小棚时盖屋顶之用。

其次是楸树，性能与杉树相差无几，也是建筑用的主要木材，只是断面比较容易起丝，不太容易用刨推平整。

当地还有一种长着三角叶的枫香树（苗语读作"一芒"），也是上好的建筑用材，适合作中柱和各种枋，百年不坏，陇戛老寨熊朝进家的房屋已住了五辈人了，它的中柱和地脚枋都是用枫香树的树干做成的，高一丈五尺八寸，已是一百多年的老木，其手感仍然坚硬致密。

虽然 1996 年以来国家实行封山育林政策，可供建筑施工用的木材已基本停止供应，但私人土地上的少量树木还是可以伐取的，据高兴村的一些木匠说，在附近寨子里还可以买得到建筑用的木材。

长角苗居民自古以来就有对树木的崇拜行为，他们几乎都有祭树的传统，视树为神，每年都要杀鸡祭奉神树，且流传着大旱之年神树用树根之水救人[1] 和在核桃树上巢居的历史传说[2]，可见树木对于他们而言是极其重要的。

---

① 提取自高兴寨熊进全所唱酒令歌"夷罕德德"（Yi han de de），又译作"秦朝后汉"。
② 提取自小坝田寨村民王开云所讲述王氏家族的迁徙故事。

附表　陇戛社区常见木材及其建筑应用一览表

木材名	苗语	材质性能	适用范围	建筑用量	实例
杉树	一阶	牢实不变形、干透后质轻	常用作梁、柱，亦可解成薄板	极多	所有木建筑必用
楸树	银粗	牢实不变形、易起丝、质轻	可作厚板、常用作枋	极多	所有木建筑必用
松树	拖	轻，易脆断	可作薄板、枋子	除枋外，应用很少	熊朝进、杨正开家的排列枋
桦槔木	一嘟	光滑细致、质轻、不变形，遇水易粉化	可作小枋、家具	很少用	多数木建筑必用，如杨德忠家的牛棚槽门
梨树	孜咋	光滑、硬、重，材体细小	作犁头、背架	不用	无
核桃树	怎兜	质重、坚固、光滑，但遇水易烂	作床和犁头	不用	无
枫香树	一芒	不重不轻、光滑、不变形，遇水易粉化	作床、砌房、楼枕（炕笆）	不常用	熊朝进家已逾百年历史的中柱
毛栗树	泽惹	质重、坚硬、光滑牢实，	作扁担，以果树结实为主	不用	无
苦李树	孜叩	光滑、质硬、材体细小	作薅刀、镰刀手柄等，主要以果树结实为主	不用	无
棕树	邹	质软、粗糙、不牢固、湿重干轻	做马车的刹车木及唢呐盘	很少用	熊玉方家木制楼梯
香椿树	珠爵	能经水泡，但质轻粗糙、易裂、易变形	作中柱、二柱、床、枋子、小盆、背水桶	较少用	熊开文家的楼枕和行条、熊光武家的楼枕
杨梅树	（通汉语）	（略）	以果树结实为主	不用	无
漆树	一掺	易裂、易变形、光滑	作犁头楼枕	偶尔用	熊金祥家牛舍的楼枕
枸皮树	即妞	粗糙、牢实绵匝、遇水易粉化	作犁头	不用	无
梧桐树	一嘟	轻巧、不太易变形、粗糙	作解板、柜子及唢呐盘	较多	熊朝荣家的大门

2. 竹

当地竹类包括以下五种：

金竹，竹干及叶片色泽浅黄绿，可用于建嘎房，陇戛寨有出产；

刺竹，竹干略带棕红色，较细，比金竹略矮，可用于葬礼上的竹卦、刻竹记事和编制竹笆板，高兴寨有出产；

苦竹，竹干及叶片色泽翠绿，可用于建嘎房，小坝田寨有出产；

钓鱼竹，竹干及叶片色泽深绿，高大，竹梢低垂，可用于建嘎房，安柱寨有出产；

"阿嗦"（苗语），一种介于芦苇和竹之间的两米左右高的植物，可用于做竹笆板，陇戛山下乐群村有出产。

竹材是一项重要的建筑材料，它在编扎房顶肋条、笆板和横隔层等方面应用十分广泛。

除了用作木料的替代品和剖成篾条编织笆板墙体以外，竹子还可以削制成竹钉。竹钉的制作工艺很简单，将竹子削成小楔形状，然后放在菜油灯上炙烤，待竹子的青色变成黄色，就不太容易招虫蠹了。这种竹钉在没有铁钉的漫长年代里，无论是在建筑领域还是手工艺领域都曾经起过很重要的作用。

3. 藤

一般常用作绑定较细的竹木建材之间的固定材料。

藤条取自附近天然林中，截取的葛藤长度自五尺至一丈五不等。如葛藤太粗，须用手将其撕成 5 毫米左右粗细的细藤条，无须其他的加工措施。在今天小坝田寨乡村公路附近的神树林中如今仍留有直径超过 10 厘米的粗藤。

4. 土

关于该地区的土料，《六枝特区志》作了如下描述："黄壤是六枝特区主要土壤类型，广泛分布于海拔 1000~1700 米的山区，面积达 85.80 万亩，占全区总面积的 32.01%，分黄壤、黄壤性土、灰化黄壤、黄泥土四个亚类……其中黄泥土为耕种黄壤，是主要旱作土，分布广，面积 37.8 万亩，占黄壤总面积的 44.10%，占全区旱作土面积的 66.34%，土体厚，耕作层 15~18 厘米，有机质含量高，平均 5.46%，速效磷含量较低，一般 5~8 毫克 / 千克，pH 在 6.2~7.2。……紫色土分布于梭戛等地。"①

由于梭戛乡几乎全境都是石漠化山地，岩石风化的过程中使得大量石屑掺入黄土中，陇戛人夯制土墙房所用的黄黏土本身就含有碎石屑。虽然这些石屑会使墙体不够紧密，但是也能增强抵挡雨水冲刷的能力。

虽然陇戛、高兴等寨的建筑老手艺人评价这一带的泥土并不适宜烧造砖瓦，但是用来打土墙房还是比较耐用的，而且建土墙房速度快，效率高，只需 7 天便可以打好土墙。

泥土还可以掺杂煤灰、石灰，作为砖石建筑的黏结剂，此种用途在 1971 年至 1996 年间曾是水泥砂浆的最佳代替品。

5. 草

各种草类是六枝特区北部、织金县西部和纳雍县南部一带农村各族居民修建屋舍的一项重要的传统建筑资源，建筑用草主要包括茅草、麦秸秆、玉米秸秆等，其中最重要的资源是茅草。高兴村四寨过去都有划分出来的护草坡，每年有专门的护草者对其进行监管护养，防止牲畜踩食和他人偷割。护草者还有一个职责：要经常将护草山上的杂木清除，让山坡上只长茅草，其他的植物长得很少。

小坝田的小伙子王某向笔者传授了一番割草的经验，他说草要到农历三月间才可以割，因为这个时候茅草正好干透，才可以盖房顶，之前的茅草因为是青的，有水分，所以容易烂。茅草的选材以草茎长、纤维韧者为上品。护草坡上的茅草良莠不齐，一般

图 5-3　小坝田草山

① 六枝特区地方志编纂委员会 . 六枝特区志［M］. 贵阳：贵州人民出版社，2002：86.

来说，向阳坡上的茅草长得高且茂盛，坡背面的草长得低矮稀疏一些。割草一般是在每年 2—3 月份的晴天带上镰刀去割，因为平时的茅草都是青绿的，只有这个时候茅草才干透了，便于盖房。雨雾天不适合割草，割下来的草如果是湿漉漉的，就会烂得很快。每次割完草要把草堆放在山坡上，所需要的草全部割完以后，就喊兄弟朋友们一起来背草，一天可以把草全部背回家。背回家以后就可以盖房了。要把以前的旧茅草全部清除掉，然后再铺盖新的茅草。盖房顶只需要一天的工夫就可以完成。如果房屋内部能保持长期干燥，茅草就会保养得好，长则可以保持 7—8 年；反之，则两三年就会坏掉。

根据笔者对陇戛寨杨成学和小坝田寨王某的采访记录所了解到的情况来推算，盖一栋茅草房大约需要 1000 斤茅草，而陇戛寨的护草山接近于一个标准足球绿茵场的面积，每年产干茅草 1400—2200 斤。陇戛寨盖上瓦顶的家屋建筑有 100 多户，占四分之三，剩下的 35 户未改造和未搬迁户以及 10 户古建维修户一共需要 45000 斤茅草。这 45 户人家需要本寨的护草山连续养护 20—32 年才可以满足基本需要，而且这还不算每户 3—8 年换一次草的双倍消耗和人口快速增长产生的新的住房需求，这个缺口显然是个无底洞。正因如此，即使采取了护草制度，很多人家仍然采取花钱购买茅草或者用麦秸秆替代茅草的办法来解决这个问题，然而最终必然会彻底放弃这种让人颇费精力的无谓劳动，转而选择方便快捷而又经久耐用的水泥瓦或者平顶房。

6. 粪

以牲畜粪便作为建筑材料在各长角苗村寨是很寻常的事情，但他们所用的粪便只限于牛粪，其使用范围也主要在于填补建筑体上的缝隙。例如在垛木房时代，井干式建筑的墙体是由横向摆放的木料层层交叠起来的，因此木料与木料之间必然有很多缝隙，这些缝隙必须先用干草堵塞，然后用牛粪、黄泥和石灰调和成的混合剂来进行封涂；如今，许多人家的房屋侧门仍然是用植物茎秆编条做成的，其缝隙也需要用这种粪便混合剂来封涂。

这种混合剂的主要成分是牛粪，因为牛粪中含有大量未消化的植物粗纤维和有机物质，可以在水分干透以后仍然保持粘连性，黄泥为粉质，可塑性强，可以弥补牛粪不能遮蔽细小缝隙的问题，而石灰在干透以后变硬，可以使牛粪和黄泥涂抹成光滑、坚硬的表面，不易被雨水很快冲蚀，因此能够起到为主人遮风挡雨的作用。

7. 石

当地的石料，按石匠们的描述，大致可分为青石、绿石、页岩石、红砂石、青砂石、青红砂石等，用于建筑的石料主要是青石、青砂石和青红砂石。其中的青红砂石，主要用途是烧制成石灰。其他的石料都因为质地酥脆或防水性弱很少投入使用。

由于梭戛乡与织金县鸡场乡相邻一带石漠化丘陵很多，山体岩石大量裸露，取材十分方便。但在雷管炸药引入之前，因石料的开采工作非常艰辛，且运输需要租赁马车，费用高，用人力背负，既不方便也不安全，故开采规模小，石料只用作铺设建筑台基。

石头在梭戛是很常见的建筑材料，据说明代彝族土司安氏家族在安柱村至今尚有遗留下来的墓石，这说明梭戛一带的古代居民人工开采建筑用石料的历史是不会晚于明代的，而且安柱村的石料资源本身也很丰富，如今的长角苗居民和他们的汉族、彝族邻居们都已经习惯了居住在石墙房里。在梭戛乡北部的高兴村一带，一些上百年的老建筑以及更古老的房屋旧址上至今保留着石块垒砌而成的台基，这些说明长角苗居民们一百多年以前就已经在开采石料供建筑地基之用了。由于长角苗人的房屋通常背倚山坡，面朝山谷，因此建造台基时石料往往房前多、房后少，有的房屋甚至在屋后直接将山体岩石部分挖平，而不用石料

图 5-4　安柱石墙房民居侧面（吴昶摄于 2006 年）

图 5-5　安柱石墙房民居正面（吴昶摄于 2006 年）

筑砌。

高兴村一带石料的利用率过去一直很低，主要用来铺地基，只是1996年之后才被人们越来越频繁地开采，主要供修建各种石墙体建筑之用。长角苗人口最为集中的高兴村一带出现以石头为墙体的建筑是近代晚期的事情。即使陇戛山坡下的乐群村田坝寨（汉族、彝族、布依族杂居的自然村落）也是在20世纪50年代方才引进石墙房。20世纪80年代以后，封山育林和退耕还林政策使得木材价格上涨，如今造石墙房的成本要比造木屋便宜三分之一，加之人们的价值观发生了变化，越来越相信坚固的石墙房更利于久住，因此现在大量开采和背运石料成为陇戛寨及其他寨长角苗居民们经常要做的事情之一。1998年以后所修的新房子基本上都是用石头垒砌，或将石料粉碎后与水泥混合做成空心砖建成。如今，高兴村的居民们开采石料已经越来越趋于使用电力设备，他们所能够获取的石材资源比以往任何时候都要丰富，这对于他们建筑形制的整体改观而言是非常重要的一个前提。

（三）建筑材料中的外来物

1. 五金

金属建材进入陇戛寨的时间并不晚，经历过清末明初年代的陇戛寨老人们就知道"洋钉"一说，但大规模普及则是一件进展很缓慢的事。铁钉当时很可能已经出现在他们身边，但是当时他们并没有真正形成对它的依赖性需要，因为他们从那时一直到20世纪90年代期间还大量使用当地野生的藤本植物、竹篾、树棍之类的天然物作为建筑物的固定材料，用榫卯一类的办法来解决建筑力学上的难题，实在需要钉子的情况下他们还可以削制出竹钉来投入使用。

熊玉明回忆说，1964年他在修房子之前，就是先到梭戛乡农村合作社花了30元钱买来钢钎，然后用这些钢钎把山上的石料"拗"下来的——因为当时没有民用炸药。

据陇戛寨25岁的男青年杨光称，他小时候就没有见过铁钉，20世纪80年代陇戛寨才开始有了使用铁钉的木匠，当时主要用于钉制背架等工具器物，后来才广泛应用于建筑领域。

目前梭戛青苗人群所使用的金属建材主要是钢筋类的钢铁件，尤其是直径为 6.5 毫米的盘圆钢（见图 5-6），人们在修建混凝土平顶房的时候必须使用它作为屋顶骨架，来灌注房顶。作为建筑材料的螺纹钢用得很少，螺纹钢由于比较粗，一般用作钢钎工具。我们注意到，此时的高兴村的居民们并不适应用钢筋混凝土来作墙柱体，他们宁可使用垒砌隔石的办法。

图 5-6　陇戛的一户人家正在利用盘圆钢修水窖
（吴昶摄于 2005 年）

2. 水泥

水泥从 1996 年才开始小规模引入陇戛寨，其作用主要是用作石墙房和砖墙房的黏结剂，再就是掺上石砂，做成混凝土砖或者水泥瓦。

陇戛等十二寨民居所使用的混凝土砖的材料除了用水泥作调和剂以外，主要成分是石砂。石砂需要用大功率的粉碎机粉碎研磨得到。想要修建砖墙房的长角苗居民们常常是自己亲自开凿石头，然后再租用别人的粉碎机来研磨石砂。他们很少去购买现成的河沙，因为一方面六枝北部山区离北盘江很远，沙料的运输成本太贵；另一方面，石砂本身的质料比河砂优越，用石砂和水泥灌注的混凝土砖具有坚固紧凑的特点。

3. 火砖、火瓦

火砖、火瓦（烧造而成的陶砖瓦）在高兴村一带没有生产，要到织金县鸡场乡附近的汉族人那里买，他们会做。据陇戛寨杨学富说，他们的做法是先挖一个大坑，把泥巴放到坑里反复搅拌，然后拿出来用模子制好以后晾干。当时一块瓦要卖 2 角钱。高兴村没有火瓦的原因一方面是没有人会做，另一方面就是这里酸性的紫色土和混有碎石渣的黄黏土较多，而适合做砖瓦的黏土少，不适合开砖瓦窑。因此高兴村也没有用火砖、火瓦修房的人家。陇戛坡下的乐群村布依族人倘若要用砖瓦修房子，还需到织金县鸡场乡或其他地方去买。

4. 玻璃

玻璃出现在陇戛寨的时间也是非常晚的，据一位村民说，1996 年以前，寨里的房屋都不用玻璃，博物馆信息中心破土动工以后，村民们才注意到信息中心的建筑装的是玻璃窗，后来才开始有人使用，最早使用者是从越南战场退伍后一直在六枝当工人的陇戛寨人熊玉方先生，他退休后不想待在城里，依然回到陇戛居住。我们根据周边村寨的情况推测，建筑用的玻璃材料应该至少在1949年就已为出门在外的陇戛人所耳闻甚至目睹过，但真正意义上的"进入"可能确实是在2000年以后。

图5-7　墙身贴满白瓷砖的熊玉方宅（吴昶摄于2005年）

5. 瓷砖

陇戛全寨的建筑，唯有一户人家使用了瓷砖作为墙贴面，这就是前文所说的退休工人熊玉方家（见图5-7），多年以来，他一直是陇戛寨里为房屋改门换面的积极分子，在游客和文化保护者们的眼中，他的房子是陇戛寨最刺眼、最叫人感到不安的异数，但是他却不这么看，他说以前是因为买不到才没有人用，如今这些材料很便宜，也很方便就能买到，2004年他在梭戛街上只花了不到200元人民币就买足了贴墙的瓷砖，瓷砖分白、红两色，他用白色瓷砖贴满墙体，而用红色瓷砖在墙体转角处镶边。虽然熊玉方认为水泥石墙房和瓷砖让人感觉干净舒服，但是他却谨慎地保留下木雕窗花和门簪。看来，只要是他认为美的东西，是无所谓新旧的，作为出国打过仗、复员后又当过国家正式工人的他决然不会茫然屈从于他所栖居的这个贫穷村寨的种种"落后"习惯，这或许就是熊玉方所展示出的自信与不羁。

6. 桐油

桐油原本也是从天然植物——油桐的果实中榨取而得的一种油脂。油桐属大戟科油桐属，原产于中国南方，栽培历史悠久，一千多年前的唐代即有记载。桐油是干性植物油，具有干燥快、比重轻、光泽度好、附着力强、耐热、耐酸、耐碱等诸多优点，是优质的木材防腐剂，可以起到保护木建筑不受虫蛀和真菌侵蚀的作用。

但在梭戛一带，由于高寒缺水，油桐作物历来难以大面积栽培，因此对于生活在这里的长角苗居民而言，桐油长期以来都算是比较奢侈的一种建筑用耗材，很少有人郑重其事地将木屋内外糅上桐油。

2000年，贵州省文物处与梭戛生态博物馆在对陇戛寨的10户民居改扩建工程进行维修施工时，由国家财政出资，给每家购买了45斤桐油。

7. 沥青

目前，陇戛寨的沥青建筑材料只见于1998年以后的各项政府资助工程之中。例如梭戛生态博物馆给10户民居木建筑屋顶改扩建所用的封顶木板上就有用沥青制成的油毡进行覆盖封涂，防止木板被雨水泡久后发霉腐烂。当地人很少使用沥青作为建筑材料。

从上述两类建筑材料的情况来看，材料资源是由物质环境决定的。即使当地自然环境无法生产出的材料，也必须经由交通运输条件的许可和当地人的地方性知识认同才能融入当地的建筑形式之中。

二、技 术

新技术与传统技术的区别并不完全是按照我们所理解的现代化标准来划分的，而是根据梭戛长角苗人接触到技术之后所表现出的反应来判定的。这是属于长角苗人的地方性知识，正如高尔夫球于苏格兰牧民而言是传统竞技，而于其他地方的人而言则是现代娱乐方式一样，不可以用统一的文化标准来评价现代与传统。

在这里要具体提到发生在陇戛的一个关键的事件：土墙房建造技术的出现。"干打垒"（造土墙的技术），于北方各民族居民而言是一项古老传统建筑技术，其历史渊源甚至可以追溯到半坡文明，但于陇戛等长角苗村寨而言，则是近80年间才发生的事情（或许他们的祖先也曾在什么别的地方住过，但在"干打垒"进入寨子之前他们的记忆中仍然找不到任何线索）。在20世纪20年代至90年代这70年间，这项技术在当地被不断推广，木匠在建筑工匠行业中的垄断地位首次遭遇明显冲击。因此，于居民们而言，其所造成的革命性影响是之前人们从未遇到过的，从这个角度而言，把它称为新技术的开始，应该没有问题。

（一）新技术到来以前的建筑技术

1.三脚棚的建造术

在梭戛山区，各种形式的棚居建筑痕迹是十分常见的，它们或依附于大住宅或石缝、山洞的一侧，或独自成型。小坝田寨居民王开红对独自成型的三脚棚的制作方法十分熟悉。他说先要在土地上挖三个两尺深的小坑（呈等腰三角形分布）；然后伐取三根碗口粗的杉木，其中一根长一丈二尺或一丈三尺，余下两根长约八九尺，两短一长，各杵一坑，三根木头的顶部以藤条勒紧固定在一起；再用藤条将长短不一的树枝、竹棍与地面

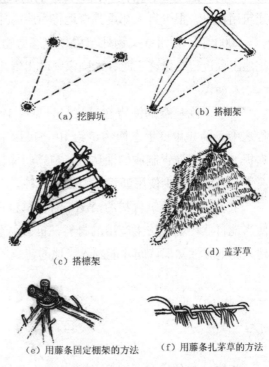

（a）挖脚坑　　　　（b）搭棚架

（c）搭檩架　　　　（d）盖茅草

（e）用藤条固定栅架的方法　（f）用藤条扎茅草的方法

图 5-8　三脚棚的搭建方法

平行地绑定在长木和两根短木之间，并留出正面的出入口；最后还是用藤条将采集来的茅草绑定在树枝、竹棍上，以形成遮蔽墙，然后修葺好棚内的枝条，打扫一下地面，就可以入住了。

图 5-9　陇戛寨熊朝明家的竹笆墙体

2.笆板编制工艺

长角苗民居中的笆板是用藤或竹篾、苇杆或者树枝条编成（见图 5-9），其制作方法与织布的工艺原理其实是一样的，只是手法粗糙多了，一般须趁刚采来的植物茎体内含有水分，柔韧性较好的时

候进行经纬编扎，使其符合房屋所需的尺寸要求，再予以阴干。待其干透后，以新鲜牛粪、黄泥、石灰粉的混合物来涂抹缝隙。三者的比例为2∶1∶1。中国西南山区各民族普遍使用笆板材料充装建筑墙体。例如，重庆酉阳龚滩一带的民居建筑墙体，许多是竹编的笆板，采用石灰、黄泥混合物封糊孔眼。贵州六盘水陇脚布依族人的两丈高大屋，周身也有围满的竹笆板，但是没有使用任何涂料，仅用宽大的竹片以编竹席的方式布满整个山墙和背墙。长角苗人使用牛粪作为配方之一，可能是因为注意到其中含有植物纤维黏合效果更强。

3. 穿斗式木屋建造技术

建造穿斗式木屋，在打好地基之后，首先要做的就是立好落地柱。房屋的高宽大小不同，则落地柱的数量也不同。落地柱呈方阵布局，按横行来看，每一行必须为偶数，由于通常是三间房，因此必须是四行柱；按纵列来看，每一列（即一面山墙）必须为奇数，如5、7、9、11，其中以11根山墙柱为最大，可以建造一丈八尺八甚至两丈以上高度的大屋，但通常是用每列5或7根，也就是总柱数为20或28根。每一列柱的数量必须为奇数，是为了使大梁能够坐落在房屋的正中间，也就是4根中柱的上方；倘使每一列柱数为偶数的话，房子就需要两条大梁，空间结点会更多，结构更不稳定，因此山墙柱总数为奇数的情况可以说是一种最优化的选择。可以说，两坡式的建筑，绝大多数的山墙柱都是采取奇数，为的是房屋形制的周正稳固。有了一个稳固的梁柱框架，墙体的装修就成为易事了。这里顺便说明一下，修建一栋标准的长角苗木屋所需的建筑知识实际上绝大部分都是当地各族居民在修建穿斗式木屋时的通行法则，并非长角苗居民们所独有的知识。

4. 打制"炯咋（jiong zha）"的技术

制作"炯咋（jiong zha）"——黄泥土灶的材料是由煤灰和含有碎石的黄黏土按1∶1的比例混合而成的，打造土灶需要水分较少的土料，以舂压的方式层层压紧，造好以后需要等3个月的时间让其慢慢干透，才可以在灶膛内烧得着煤火。

5. 传统采石法

在20世纪60年代以前，雷管、炸药一类的东西尚未进入陇戛长角苗人的生活空间，当时人们采石都是采用徒手作业的方式，所需的工具是铁锤和钢钎，而且这两样东西即使在当时的梭戛一带也是造价十分昂贵的建筑工具。了解到那个时代直至以前的漫长岁月里，人们开采石料效率极低，加之工具成本较高，我们就很容易理解为什么在遍地岩石的高兴村一带，竟然到了 20 世纪末才有大量石墙体的民宅建筑出现。

（二）取代传统技艺的新技术

1. 板春土墙法

建造土墙房的步骤及方法较为简单。跟所有民居建筑一样，首先需要开山取石挖好地基，挖地基时，土坑的深浅因土质而论，一般来说，如果是较松软一些的土壤，建造平房要挖至 1 米深，建楼房则要深至 2 米，如果遇到"本土"或者岩石就可以不挖了。装填好土石方以后，要留出半米深的地基壕，然后就可以直接在地基壕两边置上夹板，将泥料充填进去，进行夯制。当地人称这种方法为"板春法"（即北方人所说的"干打垒"）。

虽然用"板春法"建造房屋速度非常快，但其缺点是怕雨淋，尤其是在夯筑过程中。因此一般要在每天夯筑完毕之后用蓑衣、木板、塑料膜等将其覆盖。由于地处海拔 1600 米以上的石漠化山区，梭戛一带每年的冬月、腊月至次年仲春时节往往干旱少雨，因此人们通常会选择这段时间来构筑土墙房。由于土墙房是靠天然黏土之间的自然结合，而且黏土富含石屑，颗粒十分松散，墙体内部只有很少的木构件，因此一旦受到暴风雨袭击，就很容易被雨水冲垮。如果土墙房的内部没有优良的木质梁柱结构，就很难修筑起两层以上的土楼；同样因为材料局限的原因，土墙房的占地面积也十分有限，单体建筑最宽不能超过三间以上（每一个房间通常不会超过 15 平方米），否则将难以确保房梁、屋顶的稳固。这就是土墙房规模普遍窄小的原因。土墙房倘若要做成吞口门的样式也很费劲，因为这样转角的部位太多，而春墙最麻烦的技术问题之一就是如何在转角处使两堵墙紧密结合起来，这需要在春造的时候不断用手工去填补。而且这些地方很容易成为最先开裂的地方，吞口两边的侧墙面很窄小，一旦发生裂口，就很容易发生倒塌。因此长角苗居民们都不在土墙房上作吞口样式的门面。

陇戛寨的土墙房历史可以追溯到 1922 年，当时陇戛寨"老寨"熊正芳为避匪患，在陇戛寨小花坡脚下兴修了一栋三层楼的土碉房，其建筑内空间嵌入地面以下近两米。1988 年六枝特区干部叶华到陇戛寨所看到的建筑基本上都是土墙房，木屋非常稀少。2002年政府投资修建的新村小区落成时，从陇戛迁走40户人家，在老寨留下了大量废弃的土墙房（见图5-10）。他们的迁走使得如今陇戛寨的土墙房居住者仅余下零星的十来户人家。

图5-10 陇戛寨一处废弃的土墙房

2. 爆破采石法

在高兴村一带，石料的利用率一直很低，主要是用来铺地基，只是近年来才被人们频繁开采以供修建各种石墙体建筑之用。长角苗人口最为集中的高兴村一带出现以石头为墙体的建筑是近代晚期的事情。即使陇戛山坡下的乐群村田坝寨（汉族、彝族、布依族混居的自然村落）也是在20世纪50年代方才引进石墙房。20世纪80年代以后，封山育林和退耕还林政策使得木材价格上涨，如今造石墙房的成本要比造木屋便宜三分之一，加之人们的价值观发生了变化，越来越相信坚固的石墙房更利于久住，因此现在大量开采和背运石料成为陇戛寨及其他寨长角苗居民们经常要做的事情之一。自从1998年以后所修的新房子基本上都是用石头垒砌，或将石料粉碎后与水泥混合做成空心砖建成。如今，高兴村的居民们开采石料已经越来越趋于使用电力设备。

3. 石墙房修造法

（1）开山取石

在动工之前，首先要去开采石料。建筑用的石料主要是青石，一般取自寨子附近石漠化的荒山上。大部分石料建材可以通过雷管爆破取得，当地人称其为"腰墙石"；还有少部分大块的石料需要用人工进行斧锤钎凿才能获得，叫作"材料石"（如果使用爆破技术，就得不到完整的大块石料）。材料石需要用"吊墨"的办法刻凿出至少两个互相垂直的平面；腰墙石最多只需要刻凿出一个平面（有很多石墙建筑是直接把未经刻凿的腰墙石砌进去的）。为了达到石料表面平整的目的，用钢钎刻凿的时候要注意用力均衡，凿纹是大体上互相平行的直线，如果能凿成这样，墙面就会显得比较平整。此外，开山取石的时候要用一只活的红公鸡来顶敬"鲁班祖师爷"[①]，祈求其保佑施工人员安全、采石顺利，这个仪式的名称叫作"祭开山鸡"。

（2）砌台基

台基面积要比房屋略大一点点，挖地基坑的深浅要视土层厚薄而定，如无岩石层，一般挖到两米深左右即可，修建三层以上的石墙房或遇到地质较松软的情况时则须挖到 3 米左右，主要目的是造成一个稳固坚实的水平地面（见图5-11）。因此在挖地基坑的时候，只要挖到岩石层就可以了（当地属石漠化地带，许多地方土层薄，岩石直接裸露出地表，选择山坡建房可以节省很多填充石料方的费用）。地基坑的形状与房主所需要的房屋结构有着直接的关系，凡是地面上有墙存在的地方，地面以下都必须有石基支撑，其余的空间就可以浅浅地用一层碎石和黄土铺平。砌台基时地基的转角部和接合部要使用材料石，其余部分可以使用大块的腰墙石。

图5-11　台基（吴昶摄于2006年）

此外，在砌台基时，要杀一只公鸡顶敬鲁班先师，以保佑基础牢固、房屋周正，这个仪式的名称叫作"祭下石鸡"。

（3）砌墙

台基砌好以后就要接着开始往上砌墙，砌墙时石缝之间所使用的黏结剂是用水泥粉和沙子配制而成的混凝土。1996年以前由于缺少水泥，陇戛人大量采用黄泥、煤灰和石灰的混合物作为黏结剂。

取材料石一块，在台基内一角竖立起来，以之为高度准线，齐腰墙石，砌至与之水平对齐的高度时再往上添加第二块材料石，这时要注意，

---

①　关于受顶敬者的身份，来自陇戛的另一种说法指其为彝族神匠"张师傅"，据说其力大无比，能飞沙走石。

如果第一块材料石的延伸部分是靠向山墙的话，那么第二块材料石就应该与之错开，水平旋转 90 度角，靠向正墙或后墙。按如是之法砌至墙顶。砌石墙的时候要在转角部和接合部不断地使用吊线检测，以确保墙体垂直于台基面（水平面）。腰墙石有大有小，一般是将大块的腰墙石砌在墙体的底部，体积稍小一些的砌在中间，最小的砌在顶部，这样既美观，又符合力学稳定原理。

砌墙时遇到门窗的位置时，需用形状略平整一些的材料石砌成留出的门洞、窗洞空间，尤其门、窗的顶楣部分需要用一整块较长的材料石横架在两边的石料上做成。石墙快砌到顶的时候，先要用准线拉出水平面，然后用腰墙石依据准线砌平，不能用材料石。

由于石墙房不如木屋透气，尤其是混凝土平顶的石墙房，浇注天花板时主人家一般在墙壁上端与天花板相接处都保留有搁放棚木的槽口，保留这些孔洞对于常年烧煤炭取暖的家庭而言是很有用的，因为烧煤的烟气很容易引起人咳嗽，通风透气对于人的健康是一件很重要的事情。

（4）盖顶

如果要葺草顶，则要请木匠师傅按修建草顶木屋的方法葺成（见本章第三节）；如果要用钢筋水泥来封水泥顶做成平房的话，则要在正墙和后墙的墙体顶端留出可放置"草行"（当地木匠术语，用以指彼此平行的楼枕木）的垛口。铺上"草行"，并在"草行"上铺满木板，并盖一层防渗用的报纸（现改为铺铁皮，可以使做出来的天花板更为平整），将 6.5 毫米盘圆钢拉直，编成与屋顶面积相等的网状钢筋骨架，将其固定在防渗层上，并用木板将房顶边缘围挡起来，然后将拌好的水泥砂浆浇在钢筋骨架中，待其凝固，即成屋顶。

（5）装门

门、窗等木构件需要另请木匠来制作，或者直接到镇上木工房里去购买现成的门窗件来进行安装。门窗装毕，房主就要打扫房屋内外，布置家具，并请共同出过力的亲戚、朋友和客人来家做客吃饭。

4.水泥制砖瓦技术

制作水泥瓦的房顶最优越之处就是不需要殚精竭虑地去寻找那些资源越来越稀缺，且保质期仅为 3 年的茅草。况且自 1996 年公路修通以后，买袋装水泥修房子已经成为陇戛寨建筑领域的一种时尚。

在陇戛寨，几乎所有的瓦房用的都是水泥瓦片，见不到南方传统民居必不可少的火瓦（烧制而成的青瓦）。和火瓦比起来，水泥瓦的制作过程回避了高温烧制的技术难度，而且一块方形水泥瓦板的面积为 $54cm^2 \times 54cm^2$，是一块青瓦的四倍大。这些情况可以说明，这些建筑是从茅草顶直接过渡到水泥顶的，期间并没有受到太多汉族民居使用青瓦习惯的影响。

水泥瓦的制作方法因瓦的形状不同而略有差异。如做弧形的顶瓦，需要先在地面上按规定尺寸用碎砂细心地铺成长条形的底模，为避免瓦与碎砂黏结，要用表面无皱褶的废报纸隔上，然后将黏稠的水泥砂浆糊在报纸上，并用水泥刀将其分段切开。水泥凝固之前，先要在瓦板的一个角扎上一个钉孔。待水泥凝固变硬后，便可一块一块揭起来，搬到一旁风干，然后整理好底模，铺上隔纸，再做下一批。方瓦、缺角方瓦和三角瓦一类的平板瓦则只需要在水泥地面上铺上隔纸，并在纸上置好正方形的木范，就可以往内倾倒砂浆了，其他工序同上。如果只有两三天时间做准备工作，则只能一次性制成所有的水泥瓦，这就需要很大的场地，这显然是不现实的。因此，水泥瓦提前半个月就开始分批制作了。

水泥瓦板只需要用一枚水泥钉便可以稳稳当当地钉在檩和椽上。既牢固方便又整齐美观，既可以盖在木屋和土墙房上，又可以盖在石墙房上，可以完全取代茅草屋顶。

混凝土砖需要用模具来定型（见图5-12），样式包括空心砖和实心砖两种。空心砖又有单孔砖和双孔砖两种，其制造方法是将砖模内的两个铁筒架好，然后灌注混凝土浆进去，由于铁筒占据了很大部分空间，因此主人家可以节省许多原料，同时圆形内壁又可以起到传递压强的作用，因此用在单层平房或者两层以上楼房的最顶层都是很好的建筑材料。空心砖的砖模中间配备有一个横隔片，如果抽掉它，就可以做成双孔砖；如果加上它，就可以做成

图5-12 高兴寨熊光福家的砖模（吴昶摄于2006年）

两个单孔砖。当然，空心砖是中空的，毕竟承受的压力有限，如果用它来作楼房下层的承重墙是很不安全的，因此在这些地方要用实心的混凝土砖。实心砖的砖模与空心砖的一样，只要抽去那两个铁筒，就可以灌注实心砖了。在高兴村的居民们看来，这种建筑材料是目前他们所能享受得起的最现代化的墙体材料之一。1996年陇戛苗族希望小学的建筑墙体使用的就是这种混凝土砖。

有什么样的技术，就会有什么样的房屋。技术的功能制约着房屋的具体形式，在人们想象不到还有电动碎石机和混凝土配制技术的时代，人们是绝无可能去制作水泥瓦，去砌一栋空心砖房屋的。

（三）与新技术并存的建筑技艺

在陇戛寨，经验丰富的建筑工匠都懂得建造不同的房顶，所使用的技术是有许多关键性的差异的。以茅草作顶，檩木上不钉子墩（当地人对一种固定于檩木之上，以防椽条、瓦片滑落的小木楔的称呼），只需用藤条缠绑住各种竹枝、树条，就可以在上面铺草了，它的两坡倾斜度比较大，其目的是避免雨水在屋顶滞留时间太长，从而渗入屋内。瓦顶房的大梁、檩都与之不同，为了防止瓦片下滑，必须使两坡的阻力增强，因此要降低两坡的倾斜度，并钉加子墩。这种技术实际上早在战国时代的中原地区就已经出现了，当时人们已经对草顶和瓦顶屋面规定了不同的坡度——《考工记》说：

> 匠人为沟洫，茸屋三分，瓦屋四分。[1]

铺设草顶（见图5-13）的详细制作程序是：初春三月的时候，在山坡上割取茅草，将草扎成直径约30厘米的草捆，攒到1000多捆草的时候就可以上房换草了。盖房顶要把以前的旧茅草全部清除掉，然后再铺盖新的茅草。盖房顶只需要一天的工夫就可以完成。其方法是先将一捆捆草解开，然后用藤条或篾条反复地"穿进穿出"，把每捆草都绑在椽条上，然后用力勒紧，在椽条和檩、椽的交叉处还要作十字形的交叉绕法。草顶所

---

[1] 闻人军.考工记译注［M］.上海：上海古籍出版社，1993：110.

图 5-13　杨某忠家换草顶（吴昶摄于2006 年）

用的椽条和檩、椽比瓦房顶的要细韧一些，因此捆扎起来较容易。藤条是取自附近天然林中的野生葛藤，截取的葛藤长度自五尺至一丈五不等。如果葛藤太粗，则需要用手将其撕成 5 毫米左右粗细的细藤条，再无须其他的加工措施。

茅草的选料是有讲究的。茅草养护得好，内部能长期保持干燥，最多可以保持 7—8 年，养护得不好，3—5 年就需要换一次。茅草的选材以草茎长、纤维韧为最好，收割茅草只能在每年 2—3 月份的晴天，因为平时的茅草都是青绿色的，富含水分，只有这个时候茅草才枯黄干透了，便于盖房。雨雾天不适合割草，同样也是为了保证茅草的干燥。

（四）新旧技术的更替导致的文化事象变化

戴志中、杨宇振著《中国西南地域建筑文化》一书中认为："在文化的发展过程中，'文化观念'与'技术模式'是两个相辅相成的因素。观念的改变可能导致新的技术模式的生成或选用，而新的技术模式则有可能促使文化观念的转变。这种关系在建筑文化的发展中同样适用。"[①] 外来的新技术与新材料陆陆续续现身于村寨之中，这些文化因素与原来的长角苗传统生活方式未曾发生过任何意义关联，它们犹如几滴化学试剂一样，逐渐在各种旧文化因素水乳交融成一派平静气象的长角苗社会中又产生了新的连锁反应。这些反应的剧烈程度各有不同，且影响的领域也甚为广阔。传统文化因素有的被迫终止了，有的却还能延存一段时间；而在新旧文化因素彼此发生新的意义关联的同时，新的文化因素也在产生。

---

① 戴志中，杨宇振.中国西南地域建筑文化［M］.武汉：湖北教育出版社，2003：120.

1. 被迫终止的文化因素

（1）房屋建造过程中鲁班信仰的隐退

关于鲁班信仰的法则是这样：使用木料，用鲁班师傅发明的工具和营造法式，就应当祭鲁班。然而现如今，随着"老班子"建筑工匠的衰老和故去，鲁班先师不再是长角苗人心中那位需要用红公鸡来祭奠的大神，他的光辉形象正日渐黯淡下来。

新的建筑工匠们凭着雷管、炸药和现代化的采石机械，更青睐于坚固的石料；他们更喜欢营造石墙房的技术原理之简单易懂。当建造木屋不再成为一种可能的时候，"鲁班师傅"就失去了受人顶敬的重要机会。时至今日，无论是在房屋建造过程中，还是在陇戛人的家宅里，鲁班的神位牌已经见不到了。

（2）护草制度

护草制度是为缓解长角苗定居梭戛一带以来人口迅猛增加、茅草资源紧张而在族群内部形成的一个公平的资源协调分配制度。水泥瓦及其制作技术的出现从根本上否定了这一制度存在的必要。以高兴村补空寨为例，1991年发生火灾之后，全寨受灾居民全部选择以水泥瓦取代茅草屋顶，茅草资源不再紧张，护草制度因而废止。陇戛寨的轮护截止到1996年，也是因为大量居民接受政府扶贫资助、移民搬迁，或受到邻居家影响，主动选择了"草顶换瓦"。护草制度的废止，技术不一定是直接的诱因，但却是必不可少的环节。

（3）上梁仪式

虽然石墙房与木屋一样也需要安放木梁，但是技术难度小得多。在石墙房的修建过程中，施工者们更关心的是技术操作规范方面的问题。显然，极富有汉族传统文化气息和礼仪知识的上梁仪式对于这些年轻力壮的小伙子们来说，已经并不那么重要了。

（4）房屋建造过程中的鸡巫术

鸡巫术在贵州西北部各民族，尤其是长角苗人那里使用的频率非常高，几乎只要有巫术仪式的场合，都会用到鸡。传统的"下石"仪式要行血祭，即将鸡冠血和鸡毛粘在一块普通的石头上。祭完以后要马上宰杀，留给石匠或木匠师傅吃。三开间木屋造好之后，主人家择吉日顶敬鲁班，也会用一只红色的公鸡作血祭。但这些巫术都随着木屋的停建而作罢。如果不是出现了可以完全替代木屋居住用途的石墙房，这些巫术依然会延续下去，因为它们是具体环境中的生活方式，是附着于技术——建筑形制之上的文化。

（5）土墙房建造术

如今居住土墙房的长角苗居民仍有很多，但自20世纪90年代以来，高兴村一带就很少有新建的土墙房建筑了。人们已经对这种20世纪20年代方才传来的建筑形式感到不满意了。他们不满足于土墙房，是因为比它更晚传播过来的石墙房具有它所不具备的高大、宽敞、坚固等种种优点。

以上仅是一些具有代表性的案例，事实上还有不少这样的例子，此处不再一一列举。

2. 得以延存下来的传统文化因素

（1）茅草屋顶

虽然护草制度在许多村寨都已不复存在，但茅草依然是多数贫困家庭不可或缺的建筑资源。瓦顶可以说是一种"设备"，而茅草更像是一种"耗材"，也更为便宜[①]。茅草，以及它的替代品——各种农作物的秸秆因为家庭经济方面的原因依然还能延续一段时间。

（2）"人情工"习俗的强化

"人情工"习俗是一种凝聚父系和母系亲戚之间关系的农村习俗，其特点是以亲属制度中的血缘合作为主。"人情工"是一个在中国农村社会普遍存在的交换体系，它在集体合作劳动中的实用性突出，有点类似于"以物换物"的形态，却不是在同一时间完成交换，而是将"工"——劳动量以"人情"的方式（而不是货币形式）存储于彼此的契约记忆之中，待到回馈的时机到来，再予以兑现，也就是说劳动力并没有被物化为货币，但又实现了延时交换。因此，应该说用"以物换物"这个概念并不能很准确地勾勒出货币贸易之外的经济形态，因为以物换物只是很窄的一个面，还应该包含"人情工"在内的多种多样的交换形态。在"人情工"系统中，如果用货币经济学的眼光来看，长角苗家庭大多数都很"贫穷"，他们不得不依靠彼此间的互助来达到外人依靠货币购买才能达到的

---

① 如果按2005年的市场价计算，一个普通的茅草屋顶所需要的茅草料大约需要花100元钱就能买到。

目的，但是一个家徒四壁的青年很可能已经将他的劳动力以"人情工"的方式分别存储在 30 个以上的长角苗家庭里，一俟他建房在即，看似贫困的他便能将这些家庭的劳动力召唤过来为他的家居工程服务。值得注意的是，这种劳动力延时交换的"人情工"并不是十分精准的，因为有些劳动力可能在外打工，赶不回来，或者因为各种其他的原因不能"还人情"的情况总是难免会发生。但总体上来说毕竟是极少数，因为血缘纽带能够使契约精神在家庭之间得到很好的维护。这种合作方式反映出他们所一直延续着的、看似是为了避免货币因素介入而形成的劳动合作传统。但如果我们不把货币预设为他们传统经济结构的必要基础的话，就不会得出这样的结论，因为这种劳动合作的传统应该是早于货币的出现而出现的，并且不容易受货币因素干扰。正因如此，村民们并非一无所有，基于亲属关系的信任、个体的体力与知识经验结合在一起，使他们在货币不在场的情况下能够顺利地实现经济交换。更不可思议的是，越是加速跨入现代化生活方式的阶段，货币短缺的问题就越显得尖锐突出，而这种凝聚力也就越会得到加强，因为他们在族群内部之间的劳动力交换一直是卓有成效的，除了必要的材料开支以外，货币因素几乎对他们是起不了太大阻碍作用的。

（3）"开山"仪式

值得注意的是，并非所有的巫术现象都被新技术的入侵消灭。出于对爆破及被石头砸伤、砸死危险的恐惧，许多采石者都保留下在开山之前祭祀山神或鲁班的"开山鸡"仪式。这些潜在的危险是真实的，砸伤手脚，乃至骨折、重伤、死亡的情况时有发生。陇戛寨一位村民说："开石头要敬神的，要请'师傅'来帮忙，保佑我们开山（爆破取石）不伤人，下石（打地基）才下得稳。"石匠们要用"开山鸡"来顶敬鲁班祖师爷（或者"张师傅"），希望借此获得神灵的庇佑，以免石匠们在放炮取石料时被炸药炸伤，或被石头砸伤，或防止鬼魅作祟引起台基不稳固。人们目前还无法用技术手段来保护自己免于开山采石的危险。只要危险与否对于他们来说还是未可知的因素，"开山"仪式就会有继续存在下去的必要，直到人们对此有了切实可靠的对策时为止。然而，受过小学教育的建筑工匠们对这些法术并不是十分重视，陇戛寨现在的木匠都不能使法术，有的虽然会但是也并不是场场不落。高兴寨的 38 岁建筑工匠杨成方被问到会不会做"开山鸡"和"下石鸡"仪式的时候，他就明确回答说："现在只要主人家需要，我们就可以给他做；不需要，我们通常就不做。"

（4）祭箐仪式的日渐式微

虽然陇戛、小坝田两寨的祭箐与"扫寨"仪式还在维持，其形式还能基本保持原貌，但于补空、高兴等大多数长角苗社区而言，祭箐、"扫寨"活动已经在几年前不得不被停止了，这与民风的变化也有关系。因为仪式上男人们通常要饮大量的酒，高兴寨终止祭箐，是因为 2003 年仪式活动中发生了酗酒打架事件。如今的长角苗青年或许是接触了影视作品中大量的暴力情节，情绪变得越来越不稳定，很容易在仪式上酗酒闹事。出于治安方面的原因，高兴村的管理者们采取了禁止措施。虽然很多人把祭箐仪式的荒废解释为人们的思想发生了改变，但从深层次来看，自然崇拜的对象是整个自然，当生态环境改变时，他们也就容易失去其信仰的意义而仅仅保留其仪式，甚至连仪式也正在被简化。技术本身没有对其构成重大影响，但现代科学技术的思维方式却正在潜移默化地改造着他们，使他们更为注重办事的效率和结果，仪式过程本身的意义就会被逐渐淡化。

3. 新出现的文化因素及文化结构的重新组合

（1）新巫术的产生

许多民族的信仰形态并非纯粹的原生态文化，而往往如同滚雪球一般，结果通常是一种简单的信仰与其他的文化信息（也包含其他信仰）相融合，彼此在仪式活动或知识结构中发生意义关联，从而趋向于一种形式上的整体化。在陇戛，带有技术背景的鲁班崇拜渗透到了长角苗人的弥拉制度中——弥拉们往往会出现在人们建造房屋的过程中，他们的驱邪术与人们顶敬鲁班的过程是相始终的，并且他们付出努力的报偿正是半埋在祭台米升子里的"月月红"（人民币 12 元，是"一年到头都发财"的象征）。

文化因素的彼此结合并不是盲目自由的，每一个文化因素都包含着与之相对应的文化需要。新出现的驱狗术表面上看起来似乎是突然发生的，此项巫术为碎石机械设备引入陇戛以后，陇戛人为防止狗在砂堆上拉屎而作的一种实验性的巫术。但在中国古代，狗粪通常被人们视为一种特殊的污秽，甚至拿它去以毒攻毒地驱邪。正是因为如此，建筑用的石砂里混入狗粪后，屋主人会觉得很晦气，又苦于村里狗太多，无计可施，所以才会萌发出以巫术手段驱狗的念头。然而驱狗所使用的草标却是从平时驱鬼的巫术中挪用过来的。从这项巫术试验的目前进展来看，似乎并不是很奏效。

（2）居住方式被他者同化

有了与外面汉族人、布依族人一样的石墙房子，有了平整清洁的水泥地面和高大宽敞的现代门窗，长角苗人的生活趣味也就随之而改变。有许多这样的家庭在经济许可的条件下购置了节能小煤炉、电视机、收录机、音响，甚至VCD播放机等现代家用器具。在听说这些东西之前，他们并没有产生对它们的需要，而且人们都知道，这些物品大多都只能满足人的精神需要，而不是能直接提供新的财富的生产工具。这种生活方式是从他们的外族邻居那里模仿过来的，因为他们相信这是一种身份的象征，是一种比祖先们更好的生活方式。

（3）艺术形式的此消彼长

祖辈人的审美趣味也在渐渐被遗忘。比如雕花的门簪头、精细的棂格花窗，后来都渐渐为粗糙的圆柱木头和流行于全世界的"目"字型双活叶窗所取代。甚至，木屋也不再受宠，最终取而代之的是采光性能更好的石墙房。人们对于建筑美的理解，已经和他们的祖先们分道扬镳了。因此，古典装饰工艺走向退化与消亡是一个必然的过程。

但是，他们的艺术并非就到此为止了。前面我们注意到，巫术是跟着建筑技术和材料的变化而发生变化的，艺术也同样如此。在水泥瓦被引进长角苗村寨的同时，一种形态优美的建筑装饰艺术也出现在人们新盖的水泥瓦屋顶上，这就是前面所说的顶瓦，它是由各种拱形的四角瓦片堆叠和拼搭而成的，之间并没有以任何黏结剂固定。北方人和沿海地区的人不会这样修房子，因为如果有大风刮来，它们肯定会坍塌并碎落一地，但在这里，没有那么大的风——这就是建立在当地人的地方性知识基础之上的审美形式。

虽然从总体而言，我们觉察出了技术因素在现代化过程中所呈现出的越来越明显的"去文化"化态势，但他们在技术上去文化化的目的是加快发展速度，尽量缩短与周边族群生活水平差距。因此，从文化传统永远处在不断变化之中的角度而言，技术去文化化终究是一个暂时性的历史阶段，因为在现代化过程的初期，许多旧文化因素因为无法融入新的生活方式而不得不处在冻结乃至消亡的状态下；但是随着从"生存"步入真正意义上的"生活"之后，文化需求的动力会增大，虽然形态与以前可能大为不同，但仍然属于人的精神创造。文化的创造需要人的思维活力，而文化的积淀则需要足够的时间。

三、外来生活方式的影响

在分析陇戛建筑文化的现代化特征的过程中，我们看到其主要表现出技术的去文化化和居住方式与外界趋同化这两个特点。我们虽然可以通过历史来想象木屋时代的长角苗人是如何从邻人那里获得汉文化中的鲁班技术及其相关仪式文化的知识系统的，并以此证明其居住方式与外界趋同化本身就是其古代建筑文化的特点之一，但是在现代化语境下，周边领居们的生活方式经由事先的现代化，实际上已经跟他们拉开了很大的一段距离，以至于他们不得不花费比以往更多的精力去接受新的现代文化影响，以维护以生存为底线的文化尊严；同时，外部的文化也在继续尝试着对其产生影响。你来我往，他者关于生活方式的经验、知识、趣味以及需求感也被迅速传播到了苗寨。这些彼此的文化互动通常以经济或政治的方式予以实现，其具体表现形式主要体现在汉族木匠的介入、返乡打工者的观念变化、政府行为的影响三个方面。

（一）汉族木匠的介入

虽然长角苗人的建筑文化与他们的邻居之间存在种种区别，但是有一点却是不容否认的，即他们和他们邻居的穿斗式木屋建筑形态差别并不是很大，这与房屋设计者们的文化背景也有着密切的关系，因为他们多是文化上较为发达一些的汉族人，或者受他们技艺启发的当地本民族工匠。小坝田寨一栋木屋的男主人曾明确地表示，他住的这栋"标准的'长角苗'房子"是民国年间父亲请织金县蒯家坝的汉族木匠张启才所修，这栋房子历经50多年，迄今为止已经住了三代人。这位男主人说，汉族木匠们每修一栋木屋都必定要祭鲁班。小坝田寨历史上也曾经出过一位名叫王作清的长角苗木匠，他的业务甚至扩展到了附近汉族龚氏家族居住的沙子河村。龚家的房屋今已不存，据说当年这栋房屋一半是由四川木匠所修，另一半才是由王作清完成的。

按照通常的说法，涉足长角苗生活空间的汉族木匠除了本地周边村落的汉族人以外，主要来源于当时的四川省（包括今天的重庆直辖市）。

"四川木匠"显然不是特指某一个人，而是一个特定历史时期的产物，其影响力远远不止在贵州一省，在湖北、湖南、云南等省均有他们的良好口碑。这其中自然有着各种历史原因，如民国时期军阀混战造成民不聊生，以及抗战期间国民政府在四川抓壮丁等情况，迫使他们不得不大规模地背井离乡，靠一技之长在外地谋生。因为六盘水地区正好处在四川、云南、贵州三省交界处，四川人流落此地做木匠的并不在少数。这些"四川木匠"落户山乡，与当地各族居民通婚、育子，后代逐渐也就成为当地人。

"四川木匠"这个说法经常会在陇戛的"老班子"们嘴上挂着，他们与后者之间也不存在明显且直接的师承关系。夯制土墙房的"板春法"技术（又叫"干打垒"）据说也是"四川木匠"们带过来的①，其传播到此地的时间大约是在 20 世纪 20 年代初。当我们问长角苗木匠们这种技术的来历的时候，他们都会说出"四川木匠"这四个字。后来，经过多方面打听，我们了解到梭戛乡顺利村卡拉寨如今还住着一位王姓汉族居民，其父亲是民国年间来到贵州的四川木匠。

当地的汉族木匠也很多，他们较之长角苗木匠们而言，通常更长于制作一些灵巧精致的细木工活，例如花窗、门簪以及各种家具书桌等等，他们有的人在梭戛、吹聋等镇上开游牧工作坊，这些作坊的门外倘若经常有一些不愿离开的身影，很可能就是特地前来"蹭学"手艺的农人。

在中国古代技术史上，鲁班具有极其重要的意义。鲁班是上古传说中神秘的优秀人物，也是一个集中国传统建筑技术之大成的恩赐者的符号，中国以木石二匠为主体的传统手工业者以神化和偶像化的方式对他予以频频祭拜，并衍生出种种的巫术仪式和禁忌文化。例如，鄂湘渝交界一带的石匠们就有不吃斑鸠肉的禁忌，为的是避鲁班祖师爷的名讳。

陇戛的长角苗木匠和石匠们也同样信奉鲁班，在他们的苗语"开山鸡""下石鸡"的献祭词中，鲁班的名字是和汉语发音一样的，他们并不因为他们的语言、服饰、生活习惯都和汉族人不同，就对此避而不谈鲁

---

① 一说为梭戛乡的回族居民从西北地区带来的。

班——正如同我们学物理学知识时，并不因为我们是中国人而不谈牛顿，其实是一样的道理。不论古代或者现代，历史总是有许多相似的情况会一再出现。

在以机械化批量生产为主要特征的现代工业文明到来之前，鲁班不仅是东亚地区较大范围内许多民族的木匠、石匠、建筑、手工领域的祖师爷，也是整个技术领域的一尊神圣的偶像。鲁班的伟大之处并不在于他提出了某种生产理念，或者发现了力学、光学、声学或者原子物理学方面的伟大定律，而是发明了几种具体的、摸得着看得见的、结构简单非常易学好用的劳动工具，这些工具决定了中国人及其他一些东亚民族在技术领域的生存法则。这些法则已经能够满足农业社会人们的需要，因此对技术发展没有迫切要求，自我圆满为一个周详的工匠知识体系；同行业者之间为避免"饭碗危机"，维护行业稳定而形成的制衡协调机制则成为"鲁班知识体系"的重要内容。

工业文明对"鲁班知识体系"的摧毁是无情的，因为后者具有农业文明时代的自洽性，依赖于稳定而低速发展的社会环境，18世纪西方工业革命的目的就是要以高效的工业技术手段来取代低效的技术。如今，技术对我们的生活的影响已经越来越大，很多文化的问题已经显得不那么重要，唯有技术方面的话题正日益凸显，成为人类社会最关心和最寄予希望的焦点。

随着"老班子"建筑工匠的衰老和故去，鲁班先师不再是长角苗人心中那位需要用红公鸡来祭奠的大神，他的光辉形象正变得越来越黯淡。森林资源被林业局控制起来了，不再是长角苗人的"箐林"，人们伐不到木材，也不敢冒着违法的风险去维系木构建筑传统，而包括鲁班信仰在内的一系列"借来的传统"随着穿斗式木屋一栋一栋地被人们废弃而注定将要为这里的人们所遗忘。

客观地看，封山育林对长角苗人的生活造成消极影响，比起古代的历次瘟疫和战乱造成的一次次被迫的迁徙而言，几乎可以忽略不计。后者很容易使他们的生活水平倒退到几个世纪以前，而前者则使他们被迫要选择更适宜的生活方式，比如选择石头等以前从未大规模尝试过的建筑材料来盖房子。

事实上，长角苗人的生活传统历来受着外部的影响，同时他们又会把外部所施加的影响反馈给外部环境，只是这种信息的交换并不及山下各族之间的文化交流那样频繁。长角苗人的发型、服饰、建筑都可以说是森林边生存的经验馈赠给他们的礼物，也是他们对自然对象施以充满想象力的加工而得出的文化成果。我们断不可说这段我们不甚了解的历史就是一段密封起来的部落史，因为他们至少有鲁班崇拜的遗迹作证，异文化曾经被他们消化；而且，我们还必须注意，长角苗这一文化形态在他们的祖先手中被创造出来，这个系统掺杂着来自各族的文化经验——当然，也包括来自汉族的建筑知识。

然而回过头来仔细看看长角苗人对鲁班师傅的膜拜行为，我们不难明白，在最本源的行为动机层面上，他们至少并非所谓的"愚昧"。我们甚至可以这样说，但凡涉及技术传播问题的这一类人物在民间所获得的"神"的身份，实际上都是人类对有贡献的历史英雄人物的一种敬意和感情馈赠。包括长角苗族群在内的中国农民们对"鲁班师傅"的信仰是由古代优秀技术的传播引发的。感恩的美德总是屡屡在人类文明史中闪烁着熠熠的光芒。

（二）返乡打工者的观念变化

20世纪90年代以来，长角苗人生活方式的最大改变之处是出山打工。长角苗青年出山打工，他们流动的目的地主要是省会贵阳和浙江的湖州、金华等地，目的通常只有两个：见世面、挣钱。离乡的长角苗打工者们干的全都是体力活，主要工种包括挖煤、"地面工"、"进厂"（在工厂从事生产劳动）。

挖煤是所有外出务工者们收入最实惠的一个选择，这种工作不需要识文断字，不需要复杂的计算，只要身体素质好，能够吃苦，不恐惧黑暗，都可以每个月挣上600至1000多元钱。他们服务的煤矿大多数在贵阳，因为贵阳到六枝的路比较近，火车票只需20元钱，因此长角苗的青壮年男子大多数都非常主动地选择挖煤这一行当。在周边民族的影响下，他们也逐渐视"不能出门打工挣钱使家庭脱贫"为一种成年人的耻辱，因此，即使冒着煤矿塌方和瓦斯爆炸的危险也在所不惜。①

长期的采掘作业使他们熟悉了钢钎、铁镐，也使他们熟悉了炸药、雷管，他们也越来越对用背篓负重前行的劳作生活感到习以为常。至于这些采掘作业时所要用到的工具材料，他们此后回家开山采石还将遇到。

相对于暗无天日的"地下工"——挖煤而言，还有一类工作被他们称为"地面工"。"地面工"分三小类："打砂""上工地""背石头"。

所谓的"打砂"，是指在山坡上采掘石料，并将其粉碎成可供建筑施工需要的石砂。出于效率成本考虑，"打砂场"的包工头多采用雷管定点爆破的方式获取石料，加之工人经常要蹲踩在山崖险要处作业，因此，这一工种的危险性不亚于挖煤。长角苗人参与"打砂"行业的人非常多，甚至有的村寨还自发组织了打砂队，后来终于因为发生事故而被迫停业。或许，这些为了市场铤而走险的生活方式对于他们而言，也算得上是一种充满挑战和利润刺激的崭新的生活方式，因为毕竟他们生活在一个充满机遇的、躁动的大时代里，谁也不甘于向贫困屈服。"上工地"是指上建筑工地当建筑工人，这一类工作机会也多是在贵州省内。收入比挖煤、"打砂"要低数百元钱，但是选择这一行当的人也并不少，他们在城市建设的过程中能够接触各种各样的建筑材料、施工技术以及来自五湖四海的同行业者。

"背石头"实际上是一种含糊其辞的说法，这种说法所要掩饰的是这份职业真正的卑微之处，因为此处的"背石头"指的是"为死人背石头"，换句话说，就是砌坟。这种工作一般的南方农村居民是不屑于去做的，在长角苗人那里同样也不是一件吉利的事，但是，一些有远见的父亲为了供孩子念完高中、考上大学，都有过"背石头"的经历，他们往往很少谈这些事，倒是邻居和他们的孩子出于敬佩会主动说出来。

"进厂"是指到工厂里面去上班，按时领取月薪的劳动方式。由于"进厂"还需要一定的文化知识和相关专业技能，而且更重要的是得有人脉才能获得就业机会，继而进入厂里工作慢慢步入正轨。但长角苗人在这方面并不占优势，因此进厂的人数较少。但随着年轻一代的成长，新时代

---

① 我们的一项调查证实，除直接参与了旅游开发的陇戛寨以外，其余的长角苗村寨均有在煤矿事故中丧生或受伤致残的案例。

的打工人所接受的教育水平比以往也在逐年提高。他们不再愿意去贵阳或六枝干挖煤、"背石头"这样的苦活、脏活、累活、险活，而是更青睐江、浙、沪一带的环境条件，在那边可以进厂，从事木器加工等相对舒适的工作，少数学历较高的人还能担任中层管理者。他们与当地的一些企业建立了紧密的联系，并带去了更多的年轻人。2011年，笔者听梭嘎的朋友讲，在浙江嘉善县与上海交界的某条街上，已经聚居着约2000多人的长角苗打工大军，他们平日里说汉语，穿着打扮也与周围的人一般无二，下班了回到自己租住的地方，跟自己的亲人和老乡们才开始用自己的苗语聊天。在浙江的湖州，聚集着另外一群长角苗打工者，他们的工作与在嘉善的老乡们大体上差不多，也多是"进厂"。

每年的农历三月、六月、九月、腊月，都会有大批的长角苗务工人员返乡参加农忙。三月是出粪、栽洋芋的关键时刻，六月施肥，九月收获，正月过新年，这些都离不开男劳动力的参与。每次回家，男人们都要在地里忙上10~15天。对于这些多年以来处变不惊的长角苗村寨而言，这支浩浩荡荡的、往返于都市和故土之间的"打工大军"又会带来一些什么变化呢？他们会不断地告诉身边的亲人们，外面的世界很精彩，虽然也时常很无奈，但肯定是要比家乡好的，外面的人们住在宽敞明亮的楼房里面，过着舒服的日子，这种情形让越来越多的乡人感到兴奋和焦虑。总之，他们的心情是不安分、不平静的，他们要把这种不安分、不平静的心情犹如布道者一般传播到乡邻四舍，直到他们也开始为之而动心，从而对自己的生活现状愈发地不满起来。

2009年，笔者偶遇一位从小坝田寨考出来的"八〇后"大学生，他是陇戛小学一位老师的儿子，当时正在重庆西南大学计算机信息管理专业读本科。打算毕业后在外打工创业的他跟我用最简单朴实的话道出了自己"人不出门身不贵"的心声："我很怀念小的时候跟小伙伴们一起玩的生活，现在出门了，压力就有了，过去那种自由自在的感觉就没有了。不过我觉得，幸亏我出来了，我才能晓得自己有多无知。我刚到重庆去读书的时候，看到街上的馒头、包子，想买来吃，但就不晓得怎么说，就只好指着跟小贩说：这个，那个。现在想起来，觉得自己那个时候好自卑哦。我要是回来，发誓一定再也不要像他们那样过得这么苦，再要不然，我就能远离这个地方，因为出去了我才发现自己哪样都不懂，这个地方实在太闭塞了！"他对梭戛的感情很矛盾，在外面觉得辛苦的时候会非常怀念可以与小伙伴们一起吹三眼箫、走寨的青葱岁月，可回来看到这里与大都市之间生活方式上巨大的落差，他甚至又会气得直想哭。

这些复杂的变化使得长角苗人开始重新评估他们的传统生活方式，当然，也包括他们的建筑形式和居住方式。身为建筑工匠的长角苗人，越来越倾向于放弃那些已经明显不合时宜且成本过高的传统建筑形式及其建造手段。建筑技术"去文化"化趋势日益明显，"鲁班师傅"的被遗忘仅仅是个时间早晚的问题。

（三）政府行为的影响

在谈到能够对民间建筑工匠的知识记忆起到影响作用的各种因素的同时，我们不能不提到来自政府方面的各种举措。因为地方政府出于自身行政职能的宗旨，经常也会拨一部分资金和物资给长角苗居民们，希望他们能按照政府的指引，做一些有利于改变他们贫困落后形象的事情。这些事情通常是针对他们的人居环境而来的，更明确地说，是与建筑有关系的。每一次拨款，都会使他们的某些村寨的景观发生显著的改观；而每一次大兴土木，则必然又会带动当地一大批懵懵懂懂的初学艺者在施工过程中逐渐变成经验丰富的建筑工匠。变化，不仅体现于环境上，也刺激了长角苗人的内心世界。陇戛新寨 40 户样板式石墙房的工程基本上是由陇戛人自己来施工的，这一工程培养了大批现代建筑工匠，陇戛熟练建筑工人群体的形成意味着他们会成为苗寨里新技术的传播者，毫无疑问地会用自己的新经验去改变自己的家园，并从中验证自己的能力与价值。

民居建筑原本是民族文化精神的重要物质载体，也是重要的物质文化范畴，苗族村民们的很多表现却给杰斯特龙带来的生态博物馆制造了一个两难的境地——保护其旧有文化就必然阻碍其生活水平提高，提高其生活水平就必然要破坏其旧有文化。一位贵州省的前任省委书记一句"保护文化，但决不保护贫穷"十分精准地把这个两难境地的冲突点说破了，这就是文化与贫穷的关系。

长角苗人的独特文化风貌自 20 世纪末引起了文化学者和政府官员们的高度关注。多年来，能够真正对现代长角苗人的生活产生直接作用的外部力量主要还是政府官员和文化学者。文化学者的介入是非常关键的，正是因为他们向公众努力呈现出这样一块尚未被现代文明深度同化的"桃花源"或者"塔西提岛"①这个地方才开始成为当时各种媒体关注的焦点。而地方政府官员则随即跟进，他们有着比学者们更为直接和高效的行政执行力，他们的目的是要实现对此地的有效管理，尤其是当 1998 年梭戛建成生态博物馆，正式向全世界开放的时候，他们更不希望这里出任何问题。当地居民生活极度贫困的状况也同样会使地方政府感到不安，因此扶贫措施一直是地方各级政府不可能放弃的任务。

这一系列的扶贫措施对于梭戛长角苗各种文化事象而言，受影响最大、触及层面最深、改变最明显的莫过于民居建筑领域了。相关的情况很多，摘要如下。

1995 年 3 月，梭戛生态博物馆主体工程已开始破土动工。两年以后，时任中国国家主席江泽民和挪威国王哈拉尔五世出席的中挪文化合作项目——中国贵州六枝梭戛生态博物馆等 5 个项目的签字仪式上，这个名不见经传的小地名开始进入新闻媒体的视野。

1996 年 9 月，从梭戛镇到陇戛的公路修通，水泥引入，继而陇戛寨的水泥石墙建筑兴起，轮换护草制度停止。

1998 年 10 月 31 日，"梭戛生态博物馆"落成。

2000 年，贵州省文物处拨专款，并聘请黔东南古建筑施工队赴陇戛寨对 10 户木建筑老宅进行重建和维修。此项保护措施虽然以修旧如旧为要求，但因造价过高而不得不半道中止。后来未从此次项目中受益的周边居民纷纷情愿自己出资进行民居改造，却没有严格遵守梭戛生态博物馆成立之初所制定的各种文化保护方案，完全是按照屋主们自己的意愿进行改造的——由于外来的建筑材料和建筑样式屡见不鲜，如今陇戛寨与十年前相比，已经大不相同了。

① 位于南太平洋法属波利尼西亚群岛中心。1767 年被英国航海家 Samuel Wallis 发现，后来成为法国殖民地，经法国画家 Paul.Gaugin 等人的描绘，成为欧洲人眼中原汁原味的原始文化之岛。

图 5-14　六枝特区政府拨款修建的陇戛新村，落成于
2002 年（吴昶摄于 2006 年）

2002 年 12 月，六枝特区政府拨款修建的新村小区在陇戛寨山下落成，40 户陇戛居民搬迁到此，开始新的生活，但老寨中从此也就留下 30 多栋弃宅。新村也被叫作"陇戛新寨"（见图 5-14），是一项专门针对陇戛寨村民进行帮扶的政府安居工程，包括 40 套住宅、两个公共厕所和一个可容纳多匹牲口的公共厩。2002 年 12 月动工，2003 年 10 月份竣工入住。新村的出现部分地解决了陇戛老寨的拥挤和卫生条件差的问题，搬迁出来的家庭生活质量得到了一定提高。居民们在为喜迁新居而感谢政府积极帮助的同时，又注意到新居环境也并非十全十美，无可挑剔。在 2006 年的采访中，我们也听到住户的一些抱怨：新村没有采用单门独户的卫生厕，而是将 40 户人家所养的牲口集中安置到新村背后的公共厩里饲养。一方面村民们照料牲口需要走更远的路，另一方面周边村子耕牛被盗的现象在当年仍时有发生。新村的居民有不少人都对照看牲畜不便的问题表达了自己的担忧。因为一方面牲口的饲养变得很麻烦，喂牲口需要背负大量秸秆草料走很远，另一方面，由于当地偷盗耕牛的现象十分严重，牲口远离人居，这让居民们心里十分不安。熊朝富家和熊朝荣家的耕牛曾因放在新村后面的公共厩里而被盗，可见这种担忧不是无稽之谈。每户室内面积 70 多平方米，厨房和楼梯间比较窄，楼梯间的宽度只有 53 厘米（外观与新村建筑相统一的卫生室的楼梯间宽度是 73 厘米），成年男子上下楼不是很方便。刚搬到新村来的时候有些陋习还是没有改，比如，有的人看到房屋里比较空，就把牛饲养在堂屋里。梭戛的干部解释说：不良的卫生习惯的转变需要一个过程。现在虽然还存在一些问题，但毕竟已经比刚搬来的时候好多了。

2005 年 8 月，政府拨款在陇戛寨推广修沼气池和储水窖，此举自然是为缓解燃料短缺和生活用水紧张，但也使得村落内原来的公共空间从较为古朴的布局变得局促和拥挤。从文化保护的立场来看，这种变化是令人感到非常无奈的，而且也确实反映出当地的脱贫与保护传统文化之间极难去把握而又必须抓紧时间去处理的平衡关系。这种经济与文化之间存在的矛盾在经济欠发达的少数民族地区其实也是一种常见现象。

形势发展非常快，虽然有村民在采访时表示自己并未有实质受益，但来自政府方面的资金投入是实实在在的，而且都是无偿的，政府最多要求被帮扶对象出具相关的财产证明，以使政府方面能够确信这些资助款项的投入能够立竿见影地达到他们帮扶行为所要达到的最后效果。这可能在某种程度上拉大了原本并不十分明显的贫富差距。如果扶贫的力量更加精准，收效应该会更好一些。

当然，从历史的角度看，政府所扮演的角色并不全然是在"打文化牌，唱经济戏"。在更早的1991年，发生过一场意外的灾难——高兴村补空寨的一位年逾百岁的老妪因点火照明不慎引发火灾，全寨100多户茅草房被焚毁，此后政府补助受灾户每户5000元新建石墙房，如今补空全寨150余户民居建筑已全部是砖石结构，无一栋木屋遗存，茅草房顶也只有20余户，补空寨的护草制度也就因失去了其存在的意义而被因此而废止。

我们也同样听到一些当地干部抱怨另外一些问题，比如省里和地方政府对高兴村扶贫行为太过频繁，以至于使一些人养成了"等""靠""要"的依赖心理。笔者同时也发现，在封山育林政策落实以后，木材资源越来越紧缺的今天，如果不是自20世纪下半叶以来政府对长角苗社区持续性的帮扶政策，我们恐怕不会在这里遇到这么多年轻的木匠、石匠。两方面的信息聚合成一点，其实正好说明了政府对当地人生活水平的影响力是显著的。

2006年3月14日，我们调研团队应六枝特区政府的邀请，全体下山到六枝宾馆的四楼会议厅召开了一次"六枝民族民间文化研究座谈会"。

在座谈会上，有两位领导对涉及传统建筑保护方面的问题作了较为详细的发言。笔者曾出于课题组研究的需要，根据录音资料整理出一万五千余字的座谈记录稿，现从当时的座谈记录稿中摘录如下。

当时的六枝特区李用凯副区长说：

> 我们有12个村寨，4000多箐苗，要环境保护，不能违背规律，

搞个圈圈画起来，我曾经批评一些文化人，人家要盖房子都不准，他们认为就应该让人家住破茅草房，整修道路也不准。长期这么下去的话要产生矛盾了。我们这支苗族，博物馆也清楚，为什么会形成嫉妒心理，会形成懒惰，甚至为什么我们领导要去，有人拦住领导的车哭，想表达什么愿望？说明他们希望能够发展。如果说长期让他们总是这样子的话，他们是不满意的，他们有发展文化的权利，我们不能阻挡它。我们也没有理由去让他们长期这个样子。所谓的自然保护，刚才有人提得好，建立一个保护村。这个保护范围之内可以没有人居住。保持它的原样，比如陇戛这个寨子，修了新房子（新寨工程），很多人都搬下去了，但是这一坨，不准在里面新修别的建筑、现代建筑，包括平房也不准，要保存好这一片活化石，保持它的原样，这个就叫博物馆的自然保护。当然也不能就这样子就算了，外面有房子，我们这个社区还应该有人来演绎他的生活。而且让他通过演绎他的生活获取报酬，否则哪个愿意做？我觉得我们有些专家提的建议，比如不收门票，是苛刻的、不好操作的。我觉得在这个自然环境里展示他们的民族风貌、文化、习俗，这样才是好的保护措施，否则又能达到哪样目标呢？这方面，所以我们也在想，它的实物展示不能毁坏，要在不破坏原样的基础上进行修复，茅草屋破了我们要把它盖好，照样保持茅草屋的原样，不能漏，墙不能是断墙残壁，要修复好，这样让它成为展示自己文化，解释自己文化，演绎自己文化的地方，因此也不可能12个寨子都是这样子。

时任六枝特区文化局局长的郑学群女士认为：

这个社区的保护，我觉得最重要的是资料信息中心这一块，它正好靠着陇戛这个寨子。陇戛寨的民居保护也是迫在眉睫的，……寨子里原汁原味的民居建筑不存在以后，就没有这个梭戛生态社区了，大家来看什么？现在来看还可以看茅草房，还可以看信息中心，资料多少还留存一些，如果这个茅草房全部破坏了，这个社区也就成了空壳了，只剩信息中心的几间房子了，所以说建数据库和保护陇戛这个寨子是同等重要的。要有内涵的东西可看，也要有外面的东西可以看，它才丰满得起来。

"保护传统文化不是保护贫穷"，这句话放到哪里都是正确的，但问题是当一个被公认为具有各种"原生态"景观要素的社区摆在我们面前的时候，我们并不能十分精确地分辨哪些是贫穷，哪些是传统文化，更难的是，"脱贫"之后的传统文化又该以何种面貌存在呢？这些问题恐怕唯有文化持有者自己才拥有最终的解释权。我们最值得去做的仍然是积极的关注和记录。

仔细倾听之后，笔者以为，这两位领导最为重视的仍然是如何解决脱贫与文化保护之间错综复杂的关系。笔者尝试着画了一张示意图（见图5-15）来表示自己对"文化与经济发展之间如何平衡"话题的个人理解——假如我们不考虑发展经济的问题，仅仅是研究如何搞文化遗产保护，将当地人的传统努力保持原汁原味的样貌（模式A），那么这样做最大的危险就可能是就

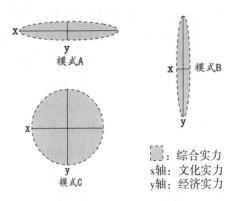

图 5-15　文化发展与经济脱贫关系多方观点归纳图

把生态博物馆做成了19世纪欧美流行过的充满殖民主义色彩的"人类动物园"，而不再是"具有最先进理念的博物馆"；但我们若不考虑既有的人文资源被闲置和浪费，仅仅是单向度地追求快钱经济（模式B），那么待到高科技时代劳动力需求量下降以后，各种问题就会暴露出来，可持续发展方面的风险是显而易见的。地方治理的方方面面最后所追求的既不能唯GDP是举，也不能落入无视当地人利益诉求的"机械保护"困境之中。如果能够让那些因看似滞后而即将被人们抛弃的传统文化事象在新的时代能够实现一部分的功能转型，变成人文资源、非物质文化遗产，这样虽见效比较慢，但对于一块地方综合实力的发展而言，恰好是获得效益最大化且最省力和巧妙的一种就地取材的做法（模式C）。

四、小结：文化传统是各种文化因素的意义关联体

现在看来，中国的少数民族文化研究起来确实并不能照搬20世纪60年代以前的西方人类学前辈经典大师们的研究经验"食洋不化"。而"化"的关键还是在于对现状材料的总结。他们的理论经验大部分来自对曾经被称为"现代原始民族"的部落原住民的研究，特别是对小型封闭社会的独特偏爱。对于处在"大杂居、小聚居"生活环境之中的中国少数民族而言，虽然人类学者仍然要强调文化整体观的研究方法，生怕遗漏掉一些重要的信息没有问，但他们的传统文化可能并非一个个以"民族"或者"文化族群"为单位的"致密的整体"，而是互相影响、内外交融，各种文化因素如同大大小小的齿轮一样互相铰合在一起，又不断地顺时而变，重新排列组合。其实这种情况很早之前就已经被费孝通先生注意到了。费老早年曾在《花篮瑶社会组织》一书的编后记中写过这样一段话："有一种研究中国文化的困难，就是它的复杂性，不但地域有不同文化形式的存在，就是在一个形式中，内容亦极错综。"[1] 各种文化因素因各种历史原因聚合在一起，形成的是一种意义关联体，它事实上比"整体"的形态要松散许多，并且处在不断的变化之中。正是因为有变的可能，那些善于洞察世事变化的工匠方才有了在不同的时期一展身手的机会。最能体现陇戛寨时代变迁的景观便是建筑材料的更新换代史——先是木料逐渐为土、石所取代，后来盖房顶所用的茅草又逐渐为秸秆、塑料薄膜、水泥瓦等材料所替代。当地天然建材资源的相对吃紧和新的替代方案的出现，使得人们的生活方式迫不得已跟着发生了一连串的变化。在这一系列变化中，貌似一个整体的"文化传统"开始散裂开来。各种旧文化因素在此情况之下，有的寿终正寝，有的日渐式微，勉强还在维持，有的改变了目的而保留下了某些传统的形式，有的则原封不动地延续下来；而外来的文化因素又在与它们发生着新的意义关联，以至于产生新的文化形式。

在纷繁的制约因素中，终究是人的意志在决定自己的生活需要。眼界的开阔使得长角苗人原已知足的生活需要发生了结构性的改变，他们开始需要电能、机器和大量建立在货币交换基础之上的物质消费方式，这意味

---

[1] 费孝通.费孝通文集.第一卷［M］.北京：群言出版社，1999：479.

着与这些需要相对应的建筑功能必然会发生明显的变化。由此看来，石墙房的出现仅仅只是一个前奏，它目前所满足的是人们对"高大、坚固"的需要，而对"美观"①的需要则因为传统木屋形式本身的不存在而面临"重新洗牌"的处境。人的需要习惯改变了，传统就会发生变迁。

总之，这一切都生动地告诉我们，文化传统并非不可分割的整体，它们往往是各种文化因素的意义关联体。所谓文化传统，实则是一个基于相对不稳定的现代化背景而提出的一个相对稳定的文化形貌概念，彼此融合并趋向稳定状态的文化因素容易被我们视为文化传统的一部分，而融合状态不稳定的，我们就往往称其为新兴事物，或者外来文化。这些定义都不是永久性的，它们所处的位置与具有接受者身份的人们的认同感有着密切的关系。而这些构成所谓"文化传统"的文化因素却发源于不同的时间与空间，它们正是因为人的需要和思维方式的缘故，才彼此发生了意义的关联，从而结合成一个立体的文化结构，一旦新的变化产生，结构也未必整体瓦解，而是局部遭到破坏，文化结构会在历史过程中重新桥接，形成下一历史时刻的文化传统。

---

① 维特鲁威在其所著《建筑十书》中率先提出"坚固、高大、美观"的建筑三原则——转引自孙颖.建筑艺术理解.［M］北京：中国水利水电出版社，2004：87.

第六章　结语

一、活态的传统

与"现代"概念相对立的词应该是"古代"，但我们通常把"传统"作为"现代"的对立面来理解。关于长角苗建筑文化由古代而至现代的变迁的种种资料表明：他们的各种传统文化因素都有其形成的原因，有其社会文化功能的存在合理性以及因其功能为新的文化因素所取代而衰退消亡的必然过程。游建西认为："苗族文化的变，主要集中在理智这一内核上。苗族所吸纳的知识，构成苗族文化的理智内容，参与主流社会的行为和思维方式均是理智思考起着主导作用。亦是说功利性的行为来自于苗族融入主流社会后的'理智'思考。而习俗和信仰崇拜则是苗族感情与意志、理性——'理'的一面。当然理性又有非理性和理性之分，非理性思考内守传统习俗和信仰崇拜，即传统价值一面，而理性思考却是接受主流文化的国家秩序和社会政治、道德秩序一面的概念，依这类概念形成新的价值观在主流社会中心安理得地应世。而'力'的作用则使苗族理智和理性复杂化，用更适合主流文化的形式、方式适应并参与主流文化社会的活动。由此划分，可以概括地说文化理智部分是不断更新和变化的，理性部分则有渐变、不变和新增加部分之分。"[①]

梭戛长角苗村寨的现代化浪潮的出现曾经滞后于中国总体生活水平至少20年，这种差距在20世纪90年代以后才明显缩短。传统是一个文化的意义关联体，它并非一成不变的，它从古代步入现代，从未停止过变化。各种文化因素在文化传统中或增或减，或强或弱。现代化因素与长角

---

① 游建西. 近代贵州苗族社会的文化变迁 1895~1945 [M]. 贵阳：贵州人民出版社，1997（12）：185.

苗文化的交融状态就是传统的现在进行时态。我们一旦理解了传统的活态性，就不难理解所谓现代化其实也是这个活态传统中的一链，因为只要生活还在继续，传统这个概念就总会有东西填进来。

在大大小小、林林总总的文化形态中，建筑文化始终体现出与地方自然环境密切相关的特征，具有鲜明的生态依附性。这不仅涉及运输手段及其可能性的问题，也与相关的知识经验等文化因素休戚相关。环境并不是建筑样式和居住方式形成的决定性因素，决定着建筑的样式和人们居住方式的其实是包括审美、实用价值及权衡选择在内的人的主观因素。但我们也必须承认，即使在现代化的进程中，自然环境仍然是最重要的客观条件，也是文化多样性存在的前提和基础。前文通过对长角苗村寨与周边其他文化族群村寨的比较，以及对各长角苗村寨之间的差异性进行分析后发现，在不同的自然环境中，建筑的风格必定有所不同[①]，本土建筑材料知识、地方气候以及地理环境常识、传统建筑施工技艺、地域建筑审美趣味等各种重要因素必定会为建筑文化的持有者自身所重新估量。

同长角苗人的建筑文化相似的是，该族群的许多文化事象都保持着与地域空间的密切关系，长角苗人的一系列独特的文化形态，如祭箐、"打嘎"、服饰文化[②]等等，在被追溯其历史渊源的时候都不约而同地触及了贵州西北地区的森林——所谓的"黑阳大箐"，因此也可以被视为一个关于"箐"的文化生态系统。文化的多样性植根于环境，并受制于当地人的文化传统，这两种因素合起来可以被称作本土经验，或者克利福德·格尔兹（Clifford Geertz）所强调的"地方性知识"。虽然不同的文化领域都因受到全球化冲击而表现出了不同程度的现代性特征，但人类趋利避害的本性必然会使其自身设法渡过文化全球化的难关，找到解决文化转型问题的途径。其解决途径则是要获得令他们满意的一种较为稳定的生活方式，使文化能够类似于古代社会所提供的时间条件那样，好几代人通过团结默契的努力而积淀成为今天长角苗生态文化的系统。在这一前提下，文化传统的转型才会趋于成熟。

---

① 详见本文第二章。

② 陇戛长角苗人特有的木角梳，所用材质来自当地特有树种桦榉木，而妇女的上衣款式据说也是模仿箐林里的野生锦鸡形象设计而成的。

二、长角苗建筑文化现代化进程的基本特征

在论述长角苗人现代化进程的基本特征这一严肃话题之前，我们必须事先预设一个基本的价值判断：只要不妨害他者的合法权益，族群自身的文化选择本身不应成为一个问题，更没有必要对他们采取"启蒙"式或其他任何刻意改变其文化价值观的干预手段。我们可以看到，在自然环境被人口压力及外部文化迫力改观之后，长角苗人如不重新选择建筑材料和居住方式，就会因为一方面得不到足够多且合法的建筑用木材，另一方面无法支付日渐增长的劳动力成本而不得不忍受长期困苦的生活，这样看来，由此发生的建筑文化变迁也确实是在情理之中。

笔者后来在北京采访中国博物馆学会名誉理事、梭戛生态博物馆的创建者之一的苏东海老先生时，苏先生也对这个问题谈了他的看法："外来文化和本民族文化都不会各自纯粹地延续下去，都有一个融合，从历史上看，凡是融合了，就会有新的文明产生。所以我主张在文物保护过程中对外来文化的态度不能太'冻结'，外来文化进来以后人们会对自己文化有一个再认识，保护水平就会慢慢提高的。所以我不主张采用封闭的方式来保护，文化保护需要理性的保护。"在笔者看来，苏先生的"理性的保护"论其实也是一种出于对当地人意愿予以起码尊重的一种变通的解释。

按苏东海先生的理解，现代与传统的对立并没有我们所想象的那样尖锐和不可调和。我们要理解传统，既不应该持喜新厌旧态度，也不应该持厚古薄今的态度，尊重时间维度中的文化，需要以人为本，需要对文化保护中所涉及的民生问题有一个冷静而客观的评价。

马歇尔·大卫·萨林斯（Marshall David Sahlins）指出："关于理性与愚昧的启蒙论理念，正是我们尚且需要逃避的教条。"[①]通过对长角苗建筑形态发展演进的史实进行详细考察和分析的结果来看，现代化，作为长角苗文化传统延续之中的一个最近的环节，是他们通过与他者的反复比较后认为自己所真正需要的现代化，而并非殖民主义对"愚昧、落后"的惩罚

---

① ［美］马歇尔·萨林斯.甜蜜的悲哀［M］.王铭铭，胡宗泽，译.北京：生活·读书·新知三联书店，2000：109.

与规训的结果。从前文对长角苗建筑行业里的鲁班崇拜现象以及祭箐仪式进行的分析，我们可以看出，人们是将感恩的美德融于一部分崇拜仪式之中，而并非西方现代话语中的"愚昧"。总的来说，长角苗人处理起自己的事务来，已经有一种得心应手的自我认知，比如他们因出自现实的需要而自发形成的护草制度、建筑行业中的血缘合作习俗都充分说明了这一情况，甚至在森林石漠化之后，他们依然能够灵活调整策略，及时地改变以往的建筑选材以确保其生存空间不致受到威胁。他们从未对自己的生活表现出束手无策，只是在缺乏对外界频繁交流的信息匮乏时代里，他们对自己生活方式的选择十分有限。但即使长期生活在半封闭的山区环境中，长角苗居民仍然形成了一套与周边各族群①进行文化沟通的社会经验。②虽然他们也会对"我们"和"你们"的生活方式进行比较之后，产生一些不自信，但是这种不自信很容易转变为一种有选择地学习，而不是全盘彻底地否定他们自己的文化（以服饰和语言为例）。这种情况之所以发生，原因其实很简单，他们的现代化并非在外人以殖民时代洋枪大炮式的暴力手段侮辱、损害和逼迫的情况下，而是在生存理由和文化传统没有遭到严重挑衅的前提之下真正发自内心的迫切愿望。这种现代化进程已经处在不同的语境下，因此，并不能用1848年至1949年间中国现代化进程的模式来套用，至少到目前为止，他们在文化上依然是幸运的，因为历史给他们提供了更多的文化发展模式供他们选择。而在以往的岁月里，他们的半封闭状况所带来的好处是获得了充足的时间来确保他们的文化传统经过足够的时间得以积淀成为较稳定的形态，这既是一个非常重要的历史机遇，也是历史对文化趣味的价值意义之所在。事实上，这种较为健康的现代化进程或许能为他们自身文化遗产的保护带来积极的希望。

---

① 虽然在历史上，他们也曾遭受过歧视、洗劫和赋役压迫，但在当时，这不止他们一个族群遭受到如此待遇，在汉族、彝族农民那里也经常发生，这在当地的古代社会是普遍现象，而且他们自身的某些族群成员也曾多次扮演过类似的地方豪强角色。因此他们的被动性更多是体现在他们的人口劣势上。

② 例如，其一，高兴寨一熊姓居民请回族师傅建房时，了解对方不吃猪肉的习惯，为其另行安排伙食；其二，本文第一章所描述在战乱年代，长角苗人与彝、汉强势家族结盟以自保；其三，大量的长角苗木匠的木工技术知识是通过在汉族木工旁边"偷蹭手艺"等途径获得的。这样的例子很多。

三、古代与现代的文化差异与时间的意义

越是在古代社会，文化因素之间的联系越是紧密，一个环节的变化可能会引起若干连锁反应，就像瘟疫爆发导致全村搬迁那样。因此，古代的文化形貌虽更完整，其实也更脆弱，需要各种稳定因素来维系；现代社会对文化的理解则更倾向于强调各种文化因素本身的功能，例如具有审美特征的文化事象更加趋向剧场化、舞台化、表演化——节日庆典、服饰以及陇戛寨修旧如旧的十栋古建筑都是这样的情况。而实用性较强的文化内容则越来越趋向于生活化、大众化和技术化（苗语的保存与石墙房建筑的普及都是因为其具有现实实用性；而祭山、"打嘎"也暂且能满足人们的文化惯性之需要）。经济上，从生产角度而言，有效率高低之分，但从消费角度而言，都无非是为了满足人们的精神、肉体二重需求。长角苗人的古代生活方式之所以体现出了高度的自洽性，正是因为他们在较为封闭的时空里获得了充足的积淀时间以形成较稳定的文化形态。在他者看来，这可以说就是一种有意味的文化形式——艺术化的生活。而逐渐趋于剧场化、舞台化、表演化的文化内容所要强化的就是这种文化的形式。长角苗民居建筑因为与他们自身的需要密切联系，因此其建筑形式始终追随着功能法则而变迁。

而当下梭戛长角苗人的现代化生活方式之所以无法确保某种出现的文化内容或文化因素能够获得充足的积淀时间以体现出文化本身的趣味，正是因为现代化本身具有不稳定性，文化内容更新变化的速度过快，以至于来不及再次形成较为稳定的文化形态。

基于以上的分析，我们有必要回到"活态的文化传统"这个立场上再来审视传统的变迁规则。传统与现代化之间并非存在绝然的对立，在我们关注其冲突面的同时，不应无视其彼此交融过程的客观存在。这一过程在现代化进程中尤为明显，因为现代化的特征之一就是变化速度明显加快。传统之所以令人迷恋，是因为它在积淀的过程中保留下来了有魅力（艺术价值）、有意义（社会历史价值）或有裨益（经济价值）的东西，而把无价值的或低价值的内容排除于人类的记忆之外，以便人们进一步地发挥想象力与实践的才华，维持传统的活态性。

现代化生活方式的不稳定性在长角苗村寨的建筑文化变迁过程中不断

被证实。文化传统的形态是一个多元因素彼此交融过程的客观存在。它们之间发生的交互关系必然会形成一个系统的文化语法规则。这一语法规则具体体现在环境、技术与人这三个最值得关注的因素之中。物质环境决定材料资源；人的意志决定自己的生活需要；房屋的形式追随功能；技术又制约着房屋的功能，人对技术的依赖性越强，文化传统就会变迁得越快。建筑技术"去文化"化趋势的日益明显，正是人们对技术本身的需要（或依赖性）越来越强的真实反映。

虽然短短十余万字尚不能将一个小社区内的建筑文化变迁的过程描述得面面俱到，但本文最后仍可以尽力作出如下概括：正因为文化传统本身具有活态性，处在新与旧的不断交替变化的状态之中，因此才需要足够的时间使其积淀为有意味的文化形式。在具有利弊两面性的现代化进程中，文化传统能否有效地延续下去，既取决于本土经验（包含环境与文化两方面在内的），更与形成相对稳定的文化形态相关的必要的积淀时间休戚相关。

四、文化活态性的背后是人对未来生活的诉求与期待

在长篇累牍地讨论了长角苗村落的现代化与传统文化保护之间的纠葛之后，我们便没有任何理由去为了一个"本真性"而对他们坚定脱贫信念的种种表现视而不见。今天六枝北部山区的各个长角苗村落正在面临一场"去文化"化的村落建筑革命，村民们投入自己微薄的打工收入，努力将自己的家屋"水泥化"，尝试着以此来摆脱茅草屋时代的种种辛苦活法。无论这场"革命"在外人看来多么违背"审美经验"，其最初的动力仍然是人们对更高的生活质量的期待。

当我们再回过头来站在当地人的立场上设身处地地来理解他们的时候，我们会发现一方面，对于普遍意识到自己以往的生活质量存在问题的长角苗村民们而言，接受现代化是一种不错的选择。敢于接受现代化其实也是一种积极面对明天的信心和勇气。但另一方面，现代化并不仅仅是一种被动的接受、简单的模仿，或者捆绑式的消费，现代化也是一种参与和交融的过程——在现代化的进程中，长角苗人是可以在某些菜单上打钩或

划叉的——例如他们的语言、服饰、丧葬习俗和音乐，他们一定会设法保留下来，甚至未来条件允许的话，也未尝不可以重现茅草顶木屋建筑，前提是他们能够从中获得尊严和幸福。对于社区居民们的文化遗产，要求当地居民整体地去延续他们过去的传统是不可行的，不仅地方政府担负着扶贫攻坚之责，而且当地苗族居民会珍视自己的生存权与发展权——他们是长角苗文化的真正主人。

从理论上讲，村落景观被现代化改变以后还有可能再从之前的形态中汲取合理性，基于"传统＋高科技"的理念生成一种美观且实用的后现代民居建筑形态。但文化的变通和文化的创造一样，都需要人的思维活力；而文化的积淀则还需要足够的时间让人们来做各项准备。因此在这样一个文化保护工作进退两难的地方，也许真正值得我们关心的是与建筑相关的各种复杂的本领和知识，比如如何修造高大木屋、如何护养茅草屋顶所需的草料，以及在这些劳动中所穿插着的各种民俗仪式活动与娱乐方式等等。从文化保护的角度来看，它们其实还可以被作为本民族知识被书写和记忆下来。

同样值得重视的是建筑木工技艺如何保留下来的问题。作为文化遗产的承载者，长角苗村民们的手艺暂时还有更多的人记得，但实际上也是正在面临传承的困境，略胜于无；一旦大家想要恢复这一整套连贯的传统生活方式的内容时，那个"最后的专家"可能已经找不到了。因此，在承认现代化进程的重要性的同时，笔者依然主张不放弃对包括建筑技艺在内的长角苗传统手工艺知识的保护，这主要出于长远考虑，因为我们的生活不能没有美学价值的位置，而我们终究还会从大千世界多姿多彩的传统文化形态中汲取灵感，来重塑我们人居环境的传统美学价值。

参考文献

【专著】

（一）国外

1.弗朗兹·博厄斯.原始艺术［M］.金辉，译，上海：上海文艺出版社，1989.

2.［美］阿莫斯·拉普卜特（Amos Rapoport）.建成环境的意义——非语言表达方法［M］.黄兰谷，等译.北京：中国建筑工业出版社，1992.

3.［美］马歇尔·萨林斯（Marshall David Sahlins）.甜蜜的悲哀［M］.王铭铭，胡宗泽，译.北京：生活·读书·新知三联书店，2000.

4.［美］唐纳德·L.哈迪斯蒂（Donald.L.Hardesty）.生态人类学［M］.郭凡，邹和，译.北京：文物出版社，2002.

5.［法］萨维纳（Marie Savina）.苗族史［M］.立人，等译.贵阳：贵州大学出版社，2009.

6.［日］鸟居龙藏.苗族调查报告［M］.贵阳：贵州大学出版社，2009.

7.［美］詹姆斯·斯科特（James Scott）.逃避统治的艺术［M］.王晓毅，译.北京：生活·读书·新知三联书店，2016.

8.［美］周永明.路学——道路、空间与文化［M］.重庆：重庆大学出版社，2016.

（二）国内

1.（清）李宗昉.黔记［M］.北京：商务印书馆，1936.

2.贵州省民族研究所编.民族研究参考资料第20集 民国年间苗族论文集［M］.贵阳：贵州省民族研究所，1983.

3.林惠祥.文化人类学［M］.北京：商务印书馆，1991.

4.闻人军.考工记译注［M］.上海：上海古籍出版社，1993.

5.罗义群.中国苗族巫术透视［M］.北京：中央民族学院出版社，1993.

6. 邓小平. 邓小平文选·第一卷［M］. 北京：人民出版社，1994.

7. 游建西. 近代贵州苗族社会的文化变迁 1895~1945［M］. 贵阳：贵州人民出版社，1997.

8. 中国贵州六枝梭戛生态博物馆. 中国贵州六枝梭戛生态博物馆资料汇编（内部资料）［G］.1997.

9. 夏建中. 文化人类学理论学派——文化研究的历史［M］. 北京：中国人民大学出版社，1997.

10. 梁思成. 中国建筑史［M］. 北京：百花文艺出版社，1998.

11. 费孝通. 费孝通文集·第一卷［M］. 北京：群言出版社，1999.

12. 雷翔. 鄂西傩文化的奇葩——还坛神［M］. 北京：中央民族大学出版社，1999.

13. 方李莉. 传统与变迁——景德镇新旧民窑业田野考察［M］. 南昌：江西人民出版社，2000.

14. 黄才贵. 影印在老照片上的文化——鸟居龙藏博士的贵州人类学研究［M］. 贵阳：贵州民族出版社，2000.

15.（清）贵州省毕节地区地方志编纂委员会. 大定府志［M］. 北京：中华书局，2000.

16. 伍新福. 苗族文化史［M］. 成都：四川民族出版社，2000.

17. 尹绍亭. 远去的山火——人类学视野中的刀耕火种［M］. 昆明：云南人民出版社，2008.

18. 李汉林. 百苗图校释［M］. 贵阳：贵州民族出版社，2001.

19. 潘谷西. 中国建筑史（第四版）［M］. 北京：中国建筑工业出版社，2001.

20. 张良皋. 匠学七说［M］. 北京：中国建筑工业出版社，2002.

21. 戴志中，杨宇振. 中国西南地域建筑文化［M］. 武汉：湖北教育出版社，2003.

22. 吴秋林，伍新明. 梭嘎苗人文化研究——一个独特的苗族社区文化［M］. 北京：中国文联出版社，2002.

23. 六枝特区地方志编纂委员会. 六枝特区志［M］. 贵阳：贵州人民出版社，2002.

24.（明）午荣. 新镌京版工师雕斫正式鲁班经匠家镜［M］. 李峰，

整理，海口：海南出版社，2003.

25.杨庭硕，潘盛之.百苗图抄本汇编［M］.贵阳：贵州人民出版社，2004.

26.张胜冰，肖青.中国西南少数民族艺术哲学探究［M］.北京：民族出版社，2004.

27.孙颖.建筑艺术理解.［M］北京：中国水利水电出版社，2004.

28.吴泽霖，陈国钧，等.贵州苗夷社会研究［M］.北京：民族出版社，2004.

29.麻勇斌.贵州苗族建筑文化活体解析［M］.贵阳：贵州人民出版社，2005.

30.云南大学图书馆.清代滇黔民族图谱［M］.昆明：云南美术出版社，2005.

31.费孝通.江村经济［M］.上海：上海人民出版社，2007.

32.方李莉.陇戛寨人的生活变迁——梭戛生态博物馆研究［M］.北京：学苑出版社，2010.

33.罗常培.语言与文化［M］.北京：北京出版社，2011.

【中文期刊】

1.费孝通.在湘鄂川黔毗邻地区民委协作会第四届年会上的讲话摘要［J］.潘乃谷整理稿，北京大学学报（哲学社会科学版），2008（5）.

2.韩佳成，Kees Hageman.现代茅草屋［J］.设计，2012（6）.

3.吴昶."舀学"——一种不应忽视的民间手工技艺文化遗产传承方式［J］.内蒙古大学艺术学院学报，2012（2）.

4.张良皋.土家吊脚楼与楚建筑——论楚建筑的源与流［J］.湖北民族学院学报（社会科学版），1990（1）.

【外文期刊】

1.Michael Polanyi. *Study of Man*. The University of Chicago Press.Chicago，1958.

附录　汉语—梭戛长角苗语言词汇对照表

关于本对照表的说明：

1. 本表为汉语—长角苗语词汇对照表，按照"汉语词（类似词）：苗语借音汉字，拉丁字母注音（语音与汉语相通情况）"的顺序依次记录。

2. 长角苗语言属汉藏语系苗瑶语族苗语系西部（川、黔、滇）方言之西北次方言，除新华乡火烧寨（新发寨）居民口音略有急促和沉重感特征外，其余各寨语调基本一致，有五种音调，其中四种接近汉语西南官话调中的阴（44调值）、阳（42调值）、上（525调值）、去（51调值）四声，另一种音调较高，接近普通话中的阴平（55调值）。由于其音调比较复杂，精确记录的难度较大，为方便快速记录和便于普通读者易念好懂，本表采用的是最接近长角苗语言调值规律的汉语西南官话调中的汉字来辅助记音，而没有使用在词尾字母标注音调的记音法。

3. 长角苗语言除具备汉语拼音方案中的所有辅音和元音之外，还有大量无法用汉语拼音方案拼写的辅音结构，如介于"啊"和"呃"之间的半开元音"ae"、轻辅音"th"、浊辅音"zr"等等，还有一种属于他们族群所特有的鼻音连读现象，即当前一音节的尾音为鼻音"n""m"时，这两个音会自动跳到下一音节的前面，使下一音节的辅音变成一种较为复杂的共鸣辅音，如"nd""ns""mb""ml"等等。另外，还有一些共鸣辅音如"bp""fp""rn""hl"等也很难用汉语拼音方案拼写。为方便记音，本表主要以国际音标的常见英文拼写形式为主要表音手段，"基""妻""西"这三个辅音，用的是"ji""chi""hsi"来完成的；"伊""乌"这两个元音的拼写并未用"i""u"直接表示，而是用类似汉语拼音的"yi""wu"拼写方式来表示，主要是出于保留长角苗语言中单音节字语感特征的考虑。

4.本表所收录的词汇读音，悉由贵州大学在读学生熊光禄及六枝特区梭戛乡高兴村村民杨朝忠、熊玉文、王兴洪、熊金祥以及其他当地朋友提供帮助，在此一并表示感谢！

一、数词

一：依，yi

二：凹，au

三：憋，biae

四：卜聋，blom

五：滋，dzi

六：朱，dru

七：虾，hsiae

八：疑，yi

九：甲，jia

十：骨，gu

二十：冷骨，len gu

二十一：冷骨疑，len gu yi

二十二：冷骨凹，len gu au

二十三：冷骨憋，len gu biae

二十四：冷骨卜聋，len gu blom

二十五：冷骨滋，len gu dzi

二十六：冷骨朱，len gu dru

二十七：冷骨虾，len gu hsiae

二十八：冷骨疑，len gu yi

二十九：冷骨甲，len gu jia

三十：憋骨，biae gu

九十九：甲骨甲，jia gu jia

一百：依巴，yi ba

百：ba

千：tsae

万：van

十万：gu van

百万：ba van

千万：tsae van

亿：yi

十亿：gu yi

百亿：ba yi

千亿：ba yi

兆（通当地汉语）

二、量词

斤：皆，jiae

两：啦，rla

丈：藏，dzang（通当地汉语）

尺：慈，tsi（通当地汉语）

寸：涔，tsien（通当地汉语）

元：呆，ndai

角：豪，hau

分：分，fen（通当地汉语）

石：担，dan（通当地汉语）

升：森，sien（通当地汉语）

斗：陡，dou（通当地汉语）

三、代词

你：搞，gau

我：果，guo

他（她、它）：倪，ni

你们：默依答，mae yi da

我们：摆依答，bae yi da

他们：妮吉答，ni ji da

四、形容词

1. 颜色

透明的：博给，bo gae

白色的：兜，ndou

红色的：奈，nai

黄色的：掸，ndaen

蓝色的：哑，nzra

紫色的（与蓝色不分）

绿色的（与蓝色不分）

黑色的：夺，nduo

粉红色的：半撒，ban sa

棕色的（常描述为暗红色）：年夺，niae nduo

橘黄色的（与黄色不分）

金色的（与黄色不分）

银色的（与白色不分）

2. 形状

正方形（长方形）：阿表节低，a biou jie di

三角形：别结郭，bie jie guo

梯形（通当地汉语）

高：赛，sai

矮：肌，gi

胖：诏，drau

瘦：崖，ya

3. 情感

晴朗的：餐夺，tsan duo

幸福：耸，zrom（"好美"之意）

痛苦：苦，ku

高兴（通当地汉语）

悲伤：多涩，duo sae

忧愁：嚼撮，jiau tsou

恐惧：崔，ntsei

勇敢：甘孜劳，gan dzi lau（"胆大"之意）

怯懦：甘孜幼，gan dzi you

危险（通当地汉语）

安全（通当地汉语）

善良：冗涩，zrong se

歹毒：醉都，dzui du

正义（无对应）

邪恶（无对应）

富裕：麻，ma

贫困：穷，chiong（通汉语"穷"）

4.方位

东（通当地汉语）

南（通当地汉语）

西（通当地汉语）

北（通当地汉语）

上：苏嗯，su en

下：街嗯，jie en

左：偏挂，pian gua

右：接擞，jie sou

前：道边，dau bian

后：道甘，dau gan

5.其他

大：劳，lau

小：多，duo

多：督，du

少：邹，dzou

冷：挠，nau

热：梭，suo

烫：果，guo

干：夸，kua

湿：奴，nu

好：容，rong

坏：坏，huai（通当地汉语）

五、副词：

快：周，drou

慢：疲，pi

热闹：杜拉，du la

冷清：载来，dzai rai

极其：代，dai

仔细：赛莱，sai lai

粗心：赛老，sai lau

勤快：挂，gua

懒惰：耿，gien

自私（无对应）

公道（无对应）

匆忙：周（同"快"）drou

闲散：容如，rong ru

六、名词

1. 亲属称谓

父亲：霸，ba

母亲：念，niaen

哥哥：锅，guo（通当地汉语"哥"音）

姐姐：阿维耶，a viae

弟弟：依兹，yidzi

妹妹：姑日，gu thi

爷爷：爷耶，yie yie（通当地汉语）

奶奶：阿波，a bo

叔叔：霸居，ba ju

婶婶：念淤，niaen yiu

伯伯：霸卟，ba bu

伯母：念波，niaen bo

堂兄：塔梯噜，ta ti lu

堂弟：骨嘉居，gu jiau jü

堂姐：姑麻，gu ma

堂妹：麻咪，ma mi

外公：不歹，bu dai

外婆：阿歹，a dai

阿姨（姑妈）：益茂，yi mau

姨父（姑父）：益武，yi vu

舅舅：念祖，niaen thu

舅妈：马录，ma r lu

表叔：炯嫩波儿，jiong nen ber

表哥：龙不如，long bru

表姐：阿热，a thae

表弟（表妹）：尹走，yin dzeu

2. 疾病

疾病：猫，mau

肚子疼：啰丘猫，luo chiu mau

伤寒病：阿它惮，a ta daen

感冒（无对应词）

3. 饮食

水：列，lie

火：窦，deu

灶：炯匝，jion dza

米：搓，tsuo

面：面，miaen（通当地汉语）

玉米：安糟，an dzau

洋芋：高依，gau yi

小麦：牤不老，mang blau

燕麦：牤不勒，mang blae

红薯：卢扑否，lu pfou

茶：擦，tsa（通当地汉语）

烟草：艺，yi

酒：依沽，yi gu

米饭：匆不勒，tsuo nblae

菜豆：独撒，du sa

豌豆：独毛，du mau

辣椒：朔，suo

苦蒜（当地一种野菜）：捣，ndau

油菜：如瓜招，zru gua drau

油菜籽：卢如，lu zru

腊肉：给，ngei

4. 其他植物

金竹：捉，drou

蒿子杆：啊梭，a suo

竹：夺竹，duo dreu

杉树：宜揭，yi jiae

楸树：银粗，ying tsu

松树：托，tuo

桦槔木：宜督，yi du

梨树：怎耍，dzeng thua

核桃树：怎兜，dzeng deu

枫香树：宜牤，yi mang

毛栗树：怎惹，dzeng thæ

苦李树：子扣，dzi kou

棕树：宜邹，yi dzou

香椿树：促依悠，thu yuo

攀枝树（即木棉树）：图盎，dfu an

漆树：宜餐，yi tsan

枸皮树：吉妞，ji nio

梧桐树：阿腊，a la

香樟树：麻梭，ma suo

枇杷树（通当地汉语）

红果刺（一种小灌木）：兹崩不惹儿，dzi beng brer

豆豉叶（鸢尾花）：弥罗斯米，mi luo si mi

聂芥（一种草药）：聂芥，nie jie

小白花草（一种草药）：咪日巴嗯兜，mi rzi ba ndou

红芋头（一种草药）：勒高芜，nae gau wu

5.生活环境

天空：夺，nduo

月亮：刮洗，gua　hhsi

太阳：罗挪，luo　nuo

星星：罗国，nuo　guo

大地：跌，diae

森林：邹，zrou

水塘：半，ban

风：佳，jia

雨：嗯勒，nae

雪：呣波，mbo

雾：花，hua

火灾：锅泽，guo dzae

泥石流（无对应词）

洪水：念叠，niaen diae

水田：涅，niae

旱耕地：低，di

泥土：阿蜡，a la

石头：怎多，then duo

树：栋东，dong dong

箐林（森林）：罗松，luo zrong

乱石坡：卓撒，drong thae

小土坡：卓蜡，drong la

河：嗯叠，n diae

大山：仲，drong

寨子：饶，rau

山洞：勘，kan

山路：迷给，mi gei

山顶：斧仲，fu drong

山沟：扩，kuo

山腰：刀仲，dau drong

岔路口：擦给，tsa gei

集场（圩、集市）：口，kiu

6. 野兽

狼：嗨拉略，m laen lio

狐狸：瓢跌，thaen diae

野兔：宜拉，yi la

猴子：孤厄来，gu e lae

老虎：不作略，bu dzo lio

7. 家畜

鸡：给，gei

狗：嗯嘀，en di

牛：略，lio

马：雷，lei

猪：嗨巴，mba

公猪：尼牙嗨巴，nia mba

母猪：多嗨巴，do mba

山羊：嗨拉斯，mla si

绵羊：嗨拉杨，mla yang

8. 人生形态

人（倾向于社会文化形态上的表述）：姆，mu

姓氏：哉，dzai

婴儿（男女无区别）：多尼牙，duo nia

小男孩：多友，duo you

小女孩：多不落，duo blo

老奶奶：嘎擘，a bo

小伙子：嘎撒，a tha

大姑娘：嗯谷玛，ngu ma

老爷爷：爷耶，ye ye（近似当地汉语）

恋爱：倭斯，o si

性交：谷玛多萨，gu ma duo tha

婚姻：嘎尼亚舞，ga nia wu

怀孕：麻多，ma duo

分娩：嘟米夺，du mi duo

后代：夺勾，duo giu

祖宗：阿卢，a lu

死亡：嗻，dae

老寨：该歪，gai wai

木匠：劳勾东，lau gou ndom

石匠：劳勾泽，lau gou zrae

泥瓦匠（通当地汉语）

老师：款陡，kuan ndou

学生：盾陡，duon ndou

工人（通当地汉语）

农民（通当地汉语）

9. 族群称谓

长角苗（外称）：姆松，Mu zrong（"箐苗"也用此词）

长角苗（内称）：道督，Dau du

短角苗（外称）：姆洽，Mu chia

短角苗（内称）：道憋，dau bie

小花苗：咪姆嗯诸，Mi mu ndru

大花苗：姆嗯诸，Mu ndru

歪梳苗（汉苗）：蒙撒，Mu nsa

白苗：姆拗，Mu hniu

彝族：忙，Mang

汉族：撒，Sa

布依族：依，yi

穿青人：姆咋，Mu dza

10.宗教信仰

家师（鬼师）：松丹，so ndan

巫师：弥拉，mi la（通当地汉语）；不摩，bu mo

神树：卜僧，bu seng

鲁班：鲁班，lu ban（通当地汉语）

总管事：布通宗，bu tong zrong

管事：布通，bu tong

嘎房：姑略，gu lio

英雄鸟（打嘎时旗杆上顶立的草扎鸟）：农浐，nong tsien

阎王：年王，nian wang（通当地汉语）

厉鬼：泵聪，bong tsong

魂灵：丹，ndaen

水神：宽点，kuaen diaen

落崖鬼：搭梭，da suo

夸（神客、神将）：夸，kua

白华公主：丹斗哈萝，ndaen deu hluo

11.梭戛附近地名

陇戛寨：姆嘉，Mu njia

小坝田寨：姆厚跌，Mu heu diae

高兴寨：姆依，Muyi

补空寨：姆科姆，Mu kom

小兴寨：姆噶，Mu ga

吹聋后寨：姆撒，Mu sae

大苗寨（老寨）：姆祖苏，Mu theu su

大苗寨（新寨）：姆绕彩，Mu thau tsai

化董寨：姆奴，Mu nu

依中底寨：姆松低，Mu thong di

安柱（上、下）寨：蒙如，Mu nthu

大湾新寨：姆憋，Mu biae

新发寨（火烧寨）：姆苏，Mu su

水落洞（梭戛乡村落名）：姆哈多，Mu ha duo

雨滴（梭戛乡村落名）：姆蝶，Mu diae

平寨（即团结村，梭戛乡村落名）：姆艾苟，Mu ai gou

补作寨（纳雍张维镇附近的一个短角苗村寨）：姆作，Mu dzuo

12. 建筑工艺

地面：腊跌，la die

吞口：腾口，tein kiu（通当地汉语）

堂屋（明间）：枪泽，chiang dze

次间（厨房、卧室）：巴爵，ba jio

楼枕：栋堂，dong tang

楼梯：多当，dua dam

竹笆：咋桌，tha drou

台基（屋基）：瓜泽，gua dzae

墙体（通当地汉语）

屋顶：斯泽，si dzae

屋檐：梯泽，ti dzae

椽条：追挖，drei va

梁，（通当地汉语）

柱：答泽，dazae

瓜柱：独啊档，dua dang

窗：尻泽，kau daze

门：肿，drom

大门：年肿，nian drom

门槛（也表示包括大门外、屋檐下、两次间侧门之间的所有空间部分）：
巴肿，ba drom

门簪：肿朴落，drom bplo

槽门：肿挂，drom gua

立柱：掸泽，daen dzei

窗：蒿泽，hau dzei

走马板（印梁板，一种墙体装修）：拉泽，la dzei

篾墙体（竹笆板）：咋帚，zra drou

重垂吊线：嘞梭，le suo

锁：纵蓬，dzom pom

开山取石：击司，ji si

下石鸡（无对应）

开山鸡（无对应）

瓦：瓦，va（通当地汉语）

桐油：诏葵伊，drau kui yi

金属（无对应）

陶瓷（无对应）

粮仓：若，ruo

小棚：棚棚，pom pom（通当地汉语）

牲口厩：刮，gua

猪圈：灌吧，gua mba

牛厩：挂略，gua lio

嘎房：姑略，gu lio

坟墓：冉，zraen

营盘（屯堡）：罗日龙 luo rlong

木匠：劳勾东，lau gou ndom

老班子（传统的木匠师傅）：老估，lao gu

石匠：劳勾泽，lau gou zrae

泥瓦匠（通当地汉语）

开山取石：击司，ji si

下石鸡（无对应）

开山鸡（无对应）

木料：奏木兜，dzou m dou

木头：啰慕 lom

石灰：热石，rae shi

黄泥：拉丹，la dan

煤渣：簇抓，tsu dzua

金属（无对应）

陶瓷（无对应）

干打垒（无对应）

木料：奏木兜，dzou m dou

木头：啰慕 lom

13. 建筑工具类

背垫：剖臧，pou dzang

煤池：仁沓，zren ga

捣煤槌：棍扎，gun dza

梯子：嗯得，ndei

囤箩：尼牙透，nia tou

水泥缸：它叠，ta ndie

床：簪，dzan

铁锹：斯兹翘，si dzi chiau

钉耙：佳腊，jia la

夹棍（类似连枷的脱粒工具，两棍以绳相连）：唠苦，lau ku

石磨：泽节，thae jie

斧子：阿嘟，a du

墨斗：妹陡，mei dou（近似当地汉语）

锯子：勾，gou

拐尺、尺子（通当地汉语）

钳扣：楞陡，le ndou

抓钉（通当地汉语）

木锤：刀姑，dau gu

木马（杩杈）：内安哝，nein nong

凿子：竹，dru

踩脚（制作甑子时打孔的工具）：侧兹，tsae dzi

刮刀（制作甑子时，用于刮甑子内壁的工具。通汉语）

背箩：构，gou

背垫：咋，dza

撮箕：不箕，bu ji

背架（通当地汉语）

七、动词

种植：夹，jia
打工（泛指离开家到外面做事）：阿兹若，a zruo
挖煤（泛指挖煤动作）：尼雍匝，niun dza
砍：枯，ku
砌墙：啊遮，a dzae；昨，dzuo

致　谢

　　2005 年夏天的贵州之行是我人生中第一次真正意义上的人类学田野考察。当时，我的硕士生导师方李莉研究员不顾自己伤病在身，依然坚持给予了我们这个田野工作团队以周密的安排，并拄着拐杖引领我们一道踏入六枝北部的山区，从书本到田野、从田野到书本手把手地教学，细讲艺术人类学这门实践与理论相融的、既有趣又有思想的学问。正因为如此，我才能够得以在梭嘎完成这本书的资料搜集，在这一个个鲜见于史家笔端的小村寨里得到沉甸甸的收获。十二年后重新整理书稿，想到毕业之后荒废了许多宝贵的光阴，拖沓至今，亦因方老师的再三劝勉，才得以付梓。因此，在这里我首先必须向我的导师方李莉研究员深表愧疚与感激。

　　2005 年与 2006 年同行去梭嘎的还有中国艺术研究院的崔宪研究员、杨秀副研究员、中国艺术研究院安丽哲副研究员与东南大学孟凡行副教授，那个时候崔老师已是研究员和研究生导师，杨老师已是助研，安丽哲、孟凡行和我还是学生。大家在梭嘎一同扎下来做田野的时候，大家都一样平等地工作，白天各自出去调查，晚上回来就一起讨论。2019 年，我们随方老师一同参观云南昆明的魁阁，听到费孝通先生学成归国后在昆明主持"云南大学——燕京大学社会学实地调查工作站"中"白天大家分散去做实地调查，晚上回来聚在油灯下举行'席明纳'（学术讨论）"的时候，孟凡行跟我说："我们当年在梭嘎不也就是这样做的吗？"得知我们的知识和研究方法能够在战乱时代依旧潜心于学术的前辈们身上找到渊源，我感到非常荣幸。

　　2005 年，时为贵州民族大学在读本科生，且为我们作苗语翻译和向导的高兴寨村民熊光禄先生也是我们的队员，不仅是一位尽职尽责的好翻译，也为我们提供了很多重要的帮助；此外，他的淳朴宽和与认真负责的

232

态度也让我们感到非常安心。

我在贵州的考察离不开贵州相关学者和政府部门的帮助与支持，在此还须感谢中国博物馆学会名誉理事苏东海先生、贵州民族学院石开钟先生等诸位学者；感谢贵州省文化厅副厅长邓健先生（邓先生不辞劬劳，两次亲自开车接送我们奔波于梭戛至贵阳的公路上）、时任六盘水市文化局副局长的郑学群女士、梭戛生态博物馆徐美陵馆长、牟辉绪馆长、馆员叶胜明先生、郭迁先生、毛仕忠先生（两位馆长及馆员们是我们了解梭戛文化的引路人）；感谢名誉馆长熊玉文先生、时任高兴村村主任的王兴洪先生、熊朝光先生，以及朴实、友好、真诚的梭戛乡的长角苗居民们。

我还应该感谢中央民族大学祁庆富教授、麻国庆教授，以及我的兄长——华东师范大学社会学系吴旭副教授，因为彼时他们在百忙之中抽出时间为本书写作提出了很多宝贵意见。

最后我想感谢的，是长期以来一直在物质生活上默默支持我的父母和妻子，他们总在为我提供力所能及的帮助，在生活方面积极地支持和默默地分担了许多原本应该由我去承担的责任。

陇戛这个镶嵌在石岗与森林之间的小村寨，虽然很小，但我们大部分的调研时间，以及我们的食宿与写作都是在这里进行的。在人生中最宝贵的时间里，陇戛这个名字已经深深地烙在我的记忆之中。衷心祝愿在这片土地上生活的朋友们日子能够过得越来越幸福！

致
谢

后 记

　　方李莉研究员带领的"西部人文资源的保护、开发和利用"课题组团队于2006年夏季的一个晴朗的中午结束了在梭戛的田野工作，我们带着新鲜的资料回到了北京。次年我硕士研究生毕业，回了湖北恩施老家教书，光阴荏苒，一晃便是13年。在这过去的时光里，我自己在教学之余出于对梭戛的田野工作意犹未尽，中途曾对这里作过两次短暂回访，一次是2009年7月，另一次是2011年的10月。2009年的采访因在从陇戛寨到小坝田寨的路上不慎扭伤脚踝，于是只好在梭戛镇上住了两天，耽误了一些时间。2011年重点针对各种传统技艺的传承方式问题和建筑及人们生活总体面貌所发生的大的改观作了调查。此书的成书时间跨度较大，加上六枝北部山区的各方面变迁太快，书中的新旧内容放到一起必然会出现一些时空切换，为了尽量减少阅读上的困惑，我在部分后加的内容处作了时间的注明。